U0214664

中国野生动物保护协会
科学考察委员会

科考纪事

中国野生动物保护协会 ▣ 编　著

武明录 ▣ 主　编

于凤琴　徐树春 ▣ 副主编

中国林业出版社
China Forestry Publishing House

图书在版编目(CIP)数据

中国野生动物保护协会科学考察委员会科考纪事 /中国野生动物保护协会编著.
-- 北京：中国林业出版社，2022.4
ISBN 978-7-5219-1635-5

Ⅰ.①中… Ⅱ.①中… Ⅲ.①野生动物–动物保护–科学考察–中国 Ⅳ.①S863

中国版本图书馆CIP数据核字(2022)第058956号

Scientific Investigation Committee
Wildlife
Conservation Association

中国野生动物保护协会
科学考察委员会

科考纪事

出版发行 ▪ 中国林业出版社
　　　　　(100009 北京西城区德内大街刘海胡同 7 号)

网　　址 ▪ http://www.forestry.gov.cn/lycb.html
电　　话 ▪ (010) 83143521
印　　刷 ▪ 北京雅昌艺术印刷有限公司
版　　次 ▪ 2022 年 4 月第 1 版
印　　次 ▪ 2022 年 4 月第 1 次
开　　本 ▪ 787mm×1092mm　1/12
印　　张 ▪ 22
字　　数 ▪ 513 千字
定　　价 ▪ 288.00 元

中国野生动物保护协会

科学考察委员会

第二届委员会组成人员名单

主 任 委 员　武明录

副主任委员（以姓氏笔画为序）

　　　　　于凤琴　王建国　李连成　杨　明　张德志　雷佳民

常 务 委 员（以姓氏笔画为序）

　　　　　丁洪安　于凤琴　王治国　王建国　王榄华　冯　江　孙晓明

　　　　　刘世财　杜华平　李连成　李明璞　杨　明　吴轲朝　张元刚

　　　　　张德志　陈敬清　武明录　金炎平　郎晓光　胡国旭　柴仁俊

　　　　　柴江辉　徐树春　徐征泽　韩绍文　雷佳民　詹从旭　熊林春

　　　　　熊书林　潘晟昱

秘 书 长　武明录（兼）

副 秘 书 长（以姓氏笔画为序）

　　　　　刘世财　胡国旭　柴江辉　徐征泽　熊林春

顾　　　问（以姓氏笔画为序）

　　　　　时　坤　张正旺　黄乘明　蒋志刚

专家工作组

　　　组长　聂延秋

　　　组员（以姓氏笔画为序）

　　　　　王建国　冉景丞　张光启　张德志　武明录　周海翔　郭玉民

　　委员（186人）

序 言
PREFACE

2016 年 6 月 1 日，习近平总书记在"全国科技创新大会、两院院士大会、中国科协第九次全国代表大会"上的讲话中，提出了"科技创新、科学普及是实现创新发展的两翼，要把科学普及放在与科技创新同等重要的位置"的科学论断，把科学普及工作提高到全社会关注的重要阶段。

野生动物保护工作也是如此，不仅需要科学研究，科学普及也同等重要。近些年，我国关于野生动物的科学研究，取得一些成就，为制定野生动物保护的法律、策略以及对"疫源"的防范和"疫病"的防治，提供了可靠的依据。

中国野生动物保护协会所属的科学考察委员会，是一支特别能战斗的队伍。他们中大多数委员，生活在基层，奋斗于一线，是一支兼顾科学研究与科学普及的中坚力量。有的科考委员与野生动物研究者一起跋山涉水，齐心协力，获得大量的一手科研数据；有的科考委员在获得大量野生动物的科学知识后，潜心写作，不辍耕耘，著书立说，发表了大量关于野生动物科普、保护等方面的相关文章，为我国的野生动物保护事业做出了重要贡献。

《科考纪事》一书，充分展示了委员们面对不同地域、不同物种、不同栖息环境中观察到的各种野生动物的生存状态。这其中不乏野生动物求偶的浪漫、抚育后代的艰辛、幼雏幼崽成长的快乐、迁徙时的壮观以及它们对生态安全的警示与守候。特别是委员们拍摄的那些普通百姓难得一见的精彩图片，让人眼前一亮的同时，也会激发人们喜爱野生动物的热情和保护野生动物的责任心。

　　保护野生动物是全社会共同关注的话题与责任，但很多人缺少保护方面的科学知识。《科考纪事》恰恰弥补了这一缺憾，又为落实习近平总书记关于科普工作的重要指示，起到了身先士卒的作用。

　　野生动物相关知识的科学普及，不仅是当今社会的需求，也是一项任重而道远的工作，真诚地希望各位委员们，再接再厉，砥砺前行，不负重托，不负希冀，将更多的野生动物相关知识，普及到全民大众中去，为我国的野生动物保护事业做出新的贡献。

2022 年 4 月

前 言
PREFACE

中国野生动物保护协会科学考察委员会的《科考纪事》和大家见面了，这部汇集着墨香与汗水的原创作品，沉甸甸地奉献到读者面前，就像是科考委员的一次集体亮相。这部凝结着众多委员作者和编者心血的著作，以关注和保护野生动物为宗旨，展示了我们目力所及的野生动物世界里的自然生态、动物习性以及人类行为所带来的环境思索。

《科考纪事》的作者多是活跃在各地的生态摄影师和从事野生动物保护的科考委员，他们用镜头和文字真实纪录野生动物的精彩生活。有的人十几年、几十年关注和考察国家重点保护及濒危物种；有的人在昆虫的世界里忙碌；也有的人在鸟兽物语中开启智慧之门的同时，将科考与科普的成果奉献于社会。让公众更多地了解野生动物及环境变化，从而带动更多的人自觉地参与到野生动物及其栖息地的保护中来。

本书并非学术专著，也不是物种图谱，而是作者在科考一线的所见所闻，每一幅图片和每一篇纪事文字的背后，都呈现着作者的辛勤劳作与艰难的脚步。有的人循着鸟类迁徙的线路，从南走到北，从春走到秋；多少次上高原，踏冰雪，追踪拍摄和记录物种行为，作品中透出深沉的爱意和泥土的芬芳。这里有《中国濒危动物红皮书》中的珍稀物种，也有我们耳熟能详的普通精灵。跃然纸上的，有陆生，有水生，有飞鸟，更有走兽，它们次第出场，鲜活灵动，似与人类窃窃私语，娓娓道来。人与自然，也就构成了相同的语境，那就是"互不相扰，和谐共生。"

让野生动物走入公众视野，让保护意识深入人心，正是编著《科考纪事》的初衷。

编者

2022 年 4 月

目录
CONTENTS

黑叶猴的那些事儿

● 冉景丞

1898 年，珀萨格斯（Pousargus）在广西西南部的龙州县发现一个叶猴动物标本。其个体较大，身体纤瘦，四肢细长，尾部特别长，头体长才 50 多厘米，而尾长达 80 多厘米；头小，头上有一撮黑色冠毛，夸张地直立在头顶；不具颊囊；通体黑色，毛具光泽；从耳前方基部到口角，左、右各有一条由白毛构成的白色带，耳上缘内侧长有少量黄白色毛，耳背几乎无毛，基部一圈为浅白毛；喉、腋部、鼠蹊部和腹部色稍浅，为黑灰色，尾尖白色。于是珀萨格斯认定其为一个新种，并命名为 *Semnopithecus francoisi*，中文名为黑叶猴。进一步研究后，*Semnopithecus* 属被归入 *Trachypithecus* 属，所以有了黑叶猴 *Trachypithecus francoisi* 的专有名字。当然，当地人还是习惯根据其外形或行为特征叫它乌猿、岩蛛猴、岩猫等。

说起黑叶猴，曾广泛分布在亚洲的东南部沿海和内陆边缘的热带和亚热带地区，由于物种竞争与生境压缩，这种性情温顺的灵长类选择了自己去适应环境，分布地逐步退缩到丘陵、山地及深切河谷两岸，特别是那些相对险峻的喀斯特地区，

■ 雄性黑叶猴总是在猴群的至高点上守护着妻妾儿女

其分布大致与石灰岩的分布相吻合。国外分布在缅甸、泰国、老挝，越南；国内在中国南方广泛分布，甚至海南都有分布。清朝嘉庆六年（1801 年）的《广西通志·太平府》中就有"乌猿，黑如漆，白须长尾，人多畜之。"

战争、捕猎、生境丧失、人为活动、人口爆炸等都是物种的死亡魔咒，使黑叶猴的分布地也一再退缩，不仅黑叶猴，许多的物种分布地都在退缩。叶猴作为主要取食植物的物种，对植被的改变更为敏感。如云南省对灰叶猴活动情况的研究表明，20 世纪 80 年代初云南境内的叶猴种群数量还较大，滇

■ 沿河县黑叶猴栖息地

南亚种有 1 万~1.5 万只；滇西亚种有 1500~2000 只。其致危因素主要是栖息环境消失，特别是热带、亚热带原始森林面积因砍伐而缩小，是造成灰叶猴数量下降的主要因素。如云南中部无量山区 60 年代至 70 年代，在澜沧江两岸低海拔地区有较茂密的原始森林，生存有数十群灰叶猴，70 年代由于这些森林被砍伐殆尽，无量山区的灰叶猴几乎绝迹。1992 年复查，仅剩下 3~4 群，数十只。新平哀牢山区的灰叶猴已经绝迹。

黑叶猴的情况比灰叶猴还严重，到 20 世纪 70 年代，在国内分布于广西壮族自治区左江以西的地区及贵州省、重庆市。在广西，主要分布在崇左；在贵州，分布在绥阳、正安、道真、务川、桐梓、沿河、兴义、安龙、册亨、贞丰、水城等县（市）；在重庆主要分布在金佛山。国内外总体数量也仅有几千只。被中国列为国家一级重点保护野生动物，在 CITES 公约中被列为附录 Ⅱ 物种，IUCN 名录中被列为濒危 (EN)。张荣祖等的研究表明，黑叶猴种群数量自 20 世纪 80 年代以来以惊人的速度在急剧减少，虽然各地均建有保护区对黑叶猴进行保护，但黑叶猴的生存现状依然不容乐观。

到现在，又有许多地方已经不再有黑叶猴分布，比如，贵州曾经有分布的兴义、安龙、册亨、贞丰，在 20 世纪 90 年代初都还有分布，一条北盘江峡谷成了黑叶猴的"婚姻走廊"，将六盘水野钟的黑叶猴与南面黔西南的种群勾连起来，实现了基因交流。但是目前，在黔西南的兴义、安龙、册亨、贞丰这些地方已经看不到黑叶猴的身影，仅在晴隆与六盘水交界的一个叫"一线天"的地方还可以看得到黑叶猴。全球的黑叶猴总数仅存 2000 只左右，而中国境内仅 1650 只左右。贵州麻阳河国家级自然保护区内的近 700 只黑叶猴成了最大的野生种群。

黑叶猴是典型的群居动物，其社会结构通常为单雄群，即由一只成年雄猴、几只成年雌猴及其未成年后代组成，每群一般 3～10 只，较大的群体有 20 只左右。通常在树木上层活动或采食，较少下地活动。有一定的活动规律和较为固定的住所，每群具有相对固定的家域。所以，只要一个地方有黑叶猴分布，是逃不过当地人眼睛的。

为了考察黑叶猴，从 1989 年开始，我几乎走遍了国内可能有黑叶猴存在的地方，当然，到麻阳河、野钟、大沙河、宽阔水、金佛山这样的稳定分布区考察，是 30 年来的"家常便饭"，有时候甚至走出了"辉煌"的经历。

1992 年，我第一次到六盘水野钟自然保护区看黑叶猴，是借助于"贵州省黑熊、豹猫资源调查"项目。从贵阳坐火车到六盘水，再在当地林业部门找了一辆车前往目的地。

从六盘水到野钟自然保护区将近 80 千米，实际处在水城与盘州市之间。山路弯弯，泥石路在晴天会扬起漫天灰尘，而在雨天则变得泥泞，稍不注意，车辆打起滑来，一堵可能就是大半天。路面的浮石较多，很不稳定，一方面车子可能打滑，另一方面，车轮可能将浮石子崩起，说不定就打伤人。我们开的虽然是越野性能很好的 2020 北京吉普车，行走在这样的山路上也显得非常困难。

到达野钟自然保护区管理处已经是下午四点多。说是管理处，实际上不过是在一片荒凉的坡地上有一幢小房子，还有一座与周边的民房差异很大的瞭望台。实际管理人员也就两人，一个处长一个兵。

简单聊了几句，然后我们去查看了一下周边的地形，为第二天早上去观察黑叶猴做准备。看着夕阳下远方的山峦，还真就像英国人类学家所描述的那样，像极了一排排的城垛，守护着乡村的宁静。那些暮归的白鹭三五成群地掠过天际，时而发出急促的叫声。乌桕树上那斑鸠不停地叫着"各开伙，各开伙"，像是要与鹭鸣遥相呼应。

没一会儿工夫就到了晚饭时间，小厨房里传出了火腿的香味。

那时候的管理处长姓施，年龄虽然不是很大，我们却都叫他施大爷。施大爷是一个有趣的人，除了喜欢吆五喝六地安排人，还比较喜欢喝酒。喝酒没啥，那时候在基层林业站或保护区工作的人们都喜欢喝酒，一是为了排解寂寞，另外也可以驱身上的湿气，毕竟雨水、露水打湿衣裳是常有的事。主要想说的是喝酒的酒具有些新奇，跟施大爷喝酒不是用一般的酒杯，而是用的量杯。斟酒时也不说再喝一杯，而是问你再喝多少毫升。

记得他的办公室里泡了两大坛蛇酒，其中有一坛是用标本缸泡的。那标本缸是透明的，可以看得到那缸中的两条大蛇，鼓胀鼓胀的，看来是泡的时候没有去除内脏。在蛇酒中还有一些中药，好像枸杞、党参之类的。据施大爷说有大补的功效，还可祛风湿，但我的酒量不济，再说那蛇酒的腥味很重，可能是心里畏惧，也不敢大大方方地喝。尽管如此，我还是喝到飘飘然，一觉天亮，根本没有感觉到那些饥饿的蚊子。

第二天早上醒来，窗外已经是一片亮光。施大爷也早就起了床，前前后后地似乎在忙些什么。我连忙穿上衣服就往外跑，想去看看黑叶猴的模样。

顺着一条观测小道一路往下走，越走路越陡，越走越险，好几处都要靠手帮忙，一直要走到一个小台子。可以看到从河谷中升腾起的阵阵水雾，或成团的，或一丝一缕的，上升到一定的高度，就放慢了速度，像是悬停在了空中。

终于在对面悬崖边看到了黑叶猴！这是我第一次看到黑叶猴，更加抑制不住兴奋，但却不敢大意，毕竟我站的位置也是悬崖边。那对面的黑叶猴似乎发现了我在偷窥，很快就消失在悬崖之上。

这一次没有看过瘾，于是没过多久，我再次到野钟探寻黑叶猴，而且这次有充足的时间，在野钟待了四五天，又顺着北盘江峡谷往下走，走了一个多星期，走到了关岭的断桥。虽然极为辛苦，接近苦行僧式的考察，但收获满满，非常值得。不仅多次看到黑叶猴，还看到了其交配行为。再说，那沿途的峡谷风光也十分诱人，还有那些热情好客的人们。

最有趣的是，途中路过一户人家，这户人家住在一个悬崖间的山洞里，没有房子，进进出出都是靠拉着绳索往外爬。他们养了猪，还有几只鸡，据说是用背篓背进去的，等养大长成了，要想拿出去卖却根本不可能。那条路基本上是垂直的，猪根本不可能上得去，只能把猪杀了，割成一块一块的，再用背篓背出去。有人说那户人家一直就住在那里，也有人说了其他传闻，我没有多问，只知道他家的猪肉很好吃，酒也好喝。

再后来，到野钟看黑叶猴都是坐车

■ 夹缝中求生存

去，路一次比一次好。如今再去时，已经变成了柏油路，而且明显比之前宽了许多。那个保护站的管理房也有很大的改变，除了对原来的房屋进行了维修，还在边上建了新的房子。但管理人员还是就那两三个人，科研和监测方面的工作做得不多。倒是那些黑叶猴似乎越来越知道了自己的地位，知道了人们对它们的保护，胆子越来越大了，有时候甚至还会跑到村庄来活动。有一次我就看到黑叶猴跑到寨子边上来逗狗，时不时去扯一下那大黑狗的尾巴，惹得那狗暴跳如雷，但却拿那猴子没办法。它们太灵活了，在树上荡来荡去，倒是很开心。

麻阳河自然保护区所在的沿河县与我的老家思南县都同属铜仁市，可谓隔壁邻居。据说那里的黑叶猴很多，而且更好观察，只是通往保护区的道路很崎岖。对于我这种把野外工作当成生活动力的人来说，路远与崎岖根本就不是问题，只要能找到自己感兴趣的东西，什么苦不苦的都无所谓，正像别人总结的那样，"苦并快乐着"。于是从1994年开始，我至少十几次专门到麻阳河看猴。

麻阳河自然保护区位于大娄山脉北东段，属黔北中山峡谷地带，主要分布于乌江支流麻阳河和洪渡河的深切割沿岸地带。这里由于整体受褶皱和断裂构造的控制，形成了断层地貌、河谷地貌及岩溶地貌的组合。背斜构造宽缓，地层产状也较平缓，断层、节理发育，地层构造破碎严重。地表溶沟、石芽、洼地、漏斗、落水洞、溶蚀槽谷等地貌发育，地下竖井、溶隙、地下暗河及溶洞等充分发育，形成了奇特景观。强烈的切割形成了高山深谷的景观，多数山峰海拔在 1000～1300 米，最高处桃子园海拔 1441 米，而洪渡河下游公溪口及麻阳河下游汇入乌江的暗溪口，海拔仅 290 米。

虽然统称为麻阳河自然保护区，实际上有大小河流 61 条，主要为麻阳河、兰字河及洪渡河，受地表径流的控制，低级水道在分水岭附近或山地中上部呈树枝状排列，径流路线较短，河谷狭窄、岸坡陡峻。据说黑叶猴就活动于这些悬崖绝壁间，大大小小有 70 多群，在区界周边还有 2 群。麻阳河自然保护区是目前黑叶猴分布最密集、数量最多的地区，也是全球最大的黑叶猴种群分布地。特别是有一群经常会有人投喂一些胡萝卜、红薯之类的食物，它们与人的关系走得更近。

麻阳河的地形非常奇特，别看总是山高谷深，在海拔 800 米以上的区域却表现出平坦开阔，800 米以下则多为峡谷，向下侵蚀作用强烈。在海拔 1000 米，800 米及 500～600 米处尚有带状分布的山峰或侵蚀台阶，常出现溶蚀盆地，洼地及平底溪谷等。不管是土家族、亿佬族、苗族，还是汉族群众，都选择这些平缓地带居住，形成村寨。依势而建的房屋或集中或分散，错落有致。这里的人日出而作，日暮而息，耕种着"维生"的粮食。水源

好的地方也能种些水稻，而绝大多数地方的土地都达不到灌溉条件，仅能种些玉米、土豆、红薯之类的粮食作物，还有辣椒、茄子、萝卜、白菜、胡萝卜、豌豆之类的蔬菜。庄稼成熟时，居住在山里的精灵们当然也想弄点好吃的尝尝鲜。

大河坝是一个观察黑叶猴的好地方，不仅交通相对较方便，关键是那里有一位叫肖志坚的护林员似乎懂得猴语，长期与黑叶猴接触，他可以将其中一群猴子喊出来。另外，从大河坝到周边的锯齿山、贵阳坝、凉桥等地都不算远，而那些地方都分别住有猴群。而且那里住宿比较方便，有一家私人开的宾馆，可吃可住，他家窖藏在洞穴中的几千斤酒也美味得很，我几次都被那烈酒放倒。

黑叶猴可谓极聪明，长期与人交流，使得人与猴之间每天都会发生着各种有趣的故事。由于食物相对短缺，黑叶猴有时会到农田里偷吃老百姓的庄稼。它们最喜爱的莫过于红薯和胡萝卜了。聪明的黑叶猴总是留一两只猴坐在高高的树梢上放哨，而其他个体则偷偷地跑到地里，用两只手捧住红薯或胡萝卜不停地搓揉摇晃，很快就会获得"胜利"果实。等吃饱了就跑过去换站岗放哨的猴子来故伎重演。吃饱后的猴群若无其事地坐在田边的树上休息，农田里又恢复了平静，不细看，还真难发现刚刚田地里遭遇了洗劫。

当地人觉得这些聪明的家伙非常可爱，即使偷了自己家的粮食，也睁只眼闭只眼，由它去了。还有些群众会主动给猴们留点吃的在地里，也算是友好相处了。当然，这猴中也有不老实的家伙，特别是那些快成年的公猴，或者那些在"猴王争

霸赛"中落败了的公猴，会趁村民不在家，偷偷摸摸跑到寨子里来，到村民家里偷吃东西，甚至上房揭瓦，粪便一地。村民们发现了最多也就骂几句，轰走了事。村民们也知道这些都是国家一级重点保护野生动物，是些惹不起的东西。

别看黑叶猴在人前调皮，在它们自己的种群内，却是严格无比。

猴群是严格的母系氏族，在一个猴群里，除了猴王外，是不允许有其他成年公猴的。长大了的公猴与本群内的母猴或多或少都存在着血缘关系，它们也知道近亲结婚会出现遗传问题。即使幼猴长大后自己不愿离去，执法如山的猴王也会毫不客气地将它们赶走。所以，黑叶猴成年了都会远走他乡，去别群寻找希望。

在母系的等级中，并不因为小母猴是猴王的公主就会得到特别照顾，相反，小母猴的等级是最低的，站岗放哨的任务往往都是它们的。而猴王的"妃子们"倒是可以大大方方地陪在猴王身边，享受着猴王的保护。

黑叶猴也有相对稳定的取食时段，也像人类一样有一日三餐。除了取食和玩耍外，有大量的时间是在休息。黑叶猴也有睡午觉的习惯，当一大群猴子进洞午睡时，总要留一只哨兵猴在洞口站岗放哨。我曾经就看到过一只累透了的放哨小母猴在洞口打瞌睡，那滑稽的样子实在让人忍不住笑。

猴群之间就像人类的两个国家，它们有相对固定的领域范围。猴王会带领它的臣民们一起去巡视它们的领地，有时候与另一猴群遇上了，并不是马上开战，大打出手。有几次我看到两个猴群相遇，先是嘶叫几声，像是在喊"口令"，其中一群会

■ 刚出生的黑叶猴通体金黄，一个月后从脸部开始，慢慢变黑（颜修刚摄）

派出哨兵猴，跳到它们之间的某块石头上，突然将长长的尾巴像旗杆一样竖起，保持三五秒后迅速退回猴群。对方也会来一组相同的动作，算是认可了共同的边界。这一天，它们都不会越界，各自相安无事。

刚刚离群的公猴是孤独的，没有了"家人"的照顾，没有了固定的洞穴，既

要冒着被天敌杀死的危险，也要冒着被其他猴群的猴王发现，一顿狂揍后还要被赶出很远的威胁。同是天涯沦落猴，相逢何必曾相识。英雄不问来路，往往同被赶出群的公猴会聚集在一起，形成全雄群，抱团作战才会更有机会渡过难关。整天无所事事、游手好闲的成年公猴，会游走到很

远的地方，也许就是这场说走就走的旅行，给它带来了新的使命。

那些离开了原来猴群的年轻公猴，或单独行动，或一群光棍聚集在一起，形成孤雄群，打家劫舍，无恶不作。那些有志气的年轻公猴，一般会长途跋涉到另一地方去寻找别的猴群，悄悄地活动在它们

的周围，伺机而动。

当一只成年公猴发现一个猴群的猴王已经开始力不从心时，就会偷偷摸摸地接近猴群，尽量讨好那些只有资格在猴群外围活动的母猴，不管能不能当王，先混个脸熟，同时静静观察整个猴群的动向。当有一天它确信已经有了足够的支持者后，就会放胆向猴王挑战。终究，一场猴王争夺战激烈发生。

爷们儿之间的战争，一开始母猴只是观战，当然偶尔也会出来拉拉偏架、帮帮心仪的对象。战略也好，战术也罢，其实除了体力与技巧的争斗外，更为重要的是支持者，是猴心。一旦发现大势已去，战败方便会无心恋战，屈辱地仓皇离去。战败方的命运是凄惨的，即使没被打死，也已经是遍体鳞伤，被失败的屈辱压抑得寝食不安，在郁郁寡欢中过不了多久，就会永远地消失在猴群附近。

得到猴王宝座的最大意义不是夺取了地盘，而是得到了一群母猴，得到了繁殖的权利。这些母猴不会因为猴王的更替而四分五裂，母猴与母猴之间或多或少地存在着亲缘关系，也许，正是这种亲缘关系维系着猴群内的等级。

那些还没有来得及怀孕的母猴，把繁殖后代的权利给了新猴王。但那些已经怀孕的母猴，或是正处于哺乳期的母猴，往往要面临最艰难的挑战。稍不注意，它们的孩子就有可能被新猴王弄死。因为只有没了孩子，它们才会乖乖地与新猴王孕育共同的后代。

有人会说这新猴王何必如此残忍？那么多只母猴，为什么要对前猴王的孩子赶尽杀绝？如果站在新猴王的角度想，猴王的位置就那么几年，如果任由母猴们慢慢去哺养它们与前猴王的孩子，哪还有自己繁殖的机会？

猴王的位置到手了，猴群稳定了，繁殖的任务成了第一位。那些母猴一旦怀孕，猴王便不再去理会它们，而专心致志地对付那些还没有怀孕的母猴。直到它们都怀上自己的孩子。最后，那一两只还没有怀孕的母猴，成了猴王的心病，猴王会想方设法不失时机地与它们交配，也许一个早上就有十几二十次，就算那些怀了孕的母猴来打扰也会置之不理。那不是爱情的专一，而是为了扩散自己的基因。

最大限度地将自己的基因遗传下去，这才是猴王的硬道理。这也是生物在长期的竞争与协同进化中获得的本能，是物种得以长期延续的动力。大自然的伦理，不是人类简单轻薄的理解所能达到的。

黑叶猴的发情期多在秋冬季节，母猴的生育期多在12月至翌年3月的冬春季节，4~5岁性成熟，成年个体一年四季都有交配行为，夏秋季受孕率较高，孕期180天左右，多在春季产崽，其他季节也可见到幼崽。一般每胎产1崽。哺乳期约6个月。这些信息除了之前的研究，还得益于我们在麻阳河的猴王洞里偷偷安装的摄像头。不仅看到了它们在觅食过程中的活动，还将每天发生在猴王洞里的那些故事都进行了"偷窥"。

也许猴子在怀孕后会散发出不同的气味，在发情期内猴王时常会对成年母猴们检查一遍，如果发现没有怀孕的成年母猴，会集中精力与之交配。有时也有些母猴会"妒忌"，在猴王与母猴交配时去"拉拉扯扯"，这时猴王会出来"主持公道"，将那捣乱的母猴赶走，专心致志地向未怀孕的母猴"献爱心"。

要区分黑叶猴的性别或成幼其实并不难，黑叶猴宝宝总是那么独特，金黄的毛色和那温和的性情，谁也想不到那是黑叶猴的宝宝，倒是会想到"金丝猴"这个名字。小猴子在一年后才慢慢地将黄色褪去，猴崽子也长出了两片白色的胡子，与父、母亲无异，此时才会被认同是黑叶猴家族的一员。要区分公母也有小窍门，不光看个体大小，关键是母猴在会阴区至腹股沟的内侧有一块略呈三角形的花白色斑，就凭这一点，你就可以认准了哪些是母猴。

走进黑叶猴王国，你会有太多的惊奇。在这里，人类的那些礼义廉耻、行为规范都失去了意义，只能听从猴的指令，服从猴的原则，理解生态伦理。

黑叶猴猴王的任期其实并不长，也就五六年时间。老猴王当了四五年后，它的子女已经长成成年猴。每一个成年公猴都会离开原来的猴群，或自觉离开，或被家庭驱逐。母猴则会一直留在群里，等着新猴王的迎娶。当几年猴王后，在它的家庭里面已经有不少个体与自己有着亲缘关系，且这些女儿们，已经长成了跃跃欲试的青年小母猴，虽然在猴群内的社会地位不一定高，却对繁殖充满了兴趣。若这时候猴王继续当下去，势必会在猴群内发生近亲繁殖，岂不是要乱伦？这对一个种群来说是不利的。

试想，如果我们将黑叶猴群限定在一个狭小的范围，不给它们远走他乡的机会，不给它们独立自由的空间，几代之后，它们是否还能有机会回避近亲问题？物种保护，不是今天看到它们还活在那里就行，应该看得更长更远，给予它们更合理的空间。

人类最孤独的近亲
——海南长臂猿

● 武明录

■ 雄性海南长臂猿

在海南广袤茂密的热带雨林里，生活着 60 多种野生脊椎动物，其中，海南长臂猿是海南热带雨林顶级群落的旗舰物种和生态指示性物种。长臂猿与黑猩猩、猩猩、大猩猩一起组成四大类人猿，是我们人类的近亲。

海南长臂猿目前仅分布在海南岛的热带雨林，是现存世界上最古老的物种之一，也是中国特有的长臂猿，被列入国家一级重点保护野生动物。目前，海南长臂猿仅存 5 个野外种群，数量仅 35 只，被 IUCN（世界自然保护联盟）评定为极度濒危物种，名列全球 25 个濒危灵长类物种之首，是 21 世纪最有可能灭绝的灵长类动物，其濒危程度已远超"国宝"大熊猫和朱鹮，被称为"人类最孤独的近亲"。

海南长臂猿属于体形较小的树栖型猿类，臂长，无尾，雄性个体头顶具发冠，体长五六十厘米，体重 7~10 千克，寿命最长可达 50 岁。完整的长臂猿家庭由一夫二妻和数只幼崽组成，成年母猿每 2~3 年生 1 胎，一般 1 胎只产 1 只小猿，家庭中的成年个体共同哺育婴猿。海南长臂猿一生要数次变换毛色，初生时全身金黄；3 个月大时，雌雄个体均慢慢变成黑

■ 两岁多的海南长臂猿幼崽，仍然要吃奶

色；青少年时期很难通过外形辨认性别；5～6 岁时，雌性个体由黑色变为灰色；7～9 岁性成熟时雌猿变成金黄色，雄猿则一直全身乌黑。

为宣示领地及巩固家庭关系，成年雄猿会在日出时引吭高歌，雌猿与家庭群的其他成员跟进二重唱，声音悠扬空灵，可传至 2～3 千米外。海南长臂猿喜欢在低海拔的山谷雨林生活，但由于低海拔栖息地遭到破坏，现有种群不得不迁移到海拔 600～1200 米的山地雨林。作为灵长类中独特的"臂行一族"，它们常在林冠层进行"臂荡式"飞跃，有时在枝叶间从高处俯冲直下十多米，动感甚是震撼。成年雄猿是一家之主，负责捍卫领地和保护家人。婴猿一岁半前基本上都是紧紧抱着雌猿的腹部，独立生活后开始变得活泼，喜好追逐打闹。海南长臂猿喜欢在离水源近的地方生活，夜晚喜欢在保温效果好的高大乔木的树冠中睡觉。长臂猿天亮时开始进食，它们喜食多汁成熟浆果，辅以少量鲜嫩枝叶花蕊，偶食昆虫、鸟蛋。

在热带雨林中，海南长臂猿与海南巨松鼠、椰子狸等 10 多种兽类及鹰雕、山皇鸠、黑眉拟啄木鸟等上百种鸟类为邻，共同构成热带雨林树冠层动物多样性群落。海南长臂猿高度依赖成熟原始热带雨林，选择原真性和完整性较高的雨林作为栖息地，因此海南长臂猿可以作为雨林环境的生态"指示种"和动植物群落的"伞护种"。

历史上由于人类活动影响，海南长臂猿的栖息地被破坏，且碎片化，使得海南长臂猿的种群数量急剧减少，陷入极度濒危的状况。20世纪50年代到80年代短短30年间，五指山、黎母山、尖峰岭、吊罗山、鹦哥岭等地的海南长臂猿种群先后灭绝，仅在霸王岭地区的斧头岭有少数残余种群，当时调查发现仅剩两个家庭群7~9只个体，且其中仅有2只能够参与繁殖的雌猿。海南长臂猿的生存面临着严重的威胁。

鉴于海南长臂猿面临灭绝的严峻形势，在全球物种保护意识不断提高的背景下，中国政府从20世纪70年代末开始加强对该物种种群的保护拯救，于1980年建立霸王岭自然保护区，于1988年将海南长臂猿列为国家一级重点保护野生动物，切实强化野外巡护监测，开展了海南长臂猿及其栖息地调查监测、科学研究、保护宣传教育等系列工作。1994年，全面停止了天然林采伐，通过栖息地改造等重大举措，扭转了海南长臂猿种群数量下降的势头。2003年第一次全国陆生野生动物资源调查，记录到13只海南长臂猿个体；2013年第二次全国陆生野生动物资源调查记录到25只海南长臂猿个体；截至目前，海南长臂猿个体数量已达到35只左右，显现出种群日益壮大的良好势头。尽管如此，海南长臂猿种群数量相

■ 在高大的林木间跳跃，是海南长臂猿的拿手好戏

对而言还是太少，且分布范围狭窄，近亲繁殖程度高，栖息地环境较为脆弱且碎片化，海南长臂猿仍未摆脱灭绝的风险。

海南长臂猿是一个重要的珍稀濒危的旗舰物种。如何拯救和恢复海南长臂猿种群及其赖以生存的热带雨林栖息地，如何构建人与自然和谐相处、和谐共存的地球生态文明，是海南、也是中国甚至全世界一项紧迫而艰巨的任务，需要开展全球协同攻关，需要全社会的热心关注和支持。

■ 双臂挂在树上小憩是长臂猿科动物的特性

■ 守护妻儿，是雄性海南长臂猿的天职

险象环生科考路
——走进阿尔金山

● 冯 江

2015年5月，我随新疆维吾尔自治区林业厅一支科考队步入阿尔金山进行科学考察。

深藏在高原上崇山峻岭之间的阿尔金山国家级自然保护区，是一个神奇而充满魅力的世界。这里气候恶劣，除了高寒缺氧，路况也极其险峻，除了野生动物，人迹几乎罕至。正因如此，这里保存了少有的且是极其珍贵的高原原生态地貌。

从茫崖镇到祁曼塔格乡，汽车在群山环抱的山路蹒跚前行。我们半夜一点出发，第二天下午才到达阿牙克库木湖。放眼望去，湛蓝的湖水，更显天阔地广、天空如洗，更觉得高原清澈明媚。黑颈鹤、斑头雁、赤麻鸭等鸟类，随处可见。空中有两只胡兀鹫在我们的头上展翅盘旋，不知是欢迎还是向我们示威，总之，我们进入了这个梦幻般的境地。

一路颠簸，尽显疲惫，我们在中心站（祁曼塔格乡）休整了一天后，便向库木库里沙漠进发。途中，一只正在低头啃草的藏原羚，缓缓抬起头，爱搭不理地看了我们一眼后，又继续低头进食。没走多久，路边土堆上，一只大鵟瞪着

双眼，怒视着我们，仿佛嗔怪我们侵犯了它的领地。

这时，有上百头藏野驴排着整齐的纵队，从车队边鸣叫着边打着响鼻依次跑过。尘土在野驴的蹄下飞扬，瞬间，如狼烟四起，场面非常壮观。当野驴群超过车队时，却又集体停下脚步，目视

着我们的车队，那情形，俨然一个竞赛场上的胜利者，用它们的四蹄，挑战我们的汽车轮子。

藏野驴是青藏高原特有的珍贵物种，国家一级重点保护野生动物。藏野驴听觉灵敏，身体强壮，四肢发达，头部一条深棕色的线条直通尾端，配上白色的肚皮和

■ 库木库里戈壁上的藏野驴

略显枣紫色的脊背，生性灵动，英俊潇洒。在这样的环境中奔跑起来，速度仍可达每小时 45 千米，汽车只有甘拜下风的份儿。

库木库里沙漠，是世界上海拔最高的沙漠，在茫茫沙海中，有股清澈的泉水从库木库里沙漠脚下喷涌而出，形成"沙子泉"。正是这些泉水，造就出沙湖相连、沙泉共存的自然奇观。

车辆行驶在松软的沙地上，侧目远望，一大群野牦牛，头顶着白云，向沙漠的最高峰行进，队形整齐威武、极其壮观。

正当我们欣赏美景时，猛然发现牛群的右侧，有一头十分健壮的野牦牛，正注视着我们。一双鼻孔不断喷着粗气，它正瞪着一对硕大的牛眼，眼神中充满了敌意，野牦牛把我们视为侵犯者了。忽然，它以令人胆寒的速度向我们冲过来。通过

■ 看到有车进入，一头健壮的野牦牛怒视着我们

取景器，野牦牛在定焦 400mm f/2.8 的镜头里瞬间爆框。同伴的惊叫声随之响起，情景令人窒息，好在这头野牦牛在向我们进攻的途中突然停了下来，也许它发现我们并没有敌意，也就偃旗息鼓，这真是令人血脉偾张的拍摄。

野牦牛主要分布于我国的青藏高原，也有少部分延伸到印度北部、尼泊尔等地区。野牦牛体形强健，行为霸气，魁梧的身躯让拍摄者志在必得。但它们又生性谨慎，对造访者时刻保持着警惕，若无法躲避威胁，会将庞大的身躯站定好，将盔甲式的头低下，眼神坚定，尾巴会高高翘起，飘扬在风中的长毛使它更加威风凛凛，然后全速冲向挑衅者。当它庞大的身躯以每小时 30 千米的速度，裹挟着如浓雾般的尘土冲向目标，一对巨戟般的大抵角加上四只钢铁般的蹄子，会使对方遭到致命的穿刺和踩踏。野牦牛虽是草食性动物，但其凶猛程度一点儿也不亚于肉食性动物。在青海、西藏等地，野牦牛伤人、顶翻大型车辆的事，也时有发生。

科考行动进入第四天，车队正行驶在颠簸的土路上。"兔狲！"对讲机里领队一声大喊。放眼望去，山坡上，一只胖嘟嘟的兔狲正迈着猫步，小心翼翼地跟踪着一只鼠兔。我立马下了车，冲上山坡，把镜头指向兔狲，只见它慢慢地伏在土坎下，眼睛一眨不眨地盯着土坎上的猎物，耐心等待着，随时准备进行致命的击杀。看到眼前的这一切，虽然感到弱小生命实在可怜，但大自然有其固有的自然法则，即便是眼前这"生"与"死"的情景在我们面前展现，我们也无能为力。

第五天傍晚，科考队到了阿尔金山与可可西里交界处的泥巴山，在此安营扎寨。藏族司机师傅在河边打水的时候，发现了河对岸有两只棕熊在进食野牦牛。得知这个消息，我和同伴立马赶到河边去拍摄。队伍中的一个小伙伴第一次在野外见到棕熊，很兴奋，加之小伙伴身着的服装比较艳丽，可能引起了棕熊的注意。它慢慢地朝我们走来，当时河面宽度大约 100 米，河岸切面很陡，七八米高而且近乎呈 90 度角，况且我们在河这边拍摄，谁也没想到，看起来体格笨重的棕熊会三两下爬了上来。棕熊刚一露头，我就知道大事不好，赶紧呼喊同伴们快跑。我自己则背着沉重的摄影装备，拼命地往营地跑。那只棕熊追了 100 多米才停下来。要知道我们可是在海拔 4850 米的高原上啊，连行走都呼吸困难，更别说负重奔跑 200 多米了。当时，真的是拼命了。

回到营地，嗓子非常难受，呼吸时都有血腥的味道。可即便是这样，还是舍不得丢掉摄影装备。在营地，我们缓了半个多小时才平静下来，真是有点劫后余生

■ 虎视眈眈的"熊孩子"

■ 隐藏自己，盯住猎物，是兔狲的常用手法

■ 高山兀鹫捕猎之前的热身

的感觉。说实在的，在野外遇到熊这种事，看似刺激，过后谈起，也似乎是一场浪漫而惊险的经历，殊不知，这可是生死一瞬间的事。

　　神秘而美丽的阿尔金山是各种野生动物的天堂，在这人迹罕至的高原荒漠，依然保留着摄人心魄的原始粗犷，在这片人间净土上，有着丰富的物种资源，保存着完好的高原生态系统，保护对象有60多种世界濒危野生动物和300多种珍稀高原植物，以及它们赖以生存的完整的原始生态环境。这里也是一个重要的生物基因库，希望这片净土，这片蕴藏着众多生命奇迹的生存与演化过程，能永葆其神秘和纯净，让自然永远自然，让原始固守那份原始的本色。

中华秋沙鸭观测记

● 刘世财

　　3月的长白山还是白雪皑皑时，早晚的气温虽然很低，但江河还是跟随春天的到来冰雪渐融。

　　长白山海拔2700多米，水量充沛，是松花江、图们江、鸭绿江的主要发源地，是为三江之源，源头多矿泉，水质清冽甘甜，由于高海拔地势，水流湍急，水流中含氧量高，生活的鱼类大多是一些冷水鲑鱼类和无鳞鱼类。3月份冰雪融化，这里的鱼类开始活跃，进入到繁殖期。

　　白山黑水之中，生长着茂密的原始森林，3月初期，中华秋沙鸭跟随春天气流回到了它们的栖息繁殖地——长白山。这时的长白山地区，江河冰面还没有完全融化，迁徙回归的中华秋沙鸭，在去年秋季已经成双对结，大多先期回归的都是结对的雄鸭和雌鸭。

■ 中华秋沙鸭夫妇

在冰雪融化的江水中，鱼类因进入繁殖初期而变得活跃，千里迢迢赶回来的中华秋沙鸭，绝对不会错过这场滋补盛宴，它们频繁地潜水、捕鱼、进食。雄性中华秋沙鸭极其警惕，时常挺起细长的脖子观察四周，而雌性中华秋沙鸭则专心捕鱼觅食，增加食量，为过段时间产卵做体能积累。雌雄配合默契，分工明确，雄性负责安全守卫，发现异常立即发出低沉声响预警，并评估危险系数、等级，若等级过高，立即带领雌鸭起飞躲避。

春江水暖鸭先知，3 月中旬长白山地区的气温，早晚在零下 15 度左右，常有大雪、大风的极端天气过程，却挡不住陆续迁徙回来的中华秋沙鸭。随着觅食水域增加，充沛丰富的食物让它们的羽毛变得更加华丽柔顺，面对着冰冷的风雪，傲然挺立冰雪中的雄鸭羽冠随风飘扬，睥睨一方，雌鸭英姿飒爽，高贵冷艳，时而水中嬉戏，梳理羽冠，成双入对，大秀温情，时而比翼双飞，迎风破浪。

自古红颜多祸水，这句话对雌性中华秋沙鸭也适用，物竞天择，在这繁殖之地，每天都有雄性中华秋沙鸭上演为爱决斗的情节：水花四溅、怒目相争、追逐缠斗……

胜利者直上直下昂起头部，立着细长的脖子，游离于雌性周围，展示强大基因，失败者不甘示弱，跟随其后，等待雌鸭回心转意。而雌鸭像小媳妇一样，跟随着胜利者的脚步。

3 月末，迁徙回来已经十几天的中华秋沙鸭，经过这段时间的休整后进入交尾频繁期。清晨觅食后，雌雄鸭一起飞行穿梭于江岸树林中，寻找适合筑巢的天然树洞。它们会选择距离地面 10 多米的高处、没有飞行障碍的开阔树洞，由雌鸭进入洞内进行探巢选定。雌鸭先利用洞内腐朽木屑铺垫平整，做出窝的形状为产卵做准备，接下来的几天，雌鸭会经常光顾这个洞穴，直到产卵。

据近年观测，最早产卵日期为 3 月 28 日，雌鸭大多数是清晨开始产卵，产卵后利用树洞内的木屑将卵覆盖后离巢，次日清晨回巢继续产卵，有时两天后回巢产卵，在这个过程中，也出现过其他雌鸭进入同巢，并有产卵现象，或许是天然巢穴匮乏，或许是自然属性……

雌鸭产卵时，雄鸭游弋在离巢不远的水面上，时刻警惕侦察，遇有威胁时立即起飞，在空中发出低沉警示音，提示巢内雌鸭。如一切正常，待雌鸭产完卵后，一起飞到觅食地进行捕食。

雌鸭每年春天产卵 10 枚左右，根据观测，产卵的数量取决于树洞内的面积，面积大，产 14 枚左右，面积小，产 8 枚左右。洞内面积被产卵覆满就进入下一环节——孵化。

中华秋沙鸭孵化期是 30 天以上，记录最长的孵化期是 36 天，小鸭子出壳记录最早是 5 月 7 日。

进入到孵化期，雄鸭每天都会守候在巢穴附近，雌鸭每天会出巢 4 次左右，第一次出巢会在清晨 5 点多。觅食过程中最短用时 30 分钟，最长则会用时 3 个小时，孵化初期，雌鸭大多由雄鸭伴飞送回巢内。

这个阶段雄鸭的安保等级升高，特别是雌鸭出巢觅食时，雄性常陪伴左右，少见潜水觅食，时刻警惕。

孵化中期，巢内充满了雌鸭的羽绒，为鸭蛋做了一条温暖的被子，每当出巢觅食前，雌鸭用嘴把羽绒均匀覆盖在蛋上，以保证蛋温。进入孵化后期，中午温度高时，巢内的温度接近 40 度左右，雌鸭增加出巢觅食时间，让鸭蛋裸露，使蛋温保持平稳。

经过 30 多天的孵化，小鸭子的嘴从

■ 跳出洞巢，来到陆地，是中华秋沙鸭一生中的第一课

■ 水中游累了，鸭妈妈会带孩子们休息一下

■ 在水中游弋，鸭妈妈要求孩子们有序前行

蛋壳中凸起，像随时能破壳而出。小鸭子在壳内能够发出声音，而此时的雌鸭也会发出低沉的声音回应着，交流着，就像胎教一样，破壳也会在这几天内完成。

小鸭子破壳时，雌鸭会寸步不离地守候在巢内，不时发出低沉的声音，似在轻声呼唤迎接新生命的到来，直到小鸭子稚嫩的声音传出，破壳成功了。

孵化后期，雄性中华秋沙鸭身影也渐渐消失，据说是去远东地区换羽。雄性中华秋沙鸭不参加孵化，出巢后小鸭子也都由雌鸭进行养育。

小秋沙鸭破壳过程会在12小时内陆续完成。在出巢之前，小鸭子在巢内聆听雌鸭有节奏的低沉声音，像是聆听各种指令一样。

从破壳到跳巢是在24小时内完成的，大多数是在第二天上午，雌鸭经过数次探头，确认没有危险后飞到树下发出急促叫声，巢内的小鸭子鸣叫回应着并冲到洞口，勇往直前，顺势一跃。这一跳开启了小鸭子的生命之旅，首先它们需要面对的是身下十几米的地面，然后将是大自然的法则……

长白山地区 5 月中旬，丛林嫩绿，江川里的红皮柳柳絮已成熟。这里有一种数量庞大的昆虫群体，正是产卵季节，它们贴近水面飞行，并向水中产卵，无数筋疲力尽的昆虫在完成产卵后落入水面，没有能力飞回天空，在水中挣扎。这时，刚从树洞跳出巢的小鸭子们出现了，紧密游弋在雌鸭周围，水中挣扎的昆虫成为小鸭子们第一次大餐。雌鸭严格管理小鸭群，严禁掉队行为出现，雌鸭会用嘴敲打脱离队伍的小鸭子，并会发出警告声音。中华秋沙鸭的鸭宝宝们整齐紧密队形就是这样训练的。这样有利雌鸭及时带领小鸭群躲避天敌。接下来的几天里，雌鸭会教小鸭子们各种本领，如潜水觅食、潜水躲避天敌等技巧。

6 月初，大多数雌鸭已经完成孵化，带领着小鸭子们在开阔稳水区域活动，夜里在江中四面环水的沙滩、礁石上过夜，以避开来自丛林里的威胁。

丰富的食物资源，使小鸭子们的成长速度很快，出巢 4 周后，小鸭子们身上毛茸茸的羽绒变得粗糙，新的羽毛已经快要生长出来了。这个阶段也是小鸭子种群合并高发期，会数个群合并为一大群体进行活动。

7 月，枝繁叶茂，长白山地区进入了多雨季节，混浊的山洪来得快，结束得也快，水质很快就会变得清澈，不会因为洪水长期泛滥导致中华秋沙鸭难以觅食，这也是中华秋沙鸭选择在这里繁殖的原因之一。

8 月中旬，小鸭子们翅膀长出了飞羽，可以在水面上短时间踏水飞行了。

受自然因素的影响，小秋沙鸭们每年成活数量很低，百分之十几的概率。中

■ 鸭雏离巢前，鸭妈妈会在外面诱导和示范

■ 出发啦！鸭妈妈率先下水前行

华秋沙鸭对生存环境的要求极高，这也使得它们种群数量增加缓慢，是它们成为濒危物种主要原因之一。

长白山四季分明，9月中旬，山中的阔叶林经过几次霜降，叶子染上了秋的韵味，悄然飘落的枯叶证明秋天的来临。

中华秋沙鸭幼崽已经能自由翱翔了，这个区域的小中华秋沙鸭集结在一起，觅食、休息，相互陪伴。此时，春天消失的雄性中华秋沙鸭带着它华丽的羽冠神秘地出现了，它们畅游在宽阔的水面上，集结成群相互追逐，或在空中集群飞行，它们在寻找着、等待着！小鸭子们慢慢地融入了这个大家庭。

中华秋沙鸭鸭群数量随着时间推移逐渐增加，鸭群在这个阶段喜欢停留在宽阔水域，目的是让同伴能够很快地找到它们，形成集群，结成伴侣。

进入深秋的长白山，河水的温度一天比一天低，水中的鱼类渐渐地失去活跃度，没有了进食的欲望，游进深水区域，或者钻入水底石头下面，准备开启休眠模式。水面上的中华秋沙鸭，感知到食物在减少，觅食也越来越困难，一天下来，即便是增加潜水捕鱼时间也未必能够满足它们的胃口，此时迁徙开始了。它们会沿着江河低飞寻找食物，遇到食物充足的河流便停下来补充体能，直到气温下降，食物减少，再次开启迁徙之旅……

中华秋沙鸭从9月中旬开始集群，陆续沿江河迁徙，食物是迁徙的主要因素，最晚迁徙于12月中旬结束。丰富的食物资源决定它们的去向。

为什么中华秋沙鸭会选择长白山地区繁殖栖息？

我想是自然属性，中华秋沙鸭的进食、繁殖行为都与大自然密切相关，长白山地区符合它们的自然属性。这里有天然树洞供它们孵化，高海拔生长的冷水鱼类非常适合它们捕食，充沛的水资源促使其食物丰富，造就了中华秋沙鸭赖以生存的环境。

长着"朝天鼻"的川金丝猴

● 何晓安

在四川卧龙国家级自然保护区的原始森林里，生活着一群群长着"朝天鼻"、身披金色皮毛的野生动物——川金丝猴。它是中国特有的、与"国宝"大熊猫同属国家一级重点保护野生动物，也是卧龙原始森林动物中的颜值担当。2019 年是川金丝猴所在的仰鼻猴属被人类科学发现 150 周年。现在就让我们深入四川卧龙的高山原始森林，一起去认识这种神奇的野生动物。

灵长类动物中的"颜值担当"

川金丝猴是世界上分布最北的食叶猴类，主要分布在陕西的秦岭地区、四川西北部、甘肃岷山地区和湖北神农架地区的高山森林中。在动物分类学上属于灵长目猴科疣猴亚科仰鼻猴属。川金丝猴的英文名为 Golden snub-nosed monkey，学名为 *Rhinopithecus roxellanae*。在四川卧龙，川金丝猴种群主要分布在天台山、正河、牛头山、邓生、五一棚等原始森林区域，每个种群由 50 ~ 200 只的个体构成。

川金丝猴的鼻孔向上仰，长着"朝天鼻"。生物学家经过研究认为，这是川金丝猴在千万年来的演化过程中，为不断适

■ 世上只有妈妈的怀抱最温暖

应高原地区的缺氧环境而形成的，它们鼻梁骨的退化有利于减少在稀薄空气中呼吸的阻力。嘴唇厚而突出，成年的金丝猴嘴角上方有很大的瘤状突起，幼兽不明显。面孔天蓝色，犹似一只展翅欲飞的蓝色蝴蝶。脸颊部位及颈部侧面棕红色，肩部和背部披着金色长毛。头圆、耳短、四肢粗壮，后肢比前肢长。手掌与脚掌均为青黑色，指（趾）甲为黑褐色。尾巴与身体一样长，或者更长。健壮的体格和漂亮的毛发使它成为原始森林里的美丽精灵。

树上的大家庭

与大多数灵长类动物一样，川金丝猴也是典型的群居树栖动物。川金丝猴一般由几个甚至十几个小的家庭群组成一个大的生活群体，也有十几只或者几十只成年的公猴组成一个大的生活群体。大群体有时分散开去，有时又重新组建在一起。每个川金丝猴家庭由 5～10 只个体和单独 1 只成年雄性（猴王）组成，家庭群成员之间互相照顾，一起觅食、玩耍、休息。川金丝猴的繁殖没有季节性，一般的发情高峰期多在每年的 8～10 月，孕期 200 天左右。每年的 3～5 月是产崽季节，每胎产 1 崽。未成年的小猴有着强烈的好奇心，聪明而又顽皮，备受父母亲的呵护，但成年后的雄猴就会被爸爸赶出家门独立生活。

兄弟情深，利他利己

■ 雪后天晴，大家享受这难得的时光

长着"朝天鼻"的川金丝猴　　**025**

■ 互敬互爱

川金丝猴主要生活在海拔2300～3500米的针阔混交林和针叶林里，在树上或地面采食、嬉戏，在树上休息。以树的幼芽、嫩枝、嫩叶、花、树皮、果实、种子以及竹笋、竹叶等为食，偶尔也会捕食幼鸟、昆虫，掏鸟蛋吃等，特别喜欢摘取食用那些挂满树枝的松萝。作为树栖动物，它们拥有高超的生活本领。习惯在高大的树上栖息，在树林里往来穿梭，如履平地。在坚挺的树干上灵活自如地攀爬，在坚韧而富有弹性的树枝上来回跳跃，从一棵树到另一棵树，有时也下到地面活动，喜欢在倒伏的枯树上休憩。白天，它们成群活动、觅食；夜晚，则3～5只结成小群蹲在高大挺拔的树上休息。

川金丝猴会随着季节更替和食物来源的变化，在高山原始森林群落中迁徙，夏季气候炎热的时候，喜欢在海拔3000米左右的林中活动，冬季大雪来临气温下降，又会下移到海拔2300米左右的林中。川金丝猴在四川卧龙保护区的活动区域与野生大熊猫的活动区域高度重合，是典型的野生大熊猫伴生动物，总是栖居在生态保存完整和良好的高山原始森林之中。所以，川金丝猴不仅是衡量森林健康和完整与否的指示性物种，同时也是体现一个地区的自然环境和生物多样性的明星物种。

川金丝猴科学发现150周年

川金丝猴其实很早就被中国人认识，在古代的文献中也早有记录。它有很多的称呼，如猓然、狨、猱等。卧龙保护区位于四川省汶川县，在清嘉庆年间李锡书编印的第一部县志——《汶志纪略》一书中，就有这样一段精彩描述："猴，有数种，皆果食。唯细臂、长股、长毛、金色、赤

■ 妻妾成群

■ 一往情深

面曰狨，即猱也。俗名金线猴，鼻露向上、尾四五尺、头有岐、苍黄色，雨则自悬树，以尾塞鼻也。"

　　而川金丝猴真正引起全世界的注意并得到科学命名，则应归功于法国传教士兼生物学家吉恩·皮埃尔·阿尔芒·戴维神父。1869年，戴维神父在四川夹金山西麓的清平村邓池沟教堂担任传教士，主要精力放在生物标本采集和制作上。戴维在日记中写道："1869年5月4日，天气晴朗。两周前去东部地区的猎手今天回来了，他们带回六只猴子，应该是新种，当地人称之为金色猴。这种猴子十分可爱，色泽金黄，身体健壮，四肢肌肉特别发达，面部奇异，像一只绿松色的蝴蝶停立在面部中央，鼻孔朝天，鼻尖几乎接触到了前额，

尾巴长而壮，背披金色长毛。它们栖息在目前尚有白雪覆盖的高山树林中……是中国艺术的神，是令人推崇的理想的产物。"戴维神父暂时给它取名为"仰鼻猴"。

　　1870年，戴维神父将收集到的"仰鼻猴"标本送回了巴黎博物馆。巴黎博物馆主任米勒·爱德华兹见到这种稀有的猴子肩背上竟有大片的金黄色长毛时，他很快联想到一位闻名西方的很漂亮的金发女郎，这位女郎名叫洛克塞尔安娜。他能联想到这位女郎，除了洛克塞尔安娜有一头漂亮的金发外，还有一点就是这位金发女郎有一个缺点，这唯一的缺点就是她鼻孔有点上仰。所以，爱德华兹主任便将其命名为"洛克塞尔安娜猴"，拉丁名就成了 Rhinopithecus

rocellana。其中 Rhinopithecus 就是仰鼻猴属，rocellana 正是洛克塞尔安娜的名字。后经助手和戴维神父建议，改称"金丝猴"。戴维的惊世发现，成为现代科学意义上的发现，遵循国际公认标准，按照动物分类学的要求确定了川金丝猴的科学名称。

　　由于川金丝猴的栖息地与大熊猫重叠，所以随着1963年四川卧龙自然保护区的建立，川金丝猴种群与野生大熊猫种群一样得到了严格的保护。赖以生存栖息的森林被禁止砍伐，狩猎野生动物也被严格禁止。它们的栖息地受到人类有效保护，它们的生存权利也受到人类尊重，川金丝猴自由繁衍生息，种群数量极为稳定。

亲睹白头叶猴王位更迭

● 于凤琴　雷佳民

知道崇左这个地方，当然是先知道白头叶猴。先有白头叶猴，后有崇左，这是不争的事实。崇左的前身是广西的崇善县、左县，1952 年，经国务院批准，将这两地合并为一，定名为崇左县。2002 年 12 月 23 日，国务院批准设立地级崇左市。2003 年 8 月 6 日，崇左市正式挂牌成立。

第一次到崇左，是 20 年前的事了，因为一次采访，采访北京大学著名的生物学家潘文石教授。潘教授从 20 世纪 90 年代致力于白头叶猴研究。那时，包括广西人在内，没有多少人知道白头叶猴为何许动物，当地人称这种动物为乌猿，或是花叶猴。那时，对于白头叶猴的研究还属于起步阶段。见到白头叶猴，对于研究人员来说，都是件很奢侈的事。作为一个来去匆匆的新闻记者，偶然来一次，采访时间有限，未能一睹白头叶猴之芳容，实在是件太正常的事了。但对我个人而言，还是感觉有些遗憾。

这次来崇左，既是科学考察，也是想看到白头叶猴并完成拍摄的心愿。来之前，我们做了许多的功课，广西壮族自治区林业厅也给予了非常大的支持。保护区

■ 雄性白头叶猴

管理局的吴坚宝局长也在电话中表示，这次一定会帮我们实现见到白头叶猴的愿望。至于是否能拍到，那就看个人的造化了。就这样，怀揣一个梦想，心存一份感激，终于得以成行。

初识白头叶猴

2020年3月10日，全国新冠疫情得到全面控制后的第一个月，我们走进广西崇左白头叶猴国家级自然保护区位于板利乡的保护站。当时，按照保护区管理局唐科长发来的定位点，我们进入保护站时，真以为是导航出现了误差。"这哪里是保护站？分明是一个生态公园！"第一感觉是我们走错了地方。眼前的情景可用"花团锦簇，生机盎然"来概括。更让人惊诧的是那高大的木棉树上，一朵朵娇艳欲滴的木棉花，像是一张张沐浴着春晖的笑脸，向着我们尽情绽放。

我环顾四周，那些叫不上名字的花朵，有的正盛开，有的在怒放：白的圣洁，粉的鲜艳，黄的娇嫩，紫的浪漫……正在目不暇接时，保护区的唐科长来到我们的面前。得知没有走错地方后，我们顾不上欣赏眼前的露红烟紫，只好暂时先舍下那些葱茏的草木。唐科长带路，我们径直向白头叶猴的栖息地走去。

"今天可能不太好找，中午刚刚下过一场暴雨，猴子都躲到洞里去了，这个时候不知会不会出来，就看你们的运气了。"唐科长用广西人特有的普通话告诉我们。谁知唐科长的话音刚刚落地，一个身着白头叶猴自然保护区工装的小伙子示意我们停车。他冲着唐科长，指了指对面的木棉树，原来有群白头叶猴就在眼前的木棉树上。

我们立即跳下车来，手忙脚乱地打开后备厢，拿出相机。此时，激动得心都快跳到嗓子眼了，手也颤抖得不太听使唤，好在有三脚架作保障，对着木棉树上的白头叶猴一阵狂拍。相对于我们的激动，白头叶猴倒是显得十分淡定。它们穿梭在我们只能仰视的木棉树的各个枝丫上。嫣红的木棉花中，它们轻盈、自然地跳跃，动静有度地采食，不紧不慢地咀嚼。透过相机的高倍镜头，我们看到白头叶猴用灵巧的手指，把一朵朵木棉花摘下，填进嘴里。一同前来考察的同伴——中国野生动物保护协会科学考察委员会的雷佳民先生，第一次见到木棉花，对白头叶猴吃木棉花感到很惊奇，不断地向唐科长讨教。唐科长告诉我们："白头叶猴吃的不是花，而是花蒂。"他顺手从地上捡起一朵被猴子扔下树的花朵说："你们看，这花瓣和花蕊都还在，绿色的部分已经被它们吃掉了。花蒂中含有大量的叶绿素和猴子所需的营养成分。"这时，我们仔细观察才发现，的确，白头叶猴只吃木棉花的花蒂，并不是吃整个花朵。

一树烽火一树诗，一树白头攀新枝。英雄笑问怀中物，正是金猴入世时。看到有几只猴妈妈怀中抱着金黄色的猴宝宝在木棉树上窜来窜去，我也有感而发，用手机记下眼前的这一幕。拍了一阵白头叶猴后，天空渐渐暗了下来。白头叶猴们从容地下到地面，似乎首尾相接，前后肢交替腾空，尾巴时而翘起，或呈弧形，或卷成圆，或似一把刚出鞘的利剑，直指天空。它们排着整齐的队伍，一蹦一跳地沿着农田上的石头墙，向远方跑去。到了石头墙的尽头，最先走过去的那只白头叶猴，蹲在地头上，等着

大家有序到来。"白头叶猴要回洞休息了……"17：30，那一群17只白头叶猴在猴王——成年雄猴的带领下，又排成队，依次向它们的夜宿地跑去。第一次拍摄就这样结束了，我们也在唐科长的带领下，依依不舍地回到保护站。

守护国宝的人

拍摄归来，刚到保护站，崇左白头叶猴国家级自然保护区管理局的吴坚宝局长已经驱车赶来。快人快语的吴局长见到我们的第一句话便是："看到白头叶猴了吗？"雷先生立即拿出相机，向吴局长展示拍摄结果。吴局长一拍大腿，"太好了，你们的运气真好！我还在担心今天下这么大的雨，猴子不会出来呢！哪晓得这么给面子，你们拍得这么好……"虽说初次见面，由于有了白头叶猴这个主题，大家不需要寒暄，犹如久别重逢的老朋友，很快便进入了主题。

在吴局长的带领下，我们走进保护站，进入他们的科普馆。看到科普馆那几百张白头叶猴的图片，我着实又吃了一惊。若是用"千姿百态"来形容，的确把白头叶猴的形态与容貌缩水了许多。我忽然想到了"千娇百媚"这个词语，但又立即否定了。因为，白头叶猴除了娇媚，还有果敢与刚毅、矫健与灵巧、机智与敏捷的一面。面对那一幅幅形态各异、栩栩如生、呼之欲出的图片，实在找不出合适的词语来形容，此情此景，有些瞠目结舌的我，着实感受到自己的短见薄识与才疏学浅。

看到我不知所措的样子，吴局长很快缓解了这一尴尬的气氛，他说："这些图片多是外面来的高手们拍的，少部分是

保护区工作人员自己拍的。都是对白头叶猴行为的真实记录。"吴局长指着那些图片，如数家珍般地介绍着，"这是拇指山种群，这是龙王洞夜栖点，这是植物园觅食地，这是……"

大家落座后，不是先喝茶，也没有相互介绍，而是由吴局长率先给我们看他手机上的白头叶猴图片。然后是保护区的工作人员依次向我们展示手机上的白头叶猴。其中，吴局长手机上一段白头叶猴擦拭宣传牌的视频，把大家逗得前仰后合。"难道这白头叶猴成精了吗？"我忍俊不禁地问吴局长。采访，也就从手机上的这些图片开始。

吴局长介绍说，广西崇左白头叶猴国家级自然保护区位于广西崇左市江州区、扶绥、宁明、大新3县1区境内，由间断分布的板利、岜盆、驮逐、大陵4个片区组成，总面积25578公顷，其中核心区10093.3公顷，占39.5%；缓冲区6950.7公顷，占27.2%；试验区8534.0公顷，占33.3%。保护区于2005年经自治区人民政府批准由广西板利、岜盆两个自治区级自然保护区合并成立。2012年经国务院批准晋升为国家级自然保护区。保护区重点保护世界濒危、国家一级重点保护野生动物白头叶猴及其赖以生存的喀斯特石山森林生态系统。

说到这里，吴局长叹了口气说："白头叶猴是全球25种最濒危的灵长类之一，也是我们国家重点保护的野生动物，它只分布在广西。目前，全球野生种群又仅分布在崇左左江和明江间不足200平方千米的狭长地带里，我们的保护工作重啊，压力大呀！"对吴局长所说的压力，我们也感同身受，并向他报以首肯心折般

的谢意。

吴局长介绍说，他是2016年来保护区工作的。刚来时信心满满，到保护区里面走一走，看看猴，感觉很轻松，也很惬意，没有感觉到太大的压力。可工作一段时间感觉就不一样了，整个保护区面积虽然不大，但牵扯的地方太多，保护区的核心区是农民的住宅和田地，管理起来难度非常大。保护区与外界没有明显界限，给管护工作带来很大困难。保护区内违规开垦、放牧、砍伐、开路等问题时有发生。白头叶猴的栖息地中，常年都有人为干扰，特别是甘蔗种植和收割的季节，农民、牛车、卡车等在白头叶猴分布的石山间频繁出入，对白头叶猴的正常活动也有一定的影响。加上保护区基础设施太差了，工作人员每天出去管护，非常辛苦，巡山回来，连个歇脚的地方都没有，更别提吃饭的事了。"广西是经济欠发达地区，没有钱，想改变这一切太难了，怎么办呢？当时，真是绞尽脑汁呀！"吴局长摇摇头说，"啥办法都想到了，有领导来看猴，有专家来考察，我不放过任何一个机会，见人就汇报呀，真的，我都快成'祥林嫂'啦，不为别的，只想改变一下大家的工作环境。我也算是感动了'上帝'吧，由前几年的活动板房，建成现在的这个样子。"吴局长指着一前一后的两栋楼房说："明年你们再来，就可以住到站上了。"

沿着门前小路，我们来到国家动物博物馆白头叶猴馆的招牌下面，吴局长告诉我们，这是国家动物博物馆在这里兴建的分馆，全国就这一个分馆，这里面储存着白头叶猴的秘密，更储存着科学家们的心血和功绩。他对来这里做过科学研究的专家们，一一历数，不断称赞他们为崇左

为保护区做出的贡献。"没有他们的发现，没有他们的研究，谁知道白头叶猴是啥呀？谁会相信这猴子还是国宝呀？过去，当地老百姓就是打来吃肉，用骨头泡酒，也没人把它当回事呀！现在可不一样了，现在谁要是干扰到了猴子都不行，我们会去责罚的。"吴局长一边说着一边问我和同事雷先生："你们说，我是不是守宝人，我们的工作和北京故宫博物院的工作是不是一样的？都是为国家守护宝贝，是不是这样？"雷先生马上补充说："你们的工作比故宫博物院的工作难度还要大，故宫博物院的那些宝贝不用给它吃、给它喝，只要看管好就行了，你们这里的宝贝不仅要吃的、要喝的，还满山跑，更难守护……"

多子多福的"九儿它爹"

2015年，栖息在植物园的那一群更换了"猴王"。2016年吴局长到此任职后，这群白头叶猴出现了一个生育的高峰，他们真是见证了白头叶猴的生命奇迹。他说："那个新上任的猴王不得了，当年，它的9个老婆，全部生下它的孩子，共有9只婴猴出生，并且全部成活。猴子也和人一样啊，它会管理呀！"吴局长的目光中充满赞美之情与幸福之感，他说："这个'猴王'把家中大大小小的事，都管得妥妥帖帖，把家族成员带得舒舒服服。大家就拥戴它呗，家和万事兴呀。家族成员之间，相互关爱，发展就快呀，现在这群猴子已经有25只了。"

"我们平时称生产数量多和抚育能力强的动物为'英雄母亲'，我觉得这只一年得九子的父亲，也应该被称为'英雄父亲'。"吴局长进而解释说，"在白头叶猴

■ 守候夜宿地的母子

繁殖过程中，婴猴个体的成活的确是猴妈妈的功绩大一些，当然，这也还有父本遗传基因强壮的原因。但一个种群的兴旺，则得益于这个种群的'猴王'，也就是这些婴猴的父亲。对内部的管理、对天敌的躲避、对领地的守护，平衡与各个母猴之间的关系，对每个婴猴的关照，这里面也是很复杂的，这个爸爸真是不容易当呢。"

"那个生了9个婴猴的猴王叫什么名字？"我非常感兴趣地问道。"还没有名字，它们自己起没起名字，这个我不知道。"吴局长一脸天真地说。"那我给它起个名字吧，就叫'九儿它爹'，您觉得怎么样？""好，太好啦，就叫'九儿它爹'，贴切，还好记。""明天你们就能见到'九儿它爹'，多拍几张啊，这可真是一只英雄爹、高产爹呢。"一边听着吴局长的介绍，一边在众多的图片中寻找"九儿它爹"，果然，我们在图片中见到了一张上面有7只婴猴的图片，当然看不到另两只婴猴的脸，但它们的小尾巴还是告诉了我们它们的存在。

说到"九儿它爹"，好像保护区的工作人员都有话要说。他们对这只猴王有着太多的了解，记住了发生在它身上非常多的故事。有人说它严厉，因为对家中的母猴管理约束极严。在"九儿它爹"所管理的这个种群周边，还有几个小种群，特别是当年它打败的那个"老猴王"还带着它的儿子们形成了一个全雄群。在这个全部

是"单身汉"的种群中，也有外来种群的雄性个体加入。这些雄性个体，对"九儿它爹"的那些老婆多有惦记。在白头叶猴种群中，外群的"单身汉"与本群母猴偷情的事时有发生。为了保持本群血统的纯洁性，当然也是展示自己在本群的绝对权威，"猴王"除了严格防范外群雄猴的进犯，也会对自己的母猴们严加管教，绝不允许自己的母猴与其他外群的雄性发生苟且之事。因此，"猴王"通常情况下，都会蹲守在自己家庭所栖息的最高点，时刻观察并监视着自己的家庭成员。

"九儿它爹"上任之前，这个家庭是什么情况，它的前任有多少妻子儿女，我们没有看到详细的记载。但自从"九儿它爹"上任后，保护区管理局的工作人员进行了长时间的跟踪与记载。"2021年是'九儿它爹'在任的第六年了，按着白头叶猴的习性，该'换届'了，今年应该有其他雄性白头叶猴发起挑战了，这也是我最担心的……"吴局长如是说。

唯我独尊与俯首称臣

按着白头叶猴的习性，新的"猴王"上任后，母猴们要拥戴接纳这个新王。接纳的最直接方式，就是向新"猴王"示好。最有仪式感的示好，除了为其梳理毛发外，就是邀请新"猴王"与之交配，这是雌性白头叶猴对新"猴王"的认可。如果，挑战的新"猴王"不识时务，不懂得选择最佳挑战时机，即便打败了老"猴王"，也很难获得母猴的认可。母猴不认可，它就无法稳固自己的地位，往往上任没几天，便被"卷土重来"的老"猴王"重新夺回王位。

雄性单身汉什么时候向老"猴王"挑

■ 木棉花蒂含有大量的花青素，是白头叶猴喜爱的食物（蒙新良摄）

战容易成功呢？按照人性化的理解，最好不要选择在婴猴刚出生时或是正值哺乳期。白头叶猴的母猴在生产后，特别是哺乳期内，体内荷尔蒙水平下降，导致母猴失去性趣。这时，新"猴王"又正处于"性饥渴"之际，非常渴望尽快开始它的"蜜月"期。这种阶段性的互不理解，会让母猴很烦躁，而新"猴王"也非常恼火，它会将这一切怪罪于此时母猴怀里的婴猴。因为，它知道，母猴只要怀中有婴猴吃奶，一是猴妈妈会将精力放在婴猴身上，二是哺乳会延后母猴的排卵期。非排卵期间，母猴会淡化性事，邀请交配的次数就会减少或拒绝交配。为了尽快与这些母猴交配，也为了让自己的基因尽快得到传递，它就要痛下毒手，杀掉前任的孩子。杀婴行为，这在白头叶猴中是最惨烈的，每次新老"猴王"的更替，都会对种群产生非常大的震动。可白头叶猴选择了这种繁殖策略，自有它们的道理。也许，白头叶猴的婴猴出生之际，猴爸爸和猴妈妈将关注点多放在婴猴身上，是群内防御体系最弱的时刻。这个时候，觊觎登上王者之位的年轻雄猴，向老"猴王"发出挑战，最容易得手。这是白头叶猴的游戏规则，动物在几万年甚至上亿年形成的规则与伦理，人是无法改变的。吴局长的担心，可以理解，但是，人真的是无能为力。

3月12日，我们按照前两天拍摄时掌握的线路，依着白头叶猴植物园种群的采食习惯，在它们采食的沿线上等待。下午4时许，这个种群来到一处枝叶繁茂的杂灌林和农民的甘蔗地交界处，在一株枝多叶阔的枸树上，几只雌猴带着婴猴、幼猴正在采食，突然听到"九儿它爹"发出的一声号令，所有的白头叶猴纷纷跳下树，逃到树林里回避。

依据观察其他灵长类动物的经验，出现这种情况，可能有天敌威胁，或是有外来群雄猴进入本领地。外群的雄猴若是无意闯入，"猴王"先发出警告，一般情况下，进犯者会主动离开，如果离开的速度不够快，"猴王"就会出手，将其驱赶出本群领地。若是外群雄猴专程来挑战"猴王"，那接下来就有戏看了。我们努力搜寻着附近是否有其他雄猴。

忽然，石头山的岩壁上，飞一般窜入一只较大的白头叶猴。它对着"九儿它爹"龇牙，还发出"呼""呼"的怒吼声。这当然不是无意闯入了，就是明目张胆且大张旗鼓的挑战者。"九儿它爹"是谁呀？当年它是怎么打败老"猴王"荣登"猴王"之位的，我们无从知晓，但仅凭它当上"猴王"的第一年就喜得9子，它绝对不是一个等闲之辈。况且，这些年对本群的管理，种群的兴旺都足以显现出它卓越的才能与魄力。有着这样背景的"九儿它爹"，自然不甘示弱，对着挑战者发出分贝更高的怒吼，并上前欲撕扯挑战者。挑战者先是向前冲着"九儿它爹"怒吼几声，见"九儿它爹"发出更凶猛的回击，便左躲右闪几下，沿着极其陡峭的石壁，掉头就往回跑。"九儿它爹"见来者退缩，立即穷追不舍，一直将挑战者驱赶出自己的辖区。

回到自己的领地，"九儿它爹"有些气喘吁吁。站在领地上那株最高的树上，仔细察看它的妻子儿女，大家仍处于惊恐之中，连刚刚出生不久的婴猴，都噤若寒蝉。看到这一切，也许"九儿它爹"很想安慰一下大家，可它没有，它知道，挑战者既然敢于率先发起挑衅，就说明这个家伙已经蓄谋已久，且做好了各种准备。当下，虽然将其赶出领地，但它不会轻而易举就罢手，也许这是小试牛刀，初露锋芒而已，更残酷的短兵相接还在后面。它必须做好打硬仗的准备。"九儿它爹"好似向大家发出更严厉的指令，示意所有的家族成员都到安全地带躲藏起来。就在这时，挑战者又以迅雷不及掩耳的速度冲向"九儿它爹"。"九儿它爹"立即还以颜色，对着挑战者发出咆哮，并将满口的唾液喷洒在挑战者的脸上。挑战者见此，便上前去扯"九儿它爹"的毛发，"九儿它爹"挥手便是一拳。挑战者立即躲避，并转身再次逃跑。"九儿它爹"这次发出更凶狠的吼叫声，它顺着直立且陡峭的岩壁，飞檐走壁般步步紧逼。挑战者头也不回，一路狂奔，绕过山崖，上到绝壁斜出的一棵小树上。见此，"九儿它爹"再次怒吼，像是发出最后警告一般，虽无"鸣金"也算"收兵"，结束了第二次战斗。

经过这两次的兵戎相见，"九儿它爹"的体力大大损耗，这一次赶走挑战者后它没有上到最高的那株树上，而是瘫坐在地上，大口大口地喘着粗气。这时，好像有一只婴猴发出叫声，立即被母亲制止。群里的母猴虽然都在关注着"九儿它爹"，但也不敢有任何举动。

就在"九儿它爹"还没有缓过气来的时候，挑战者发起第三次攻击，这一次它的到来，虽然无人为其击鼓，却节奏感极强，奔跑在岩壁上，如行云流水，且地动山摇。从植物园后面那座山的左侧到右侧（"九儿它爹"所在的植物园群的采食点），约有200多米的距离，它不到15秒就风雷电掣般飞过。此时，挑战者像是使出浑身解数，毛发与四肢都在偾张，如探囊取物，长驱直入"九儿它爹"掌控的群中。

这下，"九儿它爹"没做任何反抗，也许它太累，已经身心俱疲，连招架之功也荡然无存了。它趴在地上，自甘雌伏。双方没有肢体相接，也没有怒目相对。挑战者如汤沃雪就获取了"猴王"之位。群中鸦雀无声，树木与杂草似乎都已安然入睡，山体沉寂得让人胆寒，整座山静得连树叶落地的声音都格外清晰。

大约过了30多分种，有一株树开始轻轻地晃动，一只带着幼猴的雌性白头叶猴，爬上了一株阔叶树，悄悄地采食树叶，幼猴贴紧妈妈的肚皮，把脸埋在妈妈的胸前。又过了一会儿，那个挑战者站上了那株最高的树。它警觉地注视着四周，俯视整个种群。按着白头叶猴的规矩与伦理习俗，它这是向本种群宣布：我是你们的新"猴王"，除了这个"登基"外，它还要向外群宣布主权，警告其他同类，不要侵犯它的领地。

半个小时后，有几只没有带幼猴的母猴开始向夜宿点方向挪动。以往这个群的白头叶猴，都是在"猴王"的带领下，似乎排成整齐的队伍，不卑不亢、有礼有节地从树上到地面，依次向夜宿点前行。今天，也许是因为群中"易主"，母猴们没有从树上下到地面，而是选择从树上直接向岩壁过渡，通过岩壁，慢慢向夜宿点的石洞爬行。

前面的母猴更像是侦察兵，它们走过后，带着幼猴的母猴开始挪动，然后才是带婴猴的母猴通过。在那斧劈刀削般的石壁上走过，母猴们个个小心翼翼，真的有如在刀尖上行走，稍不留神，掉下去可是粉身碎骨的结局。特别是那些带着婴猴的妈妈们，行走在这样的地段上，格

外艰难。它们用四肢，紧紧抠住每一块锋利的岩石边缘，极其吃力地慢慢移动着。终于，有捷足先登者到达夜栖的石山洞口，它们在洞口稍平坦的地方，迎接后来者。有一只带着出生两三个月猴宝宝的母猴，经历了千辛万苦后也到达了洞口。这时，挑战者，应该称新"猴王"，却是非常轻松地通过岩壁，来到洞口上方。母猴们见此，立即向那只带宝宝的猴妈妈靠拢，它们将婴猴团团围住。紧接着，另外3只育有婴猴宝宝的猴妈妈相继到达夜宿点的洞口，大家围坐在一起，将婴猴挡在圈子里面。新"猴王"则蹲守在洞口上方的一块凸起的独石上，依然注视着远方和山体周围。

可喜可贺与殚精竭虑

晚上，回到保护站，我们向吴坚宝局长讲述了白头叶猴植物园群所发生的一幕。吴局长说我们是最有猴缘的科考人。他们在保护区工作这么多年，也未能见到这种场面。他说："这个猴群的'猴王'，不，是'九儿它爹'已经任职整5年了，应该'换届'了。我们要祝贺新'猴王'，也希望它有超凡的管理能力，为这个群添丁加口……"说到这里，吴局长突然不说话了，他低头沉默了很久，感觉有些忧心忡忡。"您是不是为老'猴王'感到惋惜？"我们问道。吴局长没有马上说话，他继续沉默了一会儿才说："我们在祝贺新'猴王'的时候，关注一下老'猴王'的去向，这是应该的。其实我更担心的是那4只婴猴。"吴局长又提到了"杀婴"这个令人恐惧也非常残忍的词汇。他说，在板利乡的另外一个种群中，年前就有4只婴猴出生。正月间，群中也发生了"易主"事件。

新"猴王""登基"后，4只婴猴已经有一个月不见踪影。大家分析有可能是遭到新"猴王"的灭杀。

"这个植物园群也有4只婴猴，按你们的描述，这新'猴王'如此的剽悍，又这么工于心计，恐怕这几只婴猴危险了。"原来，吴局长是担心那几只婴猴。的确，这是一个令人担心的事情。说到这里，大家都为此担忧，不再说话。为了打破这种僵硬的场面，我拿出手机上下载的一篇文章，文章认为："猴王"更替后的杀婴，是白头叶猴这个物种普遍存在的行为。但这也要取决于母猴的智慧和对婴猴的保护措施。"我们看到那些母猴把婴猴圈起来，这是不是加以保护呢？婴猴已经有两三个月大了，应该也知道注意安全，保护自己了。""但愿如此吧！"吴局长附和着，他知道，我们是在为他宽心。

第二天，我们早早起床，天不亮就来到昨天晚上植物园种群的夜宿点，观察动向。孰料，我们等到上午9点半，仍然不见白头叶猴出洞。护林员阿梁告诉我们，猴子可能一大早就离开了夜宿点的那个洞，今天它们打破了常规，也没有走去习惯性的路线，只有慢慢找了。

上午10点半，在寻找植物园种群的时候，我们在另一座石头山遇到一个有17只白头叶猴的普通小种群。这个种群今年没有婴猴出生，全部是成年猴和亚成体。此时，它们正在一棵桉树上采食。"白头叶猴吃桉树叶，是我们今年才发现的，过去没有吃桉树叶的记载。"阿梁向我们介绍。据当地人说，过去这里并没有桉树这个树种，是近些年引进的树种。之前，白头叶猴好像并没有发现这些桉树，也不吃桉树的叶子。今年首次发现它们吃

■ 落荒而逃

愿白头叶猴都能白头

3月13日，又起了个大早，在离开崇左去弄岗国家级自然保护区之前，我们再一次来到植物园，再一次寻找"九儿它爹"和刚上任的"猴王"。经过一个多小时的寻找，还是没有见到新"猴王"和那些母猴与婴猴。让人略感欣慰的是，"九儿它爹"还活着。按着"猴王"争夺王位的惯例，这是一场你死我活的较量。胜者往往用最残忍的手段，将前任除掉。如今，"九儿它爹"还健在，说明新"猴王"也还算仁慈，至少它没有赶尽杀绝，给老"猴王"留了一条生路。只要有老"猴王"在，其实新"猴王"的王位时刻都会有被颠覆的可能。在云南白马雪山观察滇金丝猴时就遇到过做了三天"主雄"又被原"主雄"打败，夺回家长之位的事。白头叶猴虽然不是金丝猴，但灵长类动物的习性与伦理有着诸多的相似之处。唐代诗人杜牧曾在诗中写道："胜败兵家事不期，包羞忍耻是男儿。江东子弟多才俊，卷土重来未可知。"正在思考着"九儿它爹"会不会梅开二度，重返王位时，"九儿它爹"像是洞察到了我们的心思，它站在石头山的顶端，发出长长的哀鸣。听到这个叫声，内心感到有些凄惨。一代枭雄，就这样告别了它的辉煌，开启了孤寂与忧郁的未来。

告别"九儿它爹"，我们驱车往崇左方向前行。一路上，前一天发生的"猴王"更替的那一幕，就像电影一样在眼前出现，且无论如何也挥之不去。"九儿它爹"会不会又回来了？它能重新夺得王位吗？如果不能，新"猴王"能容得下那4只小婴猴吗？母猴会将小婴猴保护住吗？4只小婴猴是否还活蹦乱跳？ 连串

桉树叶子是正月初的时候，后来发现这群猴子还吃桉树的皮和果实。听着当地人的介绍，我们想进一步了解白头叶猴吃桉树叶和皮的原因。我上前从一株桉树上扯下一条树皮，放进嘴里嚼了一下，又苦又涩还有点辣的味道。难道白头叶猴喜欢这样的味道？仔细揣摩一下，我又否定了。灵长类动物的味觉是很发达的，应该不会喜欢这样的味道。为什么吃桉树皮和叶子以及果实，肯定有它吃的道理。现场查阅资料表明：桉树果实和叶子都具有消炎、止痒、健脾的作用。白头叶猴以树叶为主要食物，每天要吃大量的树叶，这些叶子在腹中，要靠一定数量的细菌来消化，才能被吸收。消化食物的细菌会组成一个菌群，这个菌群的菌量既不能多也不能少。

如果菌群失调，白头叶猴的消化系统也会随之失衡，就会生病。白头叶猴是非常智慧的灵长类动物，它们会通过食物来控制菌群的菌量。桉树叶子和果实乃至树皮，均有杀菌作用。它们选择食用桉树上的叶子和果实来作食物，说明了它们体内的需求。当然，这些含有杀菌作用的食物也不能过量，过量也会伤及自身，这一点，无须人类担心，白头叶猴自己会精准地掌握它们自己的"标准量"。

很快，又到了午休时刻，白头叶猴没有钟表，但它们对时间的掌握比人类还精准。午时末，未时头，正是白头叶猴固定的休息时间。看到白头叶猴放下食物，爬上岩石睡觉，我忽然想到，人类睡午觉，也许就是向白头叶猴学的。

■ 攀岩高手

■ 艰难前行

■ 途中小憩

的问号在脑海中闪现。在弄岗草草地拍了一个下午的鸟，第二天下午5点，我们又回到崇左国家级自然保护区。

就在寻找植物园种群时，我们见到了一个"全雄"种群。听护林员讲，这个群是前几年"猴王"更替时，随着老"猴王"跑出来的小雄猴。说是"全雄"群，其实里面还有9只母猴。这是一种很奇怪的现象，全雄群里有母猴，母猴群里又有多只成年雄猴，这种情况是不多见的。后经了解，原来这些雄性白头叶猴，其实都是父子关系。几只母猴有的是从原生家庭跟随老"猴王"过来的，也有的是在种群中不受待见的母猴，与群中的小雄猴私奔过来的。正在拍摄与观察时，我们发现有几对白头叶猴在爬跨，这其中有雄性对雄性，也有雌性对雌性。也许是受这些行为的影响，有两对白头叶猴真正地进行了交配。在此过程中，它们的这些程式化的内容，每个环节都完成得自然且从容，实在是不太符合灵长类动物种群结构与伦理常理。看来，白头叶猴身上还蕴涵着无尽的秘密，且不是一天两天、一年或几年能揭开的，也许这需要几代人毕生的研究与探讨。

唐代杜甫《春日忆李白》诗中写道："渭北春天树，江东日暮云。何时一樽酒，重与细论文。"就要离开崇左了，我默念着杜甫这首诗，作为与白头叶猴和保护区工作人员的告别语。白头叶猴的生存空间越来越小，这个物种还能延续多久？它们的生存实属不易，其实同样不易的还有那些守护白头叶猴的人。工作重、压力大、待遇低是对他们现状的真实写照。对白头叶猴的感情已经成为他们生命中的一种情结，每天看不见白头叶猴，心里就不踏实，就会惦记，也是这些人的真实状态。如何化解这些矛盾，让人和动物都能拓展一些生存的空间，实在需要大家乃至全社会的努力。

回到北京，写此文时，在崇左的那一幕幕，一直在眼前浮现。"九儿它爹"怎么样了？4只小婴猴，我们日思夜想的"金娃娃"可还活泼健康？新"猴王"是否被母猴们所接纳与拥戴？吴局长说他有一个梦想，这梦想是否已经成真？他卖的"关子"还等着我们再来揭晓。哦，太思念这个地方了，太想念那群白头叶猴了。

也许，哪天禁不住这长长的思念，我们会再次与白头叶猴面对面，与保护区工作人员"细论文"。

水、动物及生命的敬畏
——关注水生野生动物

● 徐树春

如同陆地上纷繁多样的动物种群一样，江河湖海中的水生动物也以特有的方式和习性活跃在水幕舞台上，环境的变迁和人类的影响时常改变它们的生存状态，这些生灵与人类息息相关，顽强而又无奈，在抗争、适应和进化中，演绎着生命的悲喜剧。

留住江豚的微笑

当一种水生生物在濒临灭绝的威胁和难以忍受的伤痛面前，仍能以微笑面对的时候，不能不说是一种天真和豁达。长江江豚就是一种会微笑的动物。江豚的微笑很美，但是，善良的人们能够从中读懂它们的苦涩和求助的渴望。

在海上和城市的水族馆，我们看过许多活跃的海豚，它们好像是水中的贵族，有辽阔的海域和精致的场馆供它们嬉戏玩耍而无饥馑之忧，而作为近亲的长江江豚却只能生活在内陆江河湖泊的一隅，饮着浑浊的淡水，还要时常受到人类活动的侵扰。

江豚早在人类出现之前就已进入长江，相对于几千年的人类文明，它们应该是长江的原住民。在长期的进化过程中，形成了对长江环境的高度适应性，和其他如白鱀豚、中华鲟等种群一起过着无忧无虑、宁静而和谐的生活，也许正是长江给了江豚快乐的生活，所以它们的嘴角始终上翘，张开嘴巴，更像 3 岁的娃娃一样可爱，笑容可掬，但是，微笑背后的隐忧江豚们能懂吗？

为了寻找江豚的微笑，我们随中国野生动物保护协会水生野生动物保护分会组织的考察组来到湖北省。位于武汉东湖岸边的中国科学院水生生物研究所水产良

■ 微笑的江豚

■ 江豚在水族馆中畅游

种繁育中心，饲养着一些长江江豚，可以近距离观察和拍摄到江豚的身影。繁育中心院内有一座圆形建筑物，赫然写着"白鱀豚馆"，而馆里养的只有江豚。

白鱀豚已经在 10 年前宣布功能性灭绝，怎么还保留白鱀豚的馆名？也许是为了纪念，也许是为了警示，面对科研人员复杂凝重的表情，我们也不好多问。长江是世界上仅有的一条曾供养过白鱀豚和江豚两种水生哺乳动物的淡水河流。自2500 万年前开始，白鱀豚和江豚就共享这条河流。但是，因为人类活动的干扰，到 20 世纪 80 年代初，长江中只剩下 400头左右白鱀豚，可惜人类没有果断采取行动挽救这种珍稀动物，错过了最后的机会。如今只能在标本馆和影视作品中看到白鱀豚的形象了。

馆内的水池为上下两层，水体清澈透明，下层是亚克力玻璃透窗，可以清晰地看到水中 5 头江豚的游动。馆本来是为白鱀豚而建，最后一头白鱀豚"淇淇"在这里生活了 23 年，于 2002 年离世，从此再也没有白鱀豚入住，江豚便成了这里的主人。

江豚头部钝圆，前额稍有些凸起，流线型的身体呈铅灰色，吻部短阔，上下颌几乎一样长，大大的脑袋、小小的眼睛，加上微微上翘的嘴角，简直就是水中的微笑天使。自白鱀豚"功能性灭绝"后，江豚就成了中国淡水水域中唯一的胎生哺乳类动物。它靠肺部呼吸，孕期 10 个月，一胎只生一个，在水中并不是靠眼睛来辨别方向和物体形象，而是靠其发达的回声定位系统，浑圆的前额就是精确复杂的回声定位系统的关键部位。

管理人员把 5 头江豚视为幼子，分别给它们取名为 F9、洋洋、多多、F7、淘淘，有来自鄱阳湖的，有来自石首长江故道的，也有馆生的。过去的 18 年中，有若干只江豚宝宝在这里诞生，但是健康存活至今的只有 2005 年出生的淘淘。淘淘也是世界上首例在人工环境下繁殖成功的长江江豚。馆中江豚 2 雄 3 雌，正值青春期，所以显得异常活跃，管理人员精心喂食和训练，让江豚健康发育成长，目的就是保住这一珍稀物种，不再走白鱀豚灭绝的老路。

据水生所提供的资料介绍，长江江豚是鼠海豚科全球唯一淡水物种，极度濒危物种，在中国是水生野生动物保护的旗舰物种，生活在长江中下游宜昌到上海江段，以及两大通江湖泊鄱阳湖和洞庭湖中，种群现状不足 1000 头，其中长江干流 500 头左右，比大熊猫还要稀少和濒危。

长江豚类面临的主要威胁是多方面的，有渔业的过度捕捞，使江豚的食物资源减少；有航运的直接伤害，轮船的螺旋桨使江豚死于非命，机声的干扰使豚类捕食、集群、求偶、逃避等日常行为变得紊乱；还有污染和工程建设破坏了江豚的自然栖息环境，进而使长江江豚自然种群持续衰退，专家指出，食物资源锐减、长江航运、污染排放是导致流域物种消亡的三大"杀手"。从 2008 年开始的 7 年时间里，江豚下降速率为 13.7%，照此下去，江豚在未来 10 到 15 年也将走向功能性灭绝，此种罪责人类难辞其咎。

江豚是属于长江的，但长江目前已不是自然的河流，各种各样的人类活动影响了江豚的生存。为了改变这种态势的扩大，国家在湖北和江苏等地先后建立江豚保护区，以中国科学院水生生物研究所为主的科研机构加强了对江豚物种的研究保护力度，建立保护基金会，开展宣传和救助活动。目前实行的就地保护、迁地保护、豚馆和网箱养护，对江豚的保护有所成就，但是自然生态的恢复和改善才是科学的保护目标，江豚终究要走出温室和人工繁育的象牙塔，回归属于它们自己的长江。

考察组驱车200多千米，乘轮渡过江，来到湖北长江天鹅洲白鱀豚国家级自然保护区。保护区位于石首市长江故道，总面积约3000公顷，河道全长20.9千米，平均宽1.2千米。这里是1972年长江自然裁弯而成，呈马蹄状，形成相对封闭的水域，不通航，没有非法渔业活动，受人类活动影响相对较小，是世界上第一个对一种鲸类动物进行迁地保护并取得成功的保护区。

以天鹅洲为样板，陆续推动的迁地保护区还有何王庙、集成垸故道、洪湖、洞庭湖；就地保护区有镇江、南京、铜陵、安庆、鄱阳湖等。自20世纪90年代以来，各种长江豚类保护区（站）相继建成，江豚保护网络已经初步形成。这些保护区的设立，为江豚生存、繁衍和保护起到了作用。比如，在天鹅洲迁地保护区的成功，为建立更多迁地保护区提供了可以借鉴的经验。长江沿岸各保护区如同爱的接力，把江豚物种的生命信息传播开去。

保护物种更重要的是保护这个物种的原始生存环境和栖息地，就地保护是根本，迁地保护和人工饲养繁殖是相对无奈的选择。在天鹅洲保护区的网箱养殖场，我们看到一个江豚的三口之家，生活在200多平方米的活动空间里，网箱所在水域是长江故道的一部分，模拟野生环境和天然水质。江豚在这里健康繁衍。从江豚不停跳动的身影中，似乎感觉到它们已不满于网箱的束缚，渴望跳出去，到大江大河中畅游而又不受到伤害。

这一天也许不远，只要我们人类能够汲取白鱀豚灭绝的历史教训，善待和保护这些水中的生灵，那么生态平衡的春天就会来临。这些美丽的精灵们将自由遨游于长江，不再担忧失去安身之所，不再恐惧生命受到威胁，那时，江豚的微笑就是人类的微笑，就是世界的微笑。

聚焦盘锦：了解斑海豹的秘密

对于斑海豹（现更名为西太平洋斑海豹）的了解，许多人都是从海洋水族馆获悉的，那憨态可掬的萌宠样子，聪明伶俐的表演天赋，确实招人喜爱。可是，野生斑海豹的真正家园在哪里？它们又是怎样生存和繁衍的呢？

2017年首届"八仙过海杯"全国水生野生动物保护摄影大赛在辽宁省盘锦市拉开帷幕，首站盘锦拍摄活动的主题就是"了解斑海豹的秘密"，展现斑海豹的形态之美、生境现状、人类影响及救助活动等情况，斑海豹的秘密也许在盘锦辽河口就能找到答案。

阳春时节的辽东湾乍暖还寒，沿盘锦湿地红海滩景区的公路前行，路边是大片苇田和水面，地上还少见绿色。在河口码头，我们乘坐渔政船向河海相接的三道沟海域驶去。辽河入海口水域开阔，大量泥沙冲积形成洲岛和湿地，富含营养物质，引得鱼虾潜泳、鸥鹭翔集，这就是斑海豹的栖息地吗？我们能否有运气拍摄到斑海豹呢？

船行几千米远，忽然有人喊："快看，有斑海豹！"大家顺着手指看去，只见不远处的水中，几只斑海豹时而摇动着圆圆的脑袋，时而又露出光滑的脊背潜入水中，沙洲的泥岸上有上百只趴在那里，纺锤形的身躯肥壮浑圆，睁着大大的眼睛看着我们。船离岸边不远，斑海豹似乎习以

■ 盘锦河口地带是斑海豹春天的乐园

为常，知道对它们没有伤害，仍旧悠闲地戏耍，这样才让大家能够近距离地与斑海豹见面，并把这一珍贵的画面定格。

斑海豹从何而来，又为什么栖息在辽东湾？据现场的辽宁省海洋水产科学研究院专家介绍，斑海豹，顾名思义，身上有美丽的黑黄色斑点，是唯一在我国繁殖的水陆两栖海洋鳍脚类哺乳动物，生长在太平洋北部沿岸，在中国分布范围较小，主要在渤海和黄海。地球上有8个斑海豹的繁殖地，辽东湾是最南端的一处。这些斑海豹不与别处斑海豹"通婚"，一直保持着非常纯正的血统，与世界上其他繁殖区的斑海豹有遗传差异，属于独立的类群，因此被命名为"辽东湾斑海豹"。

每年12月左右，斑海豹会穿越渤海海峡陆续进入辽东湾进行繁殖，它们会于岸上交配，于冰上产崽，辽东湾以及盘锦沿海那漫无边际的寒冰就是斑海豹的天然产床。繁殖期过后，小海豹褪掉胎毛就能独立生活了。每年3~4月，辽河口河海交汇的水域常有梭鱼汛。梭鱼是鲜美的海产之一，尤其以春天的梭鱼味道最美，不仅是盘锦人得天独厚的应季美食，还是斑海豹的最爱，一只斑海豹一天能吞食20千克左右的梭鱼，也许正是由于美味梭鱼的诱惑，盘锦的辽河口滨海湿地才得以成为斑海豹长久以来的繁殖地。5月以后，河口地带水温上升，鱼类游移外海，斑海豹少了食物，也就陆续离开盘锦辽东湾。每年就是这样循环往复，如同候鸟的南渡北归。

镜头中的斑海豹既憨又萌，它们在水中游刃有余，非常灵巧，而在滩岸上爬动却显得很笨拙。斑海豹的身子中部浑圆粗肥，头尾细尖，周身呈流线型，四肢已经变化为鳍，前鳍较大，趾间有蹼，这使斑海豹在岸上只能爬行，一拱一拱地用肚皮蹭着走，那片滩涂和泥岸也会被蹭得又光又滑。成年斑海豹体重一百多千克，体长1~2米。斑海豹几乎没有脖子，圆圆的脑袋，大大的眼睛，眼光充满了孩子样的好奇和纯真，唇边的触须又长又粗，像野生虎豹的胡须。据说一只成年斑海豹的智力相当于4岁儿童，有极好的听力和视力，在晴朗的天气，斑海豹通常会借着涨潮的水势，从水中蹭到岸上来，挤成一堆，或趴在那里相互聊天，或翻过身来晒晒肚皮，看到异常就抬起头来观望，有危险就迅速下水。

每年进出辽东湾的斑海豹总数大概有2000头，相对较少，又是分布于边缘区的独立种群，因此保护价值很大。斑海豹的皮毛和油脂都很宝贵，历史上当地渔民有捕猎斑海豹的习惯，由于生态变化、环境污染和捕猎过度等原因，斑海豹数量急剧减少。20世纪80年代，国家把斑海

■ 憨态可掬的斑海豹

豹列为国家二级重点保护野生动物，加强了对斑海豹的保护。近年来，盘锦市修复滨海湿地，斑海豹保护区域由原来的61平方千米扩大到现在的316平方千米。在分布区加强管理，严禁捕猎斑海豹和其他渔业作业，减少人为干扰。有船必须经过时，都在河道另一侧降低速度慢慢通过，给斑海豹留一个自由的空间。

辽东湾斑海豹栖息地并没有对公众开放，难得看到斑海豹的原生状态，所以大家很珍惜这个机会，都想把更多的精彩瞬间和珍贵画面纳入镜头，存留心中。渔政船驶离河口，我们依依不舍地向斑海豹告别，愿这些可爱的生灵能够家族繁盛，在美丽的辽东湾永远有自己祥和的家园，在多样性的生物种群中永远有自己齐整的队列。

青海湖裸鲤：我愿逆流而上

在青海省刚察县沙柳河河道，第一次见到成群结队、逆流而上的青海湖裸鲤。那是怎样的一幅壮观场景啊！密麻麻，黑压压，相互簇拥着，几乎占据了半个河道，它们时而迎着飞溅的水花奔腾跳跃，时而潜入水中寻找上升的机会，一次次失败，又一次次冲击，不放弃，不停歇，向着它们延续生命的产卵地艰难地前行。

这既是一场励志的展现，又是一曲生命的壮歌。青海湖裸鲤是青海湖地区的特有物种，也许像青海湖一样古老，在经历岁月的磨砺和大自然的优胜劣汰后，最终适应了青海湖高盐碱度的水环境，而成为青海湖唯一的大型水生生物，咸水湖中的淡水鱼这样一个特殊物种。

像所有生物追寻生命的轨迹一样，每年的春夏之际，青海湖裸鲤都要离开宽阔

■ 裸鲤逆流而上

的湖区，沿着入湖的河道逆流而上，躲过候鸟捕食、冲过湍急的水流、跃过洄游通道，到适宜产卵的淡水河中上游完成它们繁衍后代的使命，年复一年，循环往复。

青海湖有大小几十条河流注入，裸鲤洄游主要集中在沙柳河、布哈河、泉吉河、黑马河、哈尔盖河5条河流，供产卵的河道有几百千米。沙柳河从刚察县县城边流过，这里建起的"湟鱼家园"是由水坝改成的台阶式洄游通道，能让人们近距离看到裸鲤洄游的奇观。

青海湖裸鲤俗称湟鱼，属鲤科，因通体无鳞而得名裸鲤，形体近似纺锤，头部钝而圆，背部灰褐色或黄褐色，不同分布地颜色略有差别。裸鲤作为青海湖"水—鸟—鱼"生态链中的核心物种，曾大量生长在青海湖中，最高年份曾有32万吨左右的存有量。由于特殊的生存环境，青海湖裸鲤生长速度十分缓慢，每10年大约增重0.5千克，繁殖能力较低，种群更新时间较长。裸鲤之所以要洄游产卵，是因为在青海湖高盐度、高碱性的湖水中，它们的性腺无法正常发育，更无法完成传宗接代的神圣使命，因此只有选择以生命为代价的艰苦跋涉——洄游产卵。在溯流而上的过程中，裸鲤需要克服重重困难，同时在溯流中的奋力游走，也会促使裸鲤的性腺逐渐发育成熟，最终完成繁衍后代的神圣使命。

说起青海湖裸鲤，是个沉重的话题。20世纪60年代初，中国经历了三年自然灾害的劫难，本来就缺乏粮食的青海，更是面临着粮食短缺、食品极度匮乏的困难，各地人畜大量死亡已经成为一种极为严重的现实。就在这危急时刻，青海湖向挣扎在死亡边缘的人们张开了无私的怀抱，奉献了储量丰富的鱼类资源。人们以裸鲤为主要食物来源，把捕获的裸鲤制成干板鱼和冰鱼，在不同的季节食用，度过了饥荒的年月，可以说是裸鲤付出了种群面临生存危机的代价，挽救了青海成千上万人的生命。

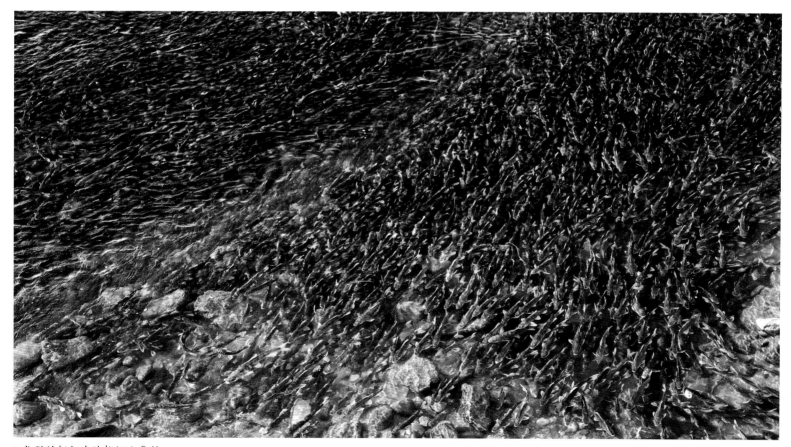

▨ 成群的裸鲤在沙柳河上集结

如果说三年自然灾害期内，保命是人类本能的话，在满足了基本的生存需求后，无节制的索取并没有停止。人们以为青海湖是个取之不尽的宝库，贪欲日益膨胀，近乎疯狂的捕捞使裸鲤资源量越来越少。到90年代初期，人们再将网撒进青海湖后发现，青海湖裸鲤已经所剩无几了，慷慨的青海湖在几十年间被疯狂的人们不间断地索取后，变得资源贫瘠，日渐苍老。有关资料表明，青海湖现有裸鲤资源量不足开发初期的1/10，资源量恢复有一个缓慢的增长期，在青海湖沿岸栖息的鸟类每年要吞食上千吨裸鲤，裸鲤资源的衰竭无形中也给鸟类的生存造成严重威胁。

每到夏季油菜花开的时候，青海湖周围一片金黄，让远方的游客兴奋不已，但是这幅美景背后的代价却是惨重的。青海湖周围几十万亩草原被开垦为农田，种植大面积的油菜和其他农作物，人鱼争水的矛盾突出，流入青海湖的河上建起了一道道拦水坝，将入湖的河水直接堵截到农田，造成青海湖入水量的剧减。河流干涸断流，致使裸鲤无法到淡水中产卵，也曾出现大量裸鲤陈尸河道的惨剧。

青海湖是中国面积最大的内陆咸水湖泊，它以巨大的水体与流域内的天然草场共同构成了阻挡西部荒漠风沙向东蔓延的生态屏障，是世界生物多样性保护的重要场所。为保护青海湖裸鲤资源，从1982年开始，青海省政府运用行政手段连续采取了5次禁渔措施，封湖育鱼，严厉打击偷捕行为，同时实施青海湖流域生态环境保护与综合治理项目，最大限度恢复青海湖原生态。青海省渔业水产科技部门也围绕裸鲤保护开展了一系列科研工作，通过实施青海湖裸鲤人工繁殖生物学与放流技术研究、青海湖裸鲤原种扩繁、青海湖裸鲤种苗池塘养殖与增殖放流项目，2015年以来，青海共耗资3672万元在裸鲤洄游必经的沙柳河、泉吉河、哈尔盖河等地拆除拦河坝，修建7座洄游通道，延长和扩展了裸鲤的洄游空间。

经过多年的封湖育鱼，加强渔业资源保护和实施人工增殖放流双管齐下，青海湖裸鲤资源蕴藏量终于有了逐年上升的喜人变化。从2001年的2592吨增加到2014年的45000吨，13年增加17.4倍，达到原始蕴藏量的14%，裸鲤群体数量得到逐步恢复。裸鲤的增加，保障了鸟类食物链，鸟越来越多，也让裸鲤有了食物，青海湖鱼鸟共生的生态系统正趋向良性循环。

高原6月的阳光尽情地照耀在沙柳河上，粼粼波光下一片又一片的金光在闪烁、游动，密密匝匝的黑色锤形身体的裸鲤摇动着黄色的背鳍，形成了"半河清水半河鱼"的景观。它们逆流而上，在人工洄游的缓冲通道上一次又一次地向上一级阶梯发起冲刺，不顾前路的艰辛与凶险以完成使命，延续生生不息的种群命脉。

■ 裸鲤全身无鳞，呈纺锤状体型

■ 裸鲤拼足力气，逆流中跃上台阶

我和兔狲的故事

● 班春民

近年来，肩负着野生动物保护和后来又增加的科考委员重任，我每年多次上青藏高原，进行野生动物保护和拍摄记录工作，拍下了很多种野生动物的影像资料。尤其是多次拍摄高原兔狲。由于兔狲的数量非常少、又天生胆小机警，拍摄的难度也更大。

兔狲是食肉目猫科兔狲属的国家二级重点保护野生动物，列入 IUCN 红色名录。它大小像家猫，体形粗短，面部乍看像猫头鹰，头上灰色有黑斑，身上的毛发又长又厚，适宜长时间伏卧在冻土或雪地上，伺机捕食。兔狲栖息在荒漠、草原或戈壁等环境十分恶劣的地方。经过几十年的调查统计发现，我国兔狲的野生种群数量在逐年减少，滥捕滥杀是减少的一个主要原因；畜牧业及采矿和建筑业的发展，造成兔狲栖息地的退化和破碎化，还造成它的猎物减少，食物不足。最新的（2019 年）研究报告指出，全世界野生成熟的兔狲个体数量估计为 15315 只，而作为其分布的核心区，我国的青藏高原估计仅有 2500 只。

另外，相比其他猫科动物，兔狲的先天免疫力极低，如果换到普通的气候环境，就很容易感染上猫科动物常见的弓形虫病；

■ 等待外出捕食的妈妈归来

■ 半路上等待妈妈，是为了打劫食物

有时候有些疾病在其他猫科动物身上可能没事，可是换作兔狲却足以致命。而且，科考发现兔狲的分布密度低得可怜，它有很强的领地意识，一般雄性的领地范围平均高达 98 平方千米，可见它性情孤僻，不喜群居，更不愿和人类接触，不能适应人工保护的饲养环境。多年来，很多专家为此一直在不懈努力，但是截至 2018 年，我国人工保护成活的兔狲也仅剩 3 只，并且全部生活在青海省西宁野生动物园。

所以说：兔狲的保护任重道远，我辈当然义不容辞！

2018 年 11 月，青海省都兰野生动物保护站下了三天四夜的大雪，我按照和保护站肉保老师的约定，看着天气预报在刚开始下雪的时间赶到了那儿。雪后，我和肉保老师立即进山巡查。先是救助了一只被大雪里的铁丝围栏缠住的藏原羚，记录下检查救治和放归的全过程。又按计划赶往前不久发现的一个兔狲窝处。那儿是肉保一家的夏季牧场，肉保从事野生动物保护 20 多年了，兔狲也把这儿当成了自己的家，一代代地留了下来。我们从海拔 4400 米爬上 4600 米处，大约有 300 米的路程。我扛着沉重的设备，踩着没到小腿的积雪，走走停停，爬了近一个小时才到那儿。在 50～60 度的雪坡上，我们趴下隐蔽，一动不动地等待着。高原上寒风呼啸，冻得我一把鼻涕一把泪，护目镜一会就看不见了。等了很久，天快黑了，肉保老师说："撤吧，可能是雪太大了，有二三十年没下这么大的雪，兔狲的小短腿在大雪上活动不方便，换地方了。"

2019 年 9 月，我正在江苏东台的条子泥湿地拍摄勺嘴鹬，接到祁连山保护区那边发来的好消息，发现一窝兔狲。可是我这边的拍摄刚刚开始，而且勺嘴鹬也是世界级珍禽，每年的迁徙季节在东台停留的时间很短，怎么办？经过反复交流、了解情况，获悉可以再等一周左右时间。于是，我抓紧两天拍完，在路上飞机加汽车又赶了两天，到达后连夜找到当事人牧民，他高兴地告诉我：还在，刚刚也就是傍晚时分，还看见 5 只兔狲排着队来到离他家约 20 多米远的小河边喝水。太好了！第二天，我一早就赶过去，趴在帐篷里面，静悄悄地等待着。等啊等啊，结果还是晚到了几个小时，兔狲走了。往返约 7000 千米，又一次白跑了。

2020 年 8 月，在高原最美的季节里，我又一次来到这里。一切科考拍摄计划都在有条不紊地进行中，经过一个多星期的紧张工作，最终比较完整地记录下来兔狲一家的生活，了却我多年的心愿。

这窝兔狲是一家五口，出生近两个月大的 3 只小兔狲，在爸爸妈妈的悉心照料下正茁壮成长。兔狲妈妈形影不离地守护着它们，提防狼、狐狸和金雕等天敌对宝宝的伤害。这一家老小的吃饭问题也就落在了兔狲爸爸肩上，它整天都要忙着抓老鼠。庆幸的是，虽然兔狲是我国 12 种野生猫科动物里体形最小的一个，它却有着和同科的老大——虎、豹们一样的圆形瞳孔，而世界上其他高达 70% 以上的猫科动物都是没有圆形瞳孔的。研究证明，这一圆形瞳孔有利于它们在白天捕猎、锁定目标后持续追击时的快速对焦。

猫科动物的共同弱点是耐力不好，所以它们都以"潜伏—靠近—伏击"的方式来捕猎。兔狲是最善于伏击的好猎手，苏联著名生物学家、《苏联哺乳动物·食肉目·第二卷》的作者 A. A. Sludskii 说：

■ 餐后嬉戏

兔狲有瞬间隐形的能力。虽然它腿短、臀部肥重，不善于跳跃和奔跑来抓捕猎物，但它在其他方面有得天独厚的优势条件。据科考研究，兔狲前额平坦，耳朵位置较低，毛色随季节变换成保护色等，使它能够利用栖息地的矮草丛和岩石地形来掩护，跟踪猎物而不被发现；最后以超乎寻常的耐心，隐蔽等候在猎物的洞口，等猎物出来时一击中的。只见兔狲爸爸隐蔽着扑向猎物，越是接近猎物的时候，它的身子就越低，速度也越慢，甚至一动不动，就像一个非常老道的杀手，只等那最后的猛烈一击。

捕猎成功了，兔狲爸爸一边警惕地注视着四周，提防其他食肉动物来抢劫猎物；一边迈着急促、兴奋的大步，一路狂奔往家回。因为在同一区域，还有其他许多野生动物如藏狐、猞猁、草原雕等，也喜欢吃老鼠，它们都不会轻易放过这手到擒来的美餐，抢夺食物是最轻松的捕猎。兔狲和它们相比，身小体弱，速度慢，又没有特别锋利的爪子，根本不是对手。所以，时常会看到抢老鼠的大片，兔狲刚刚捕获的老鼠，转眼就被其他捕食者抢走了。

一路顺利，兔狲爸爸叼着老鼠回来了。一进家门，它总要先停顿一下，来一个亮相，骄傲地告诉宝宝们"看看我的战利品"。

听见爸爸的声音，两个小宝宝急不可耐地露出头来，期盼着那份美食的到来。兔狲爸爸叼着老鼠进去，几乎没做停留，很快就出来了，又忙着去抓老鼠。这仅有的一只老鼠由兔狲妈妈来分给三个小宝宝吃，大伙都勉强垫垫肚子吧。比高原上其他野生动物好的是，兔狲的哺育期正好赶在高原上一年里最好的时节，在周围一座座高山上皑皑白雪的烘托下，漫山遍野盛开着金灿灿的油菜花，它们的家就在那山花烂漫的地方。

兔狲是一种非常胆小害羞的野生动物。它的毛发是所有猫科动物中最长且最密的，在每平方厘米皮肤上长满了高达5000多根7厘米长的毛发，使它看起来粗大强壮了许多，其实那主要是为了御寒。实际兔狲和普通家猫差不多，均重

2～3千克，平均体长50～65厘米，加上缺少进攻和防御的利器，造成它天生胆小怕事。兔狲宝宝看着外面的世界，是那么新奇，充满诱惑，真想出来看看可又有点害怕。它抱住爸爸的腿，央求爸爸别走，陪着它壮胆。

有爸爸在一起，兔狲宝宝很快安稳下来。现在的它还小，看见什么都是新的，它好奇地拿着爸爸的胡子玩了起来。

小家伙越来越放松了，它懒洋洋地躺下晒着太阳，尽情享受大自然给予的幸福生活，还不忘好奇地拍拍爸爸，问道："爸爸看啥？"

兔狲爸爸毕竟重任在肩，它送完老鼠从洞里上来，就一直在搜寻着下一个要捕猎的目标，正所谓站得高看得远。本来，兔狲是夜行性的野生动物，可是在繁殖期间，它的捕鼠量要比平时增加几倍。而且据统计，猫科动物的捕猎成功率都很低，最高的黑足猫也只有60%。生活所迫，逼得它们白天也不得不去捕猎。现在兔狲爸爸又一次锁定目标，准备出击了。小家伙急忙过来紧紧地抱住爸爸，就像是亲不够的爷俩，难舍难分。

兔狲宝宝快两个月大的时候，妈妈就开始带着它们出来，让它们逐渐适应外面的世界。小家伙还小，正是觉多的时候，玩一会就困了。两个宝宝紧紧地依偎在妈妈的怀里，兔狲妈妈半睁半闭着双眼，仿佛是睡觉都要睁只眼一样，保持警惕，一动不动地哄着宝宝，兔狲宝宝很快就睡着了。

在野生猫科动物里面，兔狲的视力和听力都很好。生来胆小，使它们时刻都在全神贯注地注视着周围的世界，但是由于各自的心态不同，旁人看起来的眼神也就不一样。就像这兔狲娘仨，兔狲妈妈是用一种警惕的目光，始终在注视周围的一切，保护着全家的安全；两个小宝宝则是一种既好奇又有些胆怯的目光，看着眼前这个未知的世界。

妈妈在看什么呢？小家伙顺着妈妈的目光，一起看过去，可看来看去也拿不准妈妈究竟在看什么。对它们来说一切都是那么新鲜。后来，终于有一次，它们死死地盯着妈妈的眼睛，从妈妈眼睛里面的影子那儿有了新发现，找到了答案。

周边的老鼠越抓越少，兔狲爸爸捕猎时走得越来越远，时间也越来越长了。它已经很累了，却依然没有丝毫松懈，家里有嗷嗷待哺的宝宝啊！一旦捕猎成功，它就会以最快的速度往回赶，从不在路上休息。哪怕路上有什么沟沟坎坎，也总是一跃而过，哪怕跃得有点勉强，差一点过不去，也从不多走一点点路，从旁边绕过去。看来它也懂得"两点间直线最短"这一大自然的古老法则。我们真该给兔狲爸爸点赞，真是一个称职的好爸爸。

小家伙长得很快，胃口也越来越大了。这一次，兔狲爸爸打猎回来，还没等到家，一个小家伙就大老远地跑出来，兴冲冲地迎上前去，没费多大劲就把猎物抢走了。科考证明，兔狲宝宝在哺育期的死亡率竟然高达68%，也就是说：三个小宝宝最后能够活下来的还不到一个！其中有天敌猎杀和疾病的原因，食物不足也是一个重要原因。

兔狲爸爸一回来，小家伙就有了壮胆的；而且随着一天天长大，胆子也越来越大，不再害怕别人，反而开始吓唬别人了。

全球40种野生猫科动物都是天生的表演艺术家，只要看过BBC拍摄的《Big cats》，都会有深刻印象。而兔狲又是猫科动物中表情最为丰富的野生动物，是公认的动物界大明星，狮子、老虎在它面前

▓ 发现猎物

▓ 捕获成功

▓ 享受美食

■ 在玩耍中增长智慧和技能

也要逊色三分。它是彻头彻尾的"萌货"，每走一步都让人感到浑身是戏，深受人们喜爱，被赞誉为"猫中鳌拜""现代网红"。

夕阳西下，大地一下子安静许多，小哥俩也不活跃了，它俩静静地依偎在一起，耐心等着爸爸打猎回来。爸爸从中午走了以后，第一次这么久，半天还没有回来。科考发现，在繁殖期里，兔狲爸爸为了照顾妻子儿女而长期劳累，又没有时间休息，导致健康状况每况愈下，逐渐丧失了抵抗疾病侵袭和天敌猎杀的能力，最终会有死亡。天黑得很快，兔狲妈妈把宝宝们安排隐蔽在家里，它知道夜晚比白天会安全一些。然后，就朝着兔狲爸爸走的方向追去，它不放心自己的老公，也要抓紧时间为宝宝们找到过夜的食物。今夜又是无眠，兔狲一家的日子过得太难了。

从小家伙出生两个月左右开始，兔狲妈妈就会每天都领着它们出来玩，即像运动一样锻炼身体，又同时教给宝宝们捕猎生存的技能。小家伙和妈妈在一起玩得可开心了，真是一天一个样。最小的宝宝总是落在后面，紧追不舍。此时，兔狲妈妈便会停下来扭头看着它，仿佛说，别急，我们等你。

兔狲宝宝总是好奇、小心地注视着家园周边的世界，同时走得也越来越远了。在它们出生四五个月以后的某一天，它们就会离开这儿，去打拼属于自己的世界，再也不回来了。

总体来看，兔狲是那么可爱、聪明、能吃苦、有担当；它们的生活洋溢着满满的甜蜜和无尽的欢乐，又是那么艰辛，甚至经常面临着危险；它们的生存状况遭到越来越严重的挑战。让我们努力保护它们，保护我们共同的家园。

大鸨，图牧吉草原最美的风景线

● 翟铁民

图牧吉在蒙古语意思是"骆驼泡子"或"牵着骆驼的人"。图牧吉属于兴安盟扎赉特旗管辖的一个镇，面积948.3平方千米，草原面积大，草质优良，湿地湖泊众多。有多种野生动物在这里栖息，是大鸨的主要繁殖地。

2002年，图牧吉被批准为国家级自然保护区，2012年被中国野生动物保护协会命名为"中国大鸨之乡"。

在图牧吉繁殖的大鸨属于东方亚种东部种群。2016年春天，我在图牧吉大鸨繁殖地有幸结识了中国林业科学研究院湿地研究所的刘刚老师和他带领的团队。此后，我便有机会和这个大鸨研究团队一起深入接触，并能够参与其中交流，而我也从中分享到许多针对大鸨的最新科研成果。

全球鸨形目现存26种鸨，均属于鸨科，分12属，其中8种被世界自然保护联盟（IUCN）列为濒危，鸨类濒危状况较鸟类平均水平高。亚洲有6种鸨，其中分布于中国的有大鸨（*Otis tarda*）、波斑鸨（*Chlamydotis macqueeii*）和小鸨（*Tetrax tetrax*），均为国家一级重点保护野生动物。大鸨由于其生物学和生态学特征的独特性，受胁致危因子的典型性，以及保护形势的严峻性，备受公众关注。大鸨有2个亚种，分为指名亚种（*O. t. tarda*）和东方亚种（*O. t. dybowskii*），前者分布较广，横跨摩洛哥、伊比利亚东部、哈萨克

■ 平时，大鸨时常聚在一起，也能和平相处

斯坦以及中国西北地区，种群数量超过50000只，而东方亚种分布相对狭窄，在蒙古国、俄罗斯东南部、中国东北部繁殖，集中迁徙于中国中部和北部越冬，种群数量不足2000只。

同时，刘刚团队和其他专家认为：大鸨东方亚种有两条迁徙路线，一条由蒙古国乌兰巴托西部→中国内蒙古自治区巴彦淖尔市→陕西省渭南市；另一条由蒙古国东部、俄罗斯→中国东北、内蒙古东部→河北沧州、河南长垣。

由于大鸨东方亚种的迁徙能力比较强（单程达到2000千米），也给我们拍摄和调查创造了很好的机会。我从2011年开始在图牧吉拍摄大鸨，至今已有10年时间，我记录到了大鸨图片20000余张，并从2015年起经常同步拍摄一部分短视频。

大鸨在兴安盟属于部分留鸟。夏季，大鸨在此繁殖；秋冬季节，雌鸨会带领亚成鸨南迁越冬；而比较健壮的雄鸨则继续守候在冰雪覆盖的草原上。作为一名生态摄影师，我时时告诫自己不能靠近大鸨，不要去干扰大鸨的繁殖过程。我拍摄大鸨

▪ 求偶期雄性大鸨为争夺配偶相互厮杀

▪ 隐蔽拍摄

多是采取隐蔽方式。即使是冬季，我也要采取隐蔽等待方式拍摄，我曾用野草覆盖自己的全身，只露出镜头，在冰雪中趴了两个白天，终于拍摄到了自然状态下的大鸨冬季撞胸打斗行为。

根据我的记录，每年有 100 只左右的大鸨在图牧吉越冬。这些在草原上越冬的大鸨喜欢 3～5 只聚集，少有大群或单只独行，有时进入裸露农田中觅食，有时候伫立于雪中，成为雪原白天唯一可以见到的生灵。美丽健壮的大鸨给茫茫雪原带来无限生机。

当然，最漂亮的大鸨还是早春时节。每年 3 月，这里的冰雪尚未融化，熬过了严冬的雄鸨有了春的萌动。原本较为分散的雄鸨开始聚群，灰蒙蒙的冬羽逐渐变得鲜艳起来。三三两两聚在一起的大鸨昂首挺胸，翘起翅膀和尾羽，互相撞胸"问候"，踱步回转，舞姿曼妙。有时这样的求偶行为会持续几个小时。但凡经过这里的人，都会情不自禁地停下车来观赏一番，久久不肯离去。正所谓，此景只应天上有，怎知已置身其中……

进入 4 月以后，随着雌鸨和亚成鸨的如期而至，雄鸨的求偶行为越发活跃。

大鸨的基因守旧，求偶场所比较固定，直径在 1 千米左右，连续多年不变。雄鸨的领地意识相对强烈，在求偶期一旦有其他雄鸨进入领地，一场厮杀将不可避免。

大鸨的决斗很像是公鸡打架，决斗双方用喙撕咬对方，有时会咬得鲜血淋漓。一般情况下，卫冕方大鸨会占据东道主优势，为它助阵的大鸨很多，"鸨气"旺盛。我每年都会见到这样的场景，大鸨决斗的时候令人兴奋，就像是观看草原那达慕的"博克"（摔跤）比赛。两只雄鸨咬紧对方的喙，由低至高、由近及远、混战成一团，根本分不清彼此。此时，雌鸨也不甘寂寞，会集体列队一路小跑过来"观战"。有了雌鸨助威，雄鸨就会越战越勇，甚至可以咬喙拖出几百米，直至一方落荒而逃，方才结束交战。赢得胜利的雄鸨自然是趾高气扬，身体也似乎比平时膨胀高大了许多。我想，这便是野生动物争夺配偶权普遍使用的一种方式吧。

大鸨天性非常警觉，比较怕人，属于高度神经质。除了狐狸等野兽外，人类是大鸨的第一天敌。在一般情况下，汽车距离大鸨 500～1000 米的时候，大鸨就会惊飞。但在求偶期间，有的雄鸨为了展示自己的威武和霸气，不会轻易飞走；或是因为有雌鸨在，雄鸨就不会飞走。此时，我们使用农用车辆作掩护可以和大鸨有 100 米左右的近距离接触。

■巡视领地

■翻花展羽，为求异性青睐

■两只雄性大鸨互相撞胸，宣泄求偶的欲望

大鸨不是"一夫一妻"的婚配制度，雄鸨在完成交配任务后就离开雌鸨。整个孵化过程全部由雌鸨承担。但雄鸨也不会离开太远。

我和当地的几名中国野生动物保护协会的志愿者，每到春季都经常守候在大鸨繁殖地，一是为了观察和记录；二是义务保护大鸨不受恶意干扰。

在我眼里，大鸨如诗。

每当我观赏大鸨的时候，大鸨那种高贵优雅的气质总是令我景仰。我常常会触景生情，诗意有感而发。

诉衷情·题图牧吉越冬大鸨

茫茫原野荡清流，素裹绘冬秋。

群雄翘首翩振，贵气掩深眸。

生境好，鸟栖留，百年修。

烟霞如梦，执子同游，照影驼洲。

在我眼里，长须飘飘的大鸨就仿佛是神的化身，它们给美丽的图牧吉草原平添了几分傲骨，是大自然馈赠给北国冬季最美的一道风景线………

完成孵化的雌性大鸨，轻松地飞翔在幼鸨附近

川西高原寻鸡雉

● 柴江辉

提起川西高原，称得上是生态摄影的天堂。作为上班族里爱鸟拍鸟的"鸟人"来说，约三五好友同去雪域高原拍鸟旅行，与鸟共舞，共享短暂充实的欢乐时光，是我梦寐以求的事情，回想起2015年国庆川西拍鸟之行，那兴奋激动却又惊心动魄的一帧一幕至今难忘。

在中国的野生鸟类摄影圈素有"一鸡顶十鸟"之说，筹备拍鸟之旅时我们确定了川西帕姆岭"一雉三鸡"的拍摄目标。一雉指帕姆岭血雉；三鸡是指稻城亚丁白马鸡、甘南碌曲蓝马鸡和甘孜康定白腹锦鸡，围绕四精灵的目标，我们查攻略、做路书，最终在2015年国庆前夕"川西生态拍鸟小分队"集结组建，时间一周，行程5000多千米，主战场定在川西帕姆岭高原，三个分战场分布于甘南碌曲则岔火烧沟，稻城亚丁雄登寺，甘孜康定二道桥。10月1日国庆节清晨四点半，小分队两车六人在邢台集结出发，一路人换车不停，长途跋涉，直奔目的地——第一分战场甘南碌曲。

蓝马鸡——可爱的蓝精灵

首战告捷，幸运拍到蓝马鸡。蓝马鸡

也叫角鸡或松鸡，是国家二级重点保护野生动物，属于中国的特有鸟，也是珍稀名贵的禽类，羽毛美丽，头侧绯红，耳羽簇白色，突出于颈部顶上，通体蓝灰色，中央尾羽特长而翘起。尾羽披散下垂如马尾，故名蓝马鸡。仅在我国的肃北祁连山一带、宁夏贺兰山以及川西、川北有分布。位于

藏区的尕海自然保护区的则岔火烧沟是我们此行的首站，它位于青藏高原、黄土高原和陇南山地交汇处，我们到达碌曲时已经是次日凌晨三点半，根据攻略和野生鸟类最新"鸟况"信息，我们直接前往目的地。由于从碌曲县城到火烧沟的那段路况极差，当地藏人戏称这段路为炮弹坑路，则岔火

■ 碌曲海拔 3096 米处的蓝马鸡

■ 情定康定——白腹锦鸡

■ 火烧沟的一对血雉

■ 川西高原的四川雉鹑

烧沟实际上是一条南北走向的山沟沟,则岔在藏语中是"羚羊家园"的意思,几户藏族牧民的木屋散落在沟里的农田中,牧民只有农忙耕作时才会在木屋休息,平时这里就是无人区,而我们的目标——蓝马鸡就出没在这个区域,高程仪显示海拔为3096米,拍摄蓝马鸡属于高海拔藏区野拍,可谓拍摄难度大,拍到机会小,越是这样越有挑战性,或许这也是鸟人们的心理吧,我们天亮之前到达预定区域后潜伏并做好

伪装和隐蔽工作,初冬季节的则岔藏区山风萧瑟,寒风刺骨,耐心等待的同时也有些许惴惴不安,因为此前有来自重庆和上海前后几批的鸟友传递过来的信息,在这个没有规律的区域守了一周也没看到蓝马鸡的影子,告诉我们来则岔拍蓝马鸡就是靠运气。有时候就是这样,把自己融入大自然,用平和的心态去面对挑战,追求一切靠近真善美的可能性也是一种幸福。可能是我们天亮之前悄悄潜伏耐心等待、不

打扰鸟儿的行为感动了精灵,在等待了三个小时后,在离我们不远的树林里出现了两群蓝马鸡活动。我们并没有轻举妄动,而是耐心等待,再等待。有几只蓝马鸡可能觉得我们没有威胁,便径直向我们前方的农田走来。我们没有浪费与"人间蓝精灵"相见的机会,前后不到十分钟便完成了与号称"人间蓝精灵"的蓝马鸡最华丽的邂逅。蓝马鸡是我国四大马鸡(蓝马鸡、藏马鸡、白马鸡和褐马鸡)中颜值最高的,又是世界上珍稀名贵特有雉类,有机会与这些蓝精灵一经相见便终生难忘。待鸟儿离开后,我们心怀感动和满足,重装上阵赶往下一站——康定情歌的起源地寻找梦中情人白腹锦鸡。

白腹锦鸡——康定的梦中情人

我们赶到康定城北十几千米的二道桥雅拉河藏民老廖家时,天公不作美,下起了大雨,无法外出上山,我们干脆去集市上买了菜和肉,包了一顿饺子弥补了近两天在车上啃面包、喝凉水的亏损。康定地处大贡嘎生态旅游核心区川藏交通咽喉,又是闻名天下的情歌故乡,当年的一首《康定情歌》红遍神州大地。这里野生动植物资源丰富,享有野生动植物基因库

■ 帕姆岭高原雪景

美誉，白腹锦鸡便是这里的野生鸟类代表大使。白腹锦鸡在我国传统文化中是富贵吉祥的象征，宋徽宗赵佶《芙蓉锦鸡图》画的便是白腹锦鸡。每年的金秋十月，白腹锦鸡就从高海拔的山顶下到山脚下觅食，正是拍白腹锦鸡的最佳时机。在等待了多半天后天气仍然没有放晴的意思，我们几个便买来雨衣前往后山碰碰运气，可能是在碌曲的运气太好了，这里我们守到天黑仍然无功而返，第二天早上五点我们冒雨蹲守在山脚，一上午小雨淅淅沥沥，梦中的情人迟迟不见现身。临近中午，老廖给我们送食品时，突然眼睛一亮，示意我们半山腰有内容，让我们耐心等待。不久，一只"白团"犹如天仙般从山而降，来到草地上觅食，大概两三分钟的样子便飞离而去。与梦寐以求的白腹锦鸡只有一面之缘，也应验了那句"有缘千里来相会"，遇见并拍到便不负此次"康定情歌"之约，离开时回头望了望，心里想，有缘再约，有缘再见……

雪至血雉
——帕姆岭高原主场内外的精彩和惊艳

  海拔 4200 米的帕姆岭是座神山，是个被世人忽略的高寒美景和观鸟天堂，这里完整保存了原始森林和草地植被，帕姆岭佛学院坐落在雪山之巅 800 年之久，佛学院僧侣和血雉、四川雉鹑等野生鸟类和谐共处堪称典范。这里虽然人迹罕至，却不失人间烟火，也是我们此次川西生态之行的主战场和最后一站，拍摄血雉可谓机会难得也志在必得。血雉出没的区域便是这雪山之巅，到川藏公路老杨开的故乡缘客栈已是傍晚，便匆匆上去踩点，找好机位，拍了几个记录版本的血雉，期待次日酣战。

▓ 帕姆岭高原雪地上的血雉

■川西高原山的白马鸡

第二天天不亮，推开房门眼前大雪纷飞，面对突如其来的大雪，上山拍鸟客观上讲有意外困难，也有危险，但在鸟人眼里更多的是惊喜、激动和期待，不到半个小时的山路两部越野车在风雪中用了将近两个小时，才从海拔2900米的山脚客栈到达海拔4200米的雪山之巅，沿途的景色感觉特像电影《阿凡达》里的画面，弯弯曲曲的山路两侧高树悬挂着树须，震撼至极也危险至极。不难想象，在大雪纷飞的帕姆岭高原雪地里，几个鸟人手持"大炮"趴在雪地里，紧盯大雪中的血雉，调整各种拍摄参数，时而雪如梅花，时而雪如发丝，各种场景美如仙境，一经遇见便不想离开，也不曾离开，按动快门的手不停，尽情享受拍摄的乐趣，个中滋味冷暖自知。

川西之行顺利完成拍摄愿望，还有意外收获，比如雅安的四川雉鹑、甲根坝的花彩雀莺，虽说旅途艰辛但满载而归，拍到了自然生灵，也加深了鸟人间的情谊，一路走来有付出有收获，有热爱有期待，落笔时，不能忘记初见蓝马鸡时的激动兴奋和感恩敬畏，不能忘记途经尕海半天内经历的风雨洗礼和冰雪天气的窘迫。川西之行，与其说是来拍摄记录这些美丽大自然的精灵，还不如说是来体验感悟人与自然和谐共处、与鸟共舞的欢乐时光。俗话说，吃多少苦、受多少累就能看多少景色、体验多少心醉，爱鸟拍鸟这件事多少有点非傻即疯。其实，傻是一种信念，疯是一种行动和坚守，如果能用自己的生态影像唤起社会公众对野生鸟类更多的关注和保护，生态摄影的意义和价值也得以体现。想起韦唯唱的那首歌：只要人人都献出一点爱，世界将变成美好的人间……

雪山守护者
——藏雀

● 熊林春

2020年6月，阳光、井夫和我一行3人组成科考小组，从甘肃莲花山国家级自然保护区，途经甘南尕海—则岔国家级自然保护区，辗转来到素有"世界屋脊"之称的青藏高原，在考察雪豹、猞猁、藏原羚等大型哺乳动物生存环境的同时，心里始终惦记着传说中的藏雀。

幸会肉保

在甘南碌曲县偶遇"自然影像中国"的亦诺和花木老师，经他们介绍，我们一路跋涉来到都兰县，见到了沟里合支龙野生动植物保护救助站负责人——有当地野生动植物守护神之称的肉保。初见肉保，当地藏民特有的"高原红"脸颊，以及他憨厚淳朴的谈吐，都给我留下了深刻的印象。在交流关于动植物的信息中得知，肉保10年前义无反顾地辞去了任职10年的村委会主任一职，带领妻女搬到雪域高原深山沟的简易板房里。为了更好地救助和保护动植物，他毫不犹豫地卖掉家中140多头牲畜，四处奔走，先后筹集70多万元资金，最终成功创建了都兰县沟里乡合支龙野生动植物救助站。

肉保一家把救助的野生动物，当作

▦藏雀雄鸟

自己的孩子一般照顾，平时将牦牛奶挤给它们喝，并购买优质奶加上豆面，温热后一点一点投喂给它们。当这些野生动物恢复健康、具备野外生存能力时，肉保一家便将它们放归野外，回归自然。

经不完全统计，肉保一家先后救助的野生动物有鹅喉羚、马鹿、白唇鹿、岩羊、藏原羚等大型哺乳动物几十只。俗话说"独乐乐不如众乐乐"，善良的肉保积极组织当地群众，尽己之力动员社会力量，观察野生动物，了解它们的生活习性，以便救助保护野生动物。

脑海中的雪山圣鸟

当我们问起心中念念不忘的藏雀时，肉保有一刹那的恍惚，看着他迷惑不解的眼神，我立马描述起藏雀的样子：雄鸟头部深红色，喉部暗红色具白色斑点，背部灰白色，各羽具玫瑰红色羽端，形

▨ 土垣上藏有藏雀丰富的食物（郭祯摄）

成许多斑纹，腰部淡玫瑰红色，翅暗褐色，沾灰白，尾暗棕色，端缘玫瑰红色，下体胸和腹部玫瑰红色，具浅黄色斑纹，下腹、尾下覆羽及胁部灰白色并沾玫瑰红色。喙较其他朱雀长且为锥形。雌鸟较雄鸟小，形态酷似雄鸟，全身褐色，具暗褐色条纹或斑纹，并不沾红色，喙黄色与雄鸟显然有别……话未完，音未落，肉保爽朗地笑道："啊，你说的是雪山圣鸟吧！"看着我们满脸的好奇，肉保神采飞扬地向我们详细介绍了他所知道的藏雀。他告诉我们，藏雀栖息在海拔4500米左右的雪线附近，每年开春时，便迁移到海拔较低的地方繁殖，8月以后又转移到高海拔的地方。藏雀喂食小鸟是单亲喂养，以雄鸟喂雏鸟为主，雌鸟很少喂。它不吃虫子这类的荤食，专吃植物嫩叶及植物的种子这类素食，当地藏族人因它吃素不吃荤，十分喜爱它，称它为雪山圣鸟。

看着肉保如数家珍般，我又把关于藏雀的有关情况告诉他：藏雀为我国特有物种，仅分布于西藏东北部、青海黄河发源处的布尔汗布达山脉、扎陵湖以北的布青山及楚玛河流域。最近这些年，有人在新疆东南部发现了它的身影，之前在1993年7月8～9日，有人在青海和西藏交界处的一条公路上（海拔5200米）也见到了一群藏雀，有3雄12雌，共15只，它们正在有岩石的湿地上吃马先蒿的花。不过有关它的具体生活习性，知道得特别少。

2021年国家林业和草原局公布的《国家重点保护野生动物名录》已将其列为国家重点野生动物二级保护。听完我的介绍，带着对藏雀的惦念，我们几个藏雀的铁杆粉丝，一拍即合，决定去它经常活动的雪线附近追寻它的踪影，一睹它的"芳颜"。

镜头中的美丽精灵

6月9日，天刚蒙蒙亮，肉保就催我们起床，虽值盛夏，可高海拔的藏区温度却很低。用冰冷刺骨的山泉水简单地擦把脸，他妻子就把热腾腾的酥油茶端了上来，我们快速地吃完点心，喝碗茶就出发了。

一个半小时后，我们驱车到达海拔4000米左右的地方，前面一条冰川河流挡住了去路，我们只能停车。下车后，我们赶紧扛上设备行头，在肉保的带领下，涉水、翻山、越岭，一路颠簸后，终于到达海拔4200米的地方。在这以后，海拔越来越高，空气越来越稀薄，我心口有些发闷，出现了轻微的高反现象。这个时候，每一步都走得非常吃力，基本上是每走几十米，就得歇5分钟，如此反复。折腾1个多小时后，我们一行人终于达到雪际线附近。

这里茫茫原野，大小不一、色彩斑斓的岩石遍地都是，且植被稀少，寒风凛冽，人迹罕至，只见白斑翅雪雀、白腰雪雀、棕颈雪雀、赭红尾鸲等正在那里嬉戏觅食，远处山坡上有几只藏雪鸡悠闲地散步。为了一睹藏雀的风姿，我们在呼啸的寒风中坚守着。一个小时过去了，我们却

■藏雀雌鸟（王淮摄）

未见藏雀的踪影。

商量以后，我们几个人决定不能"守株待兔"，要分头行动。因肉保体力较好，于是他决定继续往高海拔的地方去寻找，我们原地分散从不同的方向前进。

几个小时又过去了。到中午时分，还是没见到藏雀的身影。我们只能简单地吃点干粮，继续在寒风中等待。老天不负有心人。下午6点左右，我一个人已经走到垭口附近，突然看到下面沟壑一侧的队友好像发现了什么。我迅速移动过去，惊喜地发现，远处的小精灵不就是我们心心念念的藏雀吗？看到真实的藏雀，我们按捺着惊喜，屏住呼吸，小心翼翼地用望远镜在远处仔细地观察着，生怕惊吓了这些小娇客。

只见一雄一雌两只藏雀，一直活动在有岩石的高原旷野、高山草地及山坡的小灌木间，不停地在它们中间来回晃动觅食，确如书上所写：于地面取食，且走姿笨拙。我们在这里观察他们在那里觅食，好像不怎么怕人，我们才稍微靠近点观察并留下了它的美丽的影像。

雄鸟与雌鸟始终距离不远，各自忙碌着寻找自己喜爱的美食，雄鸟不时将找到的小花或植物新芽送给雌鸟。雄鸟吃饱了，就站在石头上梳理自己美丽的羽毛。突然，只见雄鸟迅捷地变幻着身姿，一会儿展翅，姿态优美，像个美丽的舞蹈家，一会儿又表演着伸脖子等规定动作，像个高傲的王子。遗憾的是，我们一直未曾听到藏雀的鸣叫，看来确实如书上描述的那般：善于地上奔跑，较少鸣叫。

返程的路上，我们的话题一直围绕着藏雀。这样的荒野之地居然生存着这样美丽的精灵，颜色鲜艳喜庆，动作轻盈灵活，给高原增添了别样的生机。更可贵的是藏雀夫妇基本上形影不离，在洁净美丽的高原相依为命，在高寒地带艰苦的环境下同甘共苦，共同守卫家园，过着幸福自由的生活。肉保介绍说他小时候放牧就见到过这种鸟，当时也不知道叫什么名字，只知道它们每年夏季都来到这片土地上生儿育女，繁衍后代，单独或成对活动，秋季也成家族群或小群在地上活动，祖祖辈辈守护着高原，守护着雪山。

澳华文学网作者江帆曾为藏雀写下诗篇："玫红淡染羽毛妍，色彩无同有妒嫌，不愿出山荒漠伴，一生爱守故乡天。"我想，以此诗送给我心中的藏雀再合适不过了。

海驴岛，黑尾鸥的王国

● 顾晓军

在山东半岛东北部的威海荣成市近海有座岛，名曰海驴岛。

每年的3~8月，这里栖息着数万只黑尾鸥，它们在这里谈情说爱，繁育后代，演绎着海鸥世界最浪漫和最艰辛的故事。

黑尾鸥不是严格意义上的候鸟，它只是在每年的3~4月到8月的繁殖季节集中在海驴岛上繁殖，繁殖结束后，所有的黑尾鸥都会离开繁殖地，但不一定都向南方迁徙。海鸥有很多品种，黑尾鸥是亚洲东部沿海的优势鸟种，主要分布在中国、朝鲜半岛和日本海域，可以说，黑尾鸥是东亚沿海独有的鸥种。

据2003年版的《中国鸟类野外手册》介绍，黑尾鸥越冬于华南、华东、辽东沿海和台湾，偶见于云南和沿长江区域，在俄罗斯远东海岸和日本沿海则标示为留鸟。

每年的2月中下旬，黑尾鸥陆续在繁殖地附近的海岸集结，一直到3月的中下旬，成群的黑尾鸥在繁殖地附近越聚越多。这个季节，也是海中鱼虾最为丰富的时段，特别是这里海中的猛子虾，是黑尾鸥最喜欢的食物。

■ 黑尾鸥一般集中在海平面6米以上的斜坡、草丛、巨石平台和悬崖石缝上筑巢

集结中的黑尾鸥像是很遵守回归的时间，回归海驴岛的时间未到，没有一只黑尾鸥抢先飞回繁殖地——海驴岛安家。3月底或4月初的某天，所有的黑尾鸥像是相约好了，一起飞向海驴岛，在海驴岛周围水域觅食，然后在岛的上空盘旋几天停落在海岛上，开始成双成对一起活动，

寻找可以筑巢的地方。

其实，有的雄鸟从3月中下旬就开始求偶，当雌鸟停落在水面以后，雄鸟停落在附近发出"额—阿、额—阿"的叫声，如果雌鸟回应，则二者交替鸣叫，在水中互相靠近，确立恋爱关系以后成对飞走，从此开始一起活动。如果雌鸟没有反应或

者飞走，则雄鸟求偶失败。

经常可以看到黑尾鸥在确立配偶关系后，二鸟相对而立，交替鸣叫，可能在交流感情，这时，雄鸟会将吃进肚里的鱼儿吐出来，给雌鸟喂食。有的雌鸟还会主动向雄鸟索要食物，这时雌鸟会主动亲吻雄鸟的喙，雄鸟将要给雌鸟喂食时，则可以看到其颈部变粗，随即雄鸟将食物吐出。

当地有"清明踩窝，谷雨下蛋"一说，清明过后，海驴岛上就可以看到有的黑尾鸥开始交尾了。

黑尾鸥一般在靠近悬崖的斜坡、草丛、巨石平台和悬崖石缝选择巢址，巢与巢分布密度集中，两巢之间距离一般大于1米。巢的竖直分布集中在海平面6米以上。

4月中下旬为黑尾鸥的交配高峰期，整个白天都可以看到大量黑尾鸥交尾行为。雌雄双鸟交尾之前相互交替鸣叫，雄鸟飞到雌鸟背上先站立二三十秒，然后雄鸟像原地踏步一样双脚踩踏雌鸟羽毛，使其两翼分开以露出背部和尾羽，此时雄鸟扇动翅膀，同时发出"咯—咯—咯"的声音，最后尾部下压，雌鸟将尾羽抬起，完成交尾。整个交尾时间在2分钟左右，有个别的时间则更长。

占据巢址保护领地的任务主要由雄鸟负责，当其他个体进入其领地范围时，雌鸟和雄鸟都会发出"沃—沃—沃"的恐吓声，如果入侵者不走，通常由雄鸟将其驱走，然后，护巢成功的黑尾鸥的头部连续一低一抬发出"咯阿—咯阿—咯阿"的叫声，像是在欢庆胜利。

黑尾鸥的巢比较简陋，主要是由干草、树枝编成。黑尾鸥的筑巢期没有固定的时间，有的上岛后不久即开始筑巢，到了产卵期还没有巢的就会席地产卵，然后再向巢周围添加干草和树枝，但大多数黑尾鸥都会在产卵前将巢修建好。筑巢一般需要4~7天，雌雄双鸟都参与筑巢，巢的直径通常为30~40厘米的不正规圆盘，待雏鸟孵化出来后，巢就不再有什么意义，随风渐渐消失。

有的黑尾鸥还有偷盗邻居巢材的情况，这时，双方家庭会发生打斗现象。

黑尾鸥的窝卵数为1~4枚不等，其中以3枚卵的居多。黑尾鸥的卵形状类似鸭蛋，一般呈褐色，表面有黑褐色的斑块。一般第一窝的卵颜色较深一些，如果卵丢失或损坏，则需要补产，第二窝的卵颜色则会变得较浅些，到了第三窝，有的卵表面就几乎没有深色斑块。

产完第一枚卵以后，黑尾鸥即开始孵化，孵化期通常为23~26天。雌鸟雄鸟会轮流坐巢孵化，但以雌鸟孵化为主。在此期间，雄鸟担负起大多数觅食的重任，雄鸟会将捕的鱼儿带回巢内喂食雌鸟。经过20多天的孵化期以后，小雏鸥破壳而出，破壳的时间大多在下午或傍晚，这主要因为中午温度较高，如果没有亲鸟的呵护，雏鸥容易被太阳晒死。

雏鸥破壳时首先用卵齿喙在卵较大的一端顶出一个小口，蛋的表面会出现数道裂痕，然后逐渐破出，整个破壳时间需要2~3小时。黑尾鸥的雏鸥为早成鸟，出生一天后即可自己活动，刚破壳的小雏

■ 雏鸟学飞时，那些恐高的孩子会被父母推下悬崖

■ 在山东半岛东北部的威海荣成市近海有座岛，名曰海驴岛

■ 雏鸥破壳两周后，亲鸟就向其喂食整条小鱼

鸥身体湿漉漉的，1~2 小时后绒羽风干。刚孵出的雏鸥长 6~8 厘米，全身为褐色绒毛，夹杂黑色斑块，雏鸟刚孵化出来时其喙端部的黄色卵齿清晰可见，大约一周后卵齿退掉。

黑尾鸥育雏由雌、雄鸟共同承担，每隔 1~2 小时喂雏一次，亲鸟将食物吐在巢边，雏鸟取食，哺育刚破壳不久的雏鸥时，亲鸟则用喙将食物撕碎后一点一点地喂雏鸥。在雏鸥破壳两周大的时候亲鸟即可喂食整条小鱼。黑尾鸥在育雏期间护巢性极强，当遇到天敌或其他个体鸥侵犯时，亲鸟则会发出警告，起飞迎敌，驱赶入侵者，保护雏鸥。亲鸟对自己的孩子有很好的辨别能力，它们是通过声音相互联络感情，当别家的雏鸥跑到另外一巢中时，该巢的成鸟则会立刻将其啄击。这期间，邻巢的亲鸟经常会为保护雏鸥发生打斗。

雏鸥在还不能飞翔的时候就经常跃跃欲试地扇动翅膀，这是雏鸥在锻炼还不够强壮的翅膀，小雏鸥们已经在为接下来的学飞打基础了。幼鸥经过 30 天左右的成长，飞羽渐渐强壮成型并开始学飞。这个时候，幼鸥已经具备和成年黑尾鸥一样的体态，但并不是有了翅膀就可以随意地飞翔，锻炼和提高飞翔本领对 1 个月大的幼鸥来说是非常重要的。

起初，幼鸥要借助风的力量将自己抬起，但很快又落下，经过无数次的重复练习，幼鸥们渐渐在空中的停留时间会越来越长，而且可以在空中扇动翅膀，自己来制造飞翔的动力。在学飞的过程中，父母会进行不停地示范，对于那些恐高的孩子们，父母们会将它们推下悬崖，只有这样它们将来才能早日独立生活，翱翔在海

■ 清明过后，黑尾鸥就开始交尾了

天之间。接下来，在海岛周围的海面上，父母们还会带着幼鸥不断地练飞，以确保幼鸥在离开海岛迁徙时不会掉队。

在幼鸥能够独立捕食以后，一些父母就不再给幼鸥喂食，毕竟在以后的岁月里这些小黑尾鸥们要靠自己的力量来维持生计。练习飞翔的日子是幼鸥大量夭折的时段，有被天敌捕食的，有翅膀受伤永远飞不起来的，有直接从悬崖俯冲下来摔死的，也有的小黑尾鸥被大风和大浪吞噬。据统计，能健康顺利活到第二年的幼鸥仅占当年破壳雏鸥的1/15。

7月下旬，当小黑尾鸥都能够飞翔并自食其力的时候，黑尾鸥开始离开海驴岛。到了8月中旬，岛上就几乎看不到黑尾鸥了。离开海驴岛的黑尾鸥，有的还留恋于附近的海岸，但大多数都散居或迁徙到更遥远的南方，直到来年的春天，开始又一轮的生命轮回。当年出生的黑尾鸥，会在冬天逐步褪去灰褐色的羽毛外衣，长出成年黑尾鸥的白身和黑尾，但要达到和它们父母一样的外形的时候则需要2年以上的时间。黑尾鸥的自然寿命为13～15年。

■ 黑尾鸥在育雏期间，亲鸟会一只飞出觅食，另一只则在巢中看护雏鸟

履新再出发
——我的鄂豫科学考察纪事

● 雷佳民

2020年，注定是不平凡的一年。作为一个武汉人，突如其来的新冠疫情，历史上绝无仅有的封城，都让人经历了从绝望到重新燃起希望，再走出困境的大起大落。回想起来，真有点凤凰涅槃、浴火重生的感觉。也就在这一年的秋冬之交，我在从业42年的工作岗位上正式退休了。退休后干什么？对我而言，应该有多种选择。但我毫不犹豫地选择走进中国野生动物保护协会科学考察委员会（以下简称科考委），去做一名野生动物保护的科考人。这不仅仅因为全新的世界吸引了我，更重要的是这里有很多亲近自然的机会，还能关注到另一个陌生的弱势群体，或许我能帮助这个群体做点什么。

董寨之行直击拍鸟

按照科考委2021年工作要求，我作为"自立互助项目"的立项人，正式步入这个行列，去开启新的工作征程。2020年岁末，邀请上我在科考委的两名新同事"渌茶"和"老熊"，作为我的互助人，一起去践行对自己、对机构的承诺，开始人生中的第一次正式科学考察活动。

老熊是林业工作者，工作生活在河南信阳，有着许多过往的科考经历。当然，我对这里也不陌生。过去，曾经多次来这里的董寨拍过鸟。这次有老熊在现场指导，有渌茶相助，信心倍增。我想，此次对鸟儿的科学考察和以往的拍鸟娱乐应该大不相同。

按照老熊设定的路线，我们在董寨进行了为期5天的科学考察活动。内容涉及观察、拍摄鸟类的基本行为、生存状态、当地百姓对鸟儿的态度、鸟导的专业水平与拍鸟人群体基本情况等。在拍摄过程中，我们注重对鸟儿的行为、动作方面的拍摄，包括对鸟儿的羽毛都要进行解读。若是画面上有多只鸟，还要对这些鸟儿的互动进行分析，理解它们之间的相互关系，这是以往所没有过的。

在董寨老郭的鸟塘里，我们的一个画面拍摄到3只白冠长尾雉。这3只白冠长尾雉非常有意思，每天下午的5点左右，它们准时光顾这个拍摄场，且来去有序。总是有一只先到，第二只紧紧跟随，第三只则像个小偷，探头探脑、小心翼翼地随后到来。在觅食过程中，第一只大胆取食，无所顾忌；第二只则跟在第一只尾部，不紧不慢地啄食老郭在投食点儿撒下的食物；第三只则是跟在第二只的尾部，轻轻地点头，悄悄地移步。取食过程中，若稍有"剐蹭"，第一只到达的白冠长尾雉便立即教训另外两只。它或用爪子挠它们的头，或用嘴啄它们的脸，有时还运用翅膀扇它们的身体。这两只白冠长尾雉却是逆来顺受，不敢怒也不敢言，更不敢还手。3只鸟儿大约吃了几分钟食后，最后来的那只白冠长尾雉总是最先匆忙地离开取食点，然后是第二只到达的离开。虽然，这只白冠长尾雉的脚步也比较快，但明显少了一些匆忙；最先到达的那只，这时会独享几分钟的取食，它不慌不忙地吃，慢条斯理地走，直到离开我们的视野。

对3只白冠长尾雉的这种行为，我不太理解，同事告诉我说："它们之间是一种循环等级关系，即动物社会组织中个体之间在行为上支配与被支配的等级关系。这种关系，通常是直线型的，在雉鸡种群中较为普遍。例如，甲支配所有的鸡，乙支配除甲之外的所有的鸡，丙支配除甲、乙之外所有的鸡，如此，等等。"

过去在董寨拍鸟，没有人会注意这些，只要光线好，鸟儿的颜色好，有动作，再用大光圈虚化背景，环境越干净越好，这样，一张数毛版的大片才会形成。拍摄时，通常都是拍鸟人待在塘主搭建好的隐蔽棚内，鸟儿一露头，拍鸟人便蜂拥按动快门，一阵长枪短炮的"猛烈轰炸"，那阵势绝不亚于战场上的伏击战。有时，由于拍摄过急，鸟儿还未站稳脚跟，就被拍鸟人的快门声吓跑了，弄得大家都不开心，相互埋怨，有时还会因此吵架。有时，遇上的鸟友比较讲究，告诉大家动作轻一些，等鸟儿稳定一下再拍摄。这样可以一直拍到鸟儿取食结束，离开拍鸟人的视线，此时拍鸟人才松下一口气，评论着刚才的拍摄及鸟儿的动作。更有一些心急者，立即在相机上翻看，或沮丧，或欣喜，各种情绪表达，不尽相同。

在董寨，我问了几个塘主，这些鸟儿是如何准时准点来取食的？有的塘主说，喂的时间长了它就来了；也有年轻一点儿的塘主说，长时间的定点定时投食，对鸟儿形成了条件反射习惯，它们就会定时来取食。

5天当中，我们了解到董寨这个村，人们经常拍摄的有50多个鸟种，10多个拍鸟点；拍鸟人来自全国各地，包括部分港澳台同胞，每年还有一些外国人光顾。鸟塘大多按机位收费，每位100元。住宿自理，丰俭由己。拍摄最高峰时，这里十几家宾馆家家爆满，好机位难觅。

看来，拍鸟在董寨村已经形成了一种产业，这种产业直接给当地带来的是经济利益。但经济利益的背后，对鸟儿和生态环境是保护还是伤害？建有鸟塘的人和未搭建鸟塘的人，是否有利益方面的冲突？这些问题都有待做更深入的调查和了解，才能做出既有利于鸟类保护和种群繁

衍，百姓又有经济效益的判断。于是，我们约定，在鸟况最好的季节再来董寨。

与神农架川金丝猴面对面

辞别老熊，告别董寨，我们向神农架进发。这几天，天气预报说神农架有大雪，湖北省也发出并提示神农架林区做好预防暴雪的黄色预警。说到神农架的雪，真是不可小觑，很多年前，就有多个神农架川金丝猴被冻死的先例。在这种极端天气情况下，关注野生动物的生存状态非常必要，但其难度相当大。特别是拍摄雪中的野生动物影像更加不易，直白地说，光是在深山的冰雪路上行走，都是一种挑战。

12月28日，在摄影人老渔的精心安排下，我们一行向位于神农架的大龙潭出发。一路上的情景，不免有些让人既高兴

又担忧。天空中飘过几朵零零星星的雪花，瞬间就成为水滴，这里既无大雪，更无暴雪。也许，这样猴子会少了一些生存上的风险。如果是这样，我们就无法拍到雪中川金丝猴的影像。一路上很纠结。

过了神农架国家公园大龙潭的哨卡，左突右转过了几道弯，一片银色世界立即跃入眼帘。此情此景很难与大龙潭外面联系起来。这难道是天公给我们开设的雪专场？

此时，那些川金丝猴正待在保护站对面的山坡上。它们有的两两相拥，有的全家抱团，更有几只雄性川金丝猴搂抱在一起。特殊的天气造就了特殊的行为，大家的目的只有一个，就是相互取暖。正在观察时，几只今年刚出生的婴猴怀着极大的好奇心，睁着大大的眼睛，离开妈妈的怀抱，向我们张望着。猴妈妈立即伸手拽

■ 神农架川金丝猴和大熊猫有着相同的口味

■ 祖孙三代一家亲，姥姥（左下）大女儿（右上）小女儿（后一）两外孙（中间）

起婴猴的一条腿，将婴猴拖了回去。婴猴"嘤，嘤"地叫了几声，随即将头埋进妈妈的胸前，叼住乳头，一边吃奶一边窥视着我们。

过了一会儿，保护站的工作人员要给这些川金丝猴喂食了。工作人员端着盛满花生的塑料盆，对着山上晃了几下，山上立即一阵骚动。刚才还静若处子的那群猴子，顿时潮水般向山下涌来，较之脱兔不知要快多少倍。

护林员分地段将几背篓红薯和两盆花生一一投放。他们说这样做主要是防止猴子争抢食物时打架。曾经听研究猴子的专家说，在灵长类动物中，因争夺食物资源而打架的并不多见。猴子打架，主要是为争夺生殖资源或领域越界。现在，因为食物太集中，大家都来争抢，打架也是在所难免的。根据猴子的这一特性，护林员分开投食，能够减少或避免一些冲突，也算是用心了。

有只个头不大不小的雄猴，约有一岁半的样子，大大的眼睛，略显乳白的毛发。看着大家都在争抢食物，它一点儿也不动心，端庄地坐在枝丫上，显出一副很绅士的样子，静静地看热闹。这时，一只母猴跳上树来，一手将呆坐的小猴推下树去。小猴掉下树来，在那堆食物的边上，捡起一个小而蔫的红薯，慢慢地爬上树，轻轻翕动着嘴唇，慢慢地咀嚼着。猴妈妈并不满意小猴子的绅士模样，心想，这天寒地冻的，你只有填饱肚子才能熬过这个冬天，装什么绅士呀？它立刻抓起小猴，狠狠地扇了一个耳光，大声地呵斥着，自己却几个箭步来到树下，一手抄起一个红薯，上到了树顶。

说起川金丝猴的食物，也是非常有

■ 为母则刚

意思的事。据在其他地方观察川金丝猴的同事讲，位于秦岭周至县境内的川金丝猴，不吃红薯，而吃萝卜，因为那个地方的老百姓不种红薯；神农架的川金丝猴不吃萝卜，因为在神农架的山上，老百姓基本不种萝卜。花生则是川金丝猴的大众食物，没有听说哪里的川金丝猴不吃花生的。看来，从川金丝猴的口味也可以了解当地的种植习惯或农田物产特点。

大家都知道，大熊猫以竹子为主食，无论是竹笋、竹叶还是竹上茎，都是它们喜爱的食物。神农架的川金丝猴喜欢吃竹叶，您是不是觉得奇怪？因为神农架这个地方盛产毛竹和箭竹，因此，这里的川金丝猴喜欢吃竹子也就不奇怪了。真是一方山水养育一方人啊，不，是一方山水养育一方猴哟。

万缕红中一朵花

离开大龙潭，和所有的川金丝猴道过"拜拜"，我们直奔红举村。陪同我们去红举村的是神农架一位老摄影人——"山涧竹韵"。听名字就很有诗情画意，想必对神农架的一山一水、一草一木都充满理解与深情。

也许，山涧竹韵太在意诗情画意，方向感稍微差了一些，他差一点儿将我们带上歧路，好在我们的车和司机都还给力，我们及时调头，知难而返，重归坦途，终于到达红举村。

红举村这个鸟塘开设仅有 2 个多月，鸟况不错。这里有十几只红腹锦鸡和 5 只白冠长尾雉。每天前来的一只雄性白冠长尾雉，更像是万缕红绸中的一匹锦缎，光彩闪烁，熠熠生辉。它是这个鸟塘的明星物种，也是许多拍鸟人的追逐点。虽然它"登台"只有两个多月，但这位"美男"已经圈粉无数。数百位鸟友多为一睹其芳容，翻山越岭，爬冰卧雪，慕名而来。

让人没有想到的是，冬至刚过，正值冰天雪地，这里的红腹锦鸡就有了求偶行为。尽管那些雌鸡，身心都还处在一年当中的尘封季节，可这些雄性已经蠢蠢欲动，情愫暗发了。一只或多只雄性红腹锦鸡追逐着一只雌鸡，不依不饶，雌鸡则是左躲右闪，四处逃匿。相反，这只雄性白冠长尾雉倒是非常淡定，一副谦谦君子的形象。它一天几次光顾拍摄点，不紧不慢，不急不躁，或低头取食，或抬头张望，对身边的同物种雌鸡不驱不赶，不即不离。对当年刚刚来世的同种亚成体，也是非常友好地相处。对其他雀形目的噪鹛、山雀和鸦类，也都极度包容，以邻为友，彰显出"大哥"的风度与形象。

鸟塘主小杨告诉我，这里的鸟类非常多，在山的对面就有勺鸡和红腹角雉，他们正在慢慢投食，准备开下一个鸟塘。听了小杨的话，我不免有了一丝担心，这种开设鸟塘的拍摄形式，无疑为拍摄者提供了巨大的方便，对鸟儿到底是一种什么样的影响，我目前还无法判定，还有待再做更深入的了解和长时间的观察。

常言道："隔行如隔山。"这话一点不虚。虽然有了60年的生活阅历，40多年的工作经历，但是当我走进鸟儿的奇妙世界，才发现有诸多的空白。填补这些空白，是我此次出发和前进的动力。我知道，此次科考，还算不上真正意义上的科学考察，但这是我的起点。千里之行，始于足下。若能在今后的岁月里，为我国的生态文明建设，为另一个生命群体贡献自己的力量，将是我人生第二春的欣慰与释然。

■ 为护幼崽，食物也成了武器

"冬季补食"科研人员
与神农架金丝猴的银冬之约

● 李明璞

金丝猴又称仰鼻猴，是我国与大熊猫齐名的国宝级动物。它毛色艳丽，形态独特，动作优雅，性情温和，深受人们的喜爱。川金丝猴是金丝猴中最早被人发现的一种，人们被小猴子身上金灿灿的皮毛所吸引，就取了"金丝猴"这个名字。

金丝猴是典型的森林树栖动物，主要以野果、嫩芽、竹笋、苔藓植物为食，也吃昆虫、鸟和鸟蛋。它特别喜欢吃的是一种寄生在松树上叫松萝的植物。

历史上金丝猴在中国分布的范围非常广泛，广东、广西、云南、贵州、四川、陕西、湖北都有金丝猴生活。后来因为环境的变化，特别是人类活动范围越来越大，森林面积逐年减少，金丝猴为了适应环境，只好往人烟稀少的高山丛林迁徙。

湖北省的神农架是川金丝猴的重要栖息地。这里山高林密，雨水丰沛，非常利于植物生长，有很多金丝猴喜欢吃的食物。

神农架的冬季长达6个月，一年有一半的时间是冬天。随着冬季来临，气温下降，许多金丝猴用来作为食物的树叶都掉了。如果下了大雪，雪地上什么也看不

■ 川金丝猴母亲和幼猴

■ 川金丝猴母子

见，树枝也结了冰，冻得硬硬的，金丝猴就找不到东西吃了。每年冬天，一些幼小和体弱的金丝猴都会因为缺少食物、耐不住严寒而死去。

让金丝猴生存下去，首先要解决的就是金丝猴的食物问题。虽然说神农架植物种类繁多，可供金丝猴食用的植物非常丰富，但一到冬天，万木萧条，山上能供金丝猴吃的食物急剧减少。为了帮助金丝猴度过寒冷的冬天，保护这种珍稀动物，神农架的科研人员长期对生活在神农架的金丝猴进行观察和研究，并四处采集金丝猴爱吃的树叶和松萝。但冬天大雪封山，收集鲜嫩的树叶和松萝十分困难，不能满足金丝猴过冬的需要。

于是，科研人员想到用别的食物来替代金丝猴的传统食物。他们首先想到了

■ 神农架川金丝猴栖息地冬貌（于凤琴摄）

"冬季补食"科研人员与神农架金丝猴的银冬之约 　**075**

■ 川金丝猴亚成体在玩耍打闹中学习搏杀技巧

■ 青年雄性川金丝猴

苹果，苹果是植物性食物，营养丰富，符合金丝猴的食性，而且有大量的人工栽培，便于采购、运输和贮藏，很适合作金丝猴的补充食物。

他们有的将苹果放在金丝猴活动的地方，有的还插在树枝上，像长在上面的一样。可是金丝猴闻也不闻，理也不理。虽然苹果是很好的水果，但对于金丝猴来说，这种美好的食物是它们从未见过，也从未吃过的。

后来研究人员想到一个办法，把苹果切成一小片一小片的，包在金丝猴爱吃的松萝里，放在金丝猴的取食地。可是金丝猴照样不领情，把包在外面的松萝吃掉，把里面的苹果丢弃。科研人员没有气馁，坚持把苹果包在松萝里，一次又一次地送到金丝猴的面前。

终于有一天，一只年轻的雄猴吃了一口包在松萝里面的苹果，但很快它就把苹果丢掉了。第二天，它又吃了两口苹果，又丢掉。就这样，吃了丢，丢了吃，直到有一天，这只雄猴吃掉了一整个苹果。从此，这群金丝猴都开始吃苹果了。

金丝猴开始吃苹果，让科研人员松了一口气，他们知道，金丝猴这种适应新食物的行为，将保障这个金丝猴种群能够持续繁衍下去。

后来，这群金丝猴又陆续接受了科研人员为其投放的梨、胡萝卜等人工种植的果蔬，使得越冬的食物有了保障。从那以后，神农架的冬天，这群金丝猴再没有因为食物的短缺而死去。

追梦20载，寻找"会飞的花"
——蝴蝶摄影考察二三事

● 陈敢清

二十多年前一次偶然的机会，在广东省珠海市西南端海面一个小岛上发现成千上万只蝴蝶聚集在一起越冬的奇观之后，我便开始对蝴蝶生态摄影产生浓厚的兴趣。多年来，我初心不改，激情未退，脚步未停，已经到过包括港澳台在内的全国各地，拍了多少种蝴蝶没有统计过。因为全国各地的地理环境、气候条件和蝴蝶种类差异等种种原因，每一次考察和拍摄都有不同的收获。

从海岛到大山寻访蝴蝶中的"小燕子"

曾听人说，珠海三灶岛上有一种蝴蝶，很像燕子，飞速较快，形态很美，这句话很有诱惑力，深深地印在我心里。从事摄影多年，我从未见到过像燕子一样的蝴蝶，真不知道这种像鸟一样的蝴蝶到底有多大，有多美。查阅《中国蝶类志》后才知道是燕凤蝶。它有两条修长的尾突，很像燕子的尾翼，姿态优美，雌雄同型。因蝶翅颜色的差异，还分燕凤蝶和绿带燕凤蝶两种。它是中国和世界上最小的观赏性凤蝶，在我国广东、广西、海南、云南、香港和西藏林芝都有分布。

既然有人曾在珠海市三灶岛见到过，我决定去寻找它的芳姿丽影。但是，由于开发建设的原因，当年发现燕凤蝶的地方自然生境遭到了破坏，多次去三灶岛寻找，好不容易才遇到一次，也只见过一两只飞舞。后来又得知，广东石门台国家级自然保护区燕凤蝶比较多，就转移方向，到几百千米以外的石门台国家级自然保护区寻找燕凤蝶。

从珠海驾车到英德一小镇住宿一晚后，第二天清早进入石门台自然保护区，很快就在山间小道边发现了成群的燕凤蝶，有在鲜花上飞舞的，有在枝叶上休息的，也有在路面上饮水的。由于燕凤蝶体形不大，要想拍到蝴蝶饮水的生动画面，不能站着俯拍。我急中生智，立即跳入路边沟渠中趴在路肩坡地上，双臂着地让相机与蝴蝶等高，迅速拍了几张

▇ 金斑喙凤蝶

▇ 燕凤蝶吸排水

群蝶吸水的照片，然后换上 500 毫米的折反镜头，在离燕凤蝶 3~5 米远的地方，将相机设置在 M 档，手动对焦，又抓拍到几张燕凤蝶一边饮水一边排水的精彩瞬间。蝴蝶排水，俗称"蝴蝶撒尿"。折反镜头拍出来的画面光影效果与众不同，水面光斑在阳光下如珍珠般闪烁，非常漂亮。

我这次打破常规，没有拍摄司空见惯的蝴蝶采花的情景，使这些作品画面生动有趣，真实自然地表现了燕凤蝶的生理状态和生活习性，具有一定的观赏性和趣味性，给人一种赏心悦目的感觉。该作品先后在《大自然》《中国摄影报》《森林与人类》以及科学普及出版社出版的《魅力之眼——科学摄影集萃》和中国科普作家协会《2014 中国科学摄影高层论坛论文集》上发表，并荣获了 2014 年第三届全国昆虫摄影比赛一等奖。有人笑说：人们常见"蝶恋花"，哪里见过"蝶撒尿"？所以，燕凤蝶排水的摄影作品便是以新奇特取胜。

三进乌云界探秘中华虎凤蝶

2014 年 3 月 20 日至 23 日，中国昆虫学会蝴蝶分会第五届会员大会暨第十届学术研讨会在湖南省常德市召开，在会议发言中，湖南乌云界国家级自然保护区生态环境研究所刘国华所长介绍了近年来他们在乌云界发现了中华虎凤蝶的消息，引起了与会代表的强烈兴趣。于是，会务组专门安排了参会代表到保护区现场考察中华虎凤蝶。

中华虎凤蝶，是国家二级重点保护野生动物，很多人只闻其名，不见其貌，更没有几个人见到过中华虎凤蝶在野外生境中的自然状态，也不了解中华虎凤蝶赖

■中华虎凤蝶栖息地乌云界

以生存的寄主和蜜源植物。充满好奇心的我，作为与会代表中唯一长期从事蝴蝶生态摄影的人也跟随着大家登上乌云界寻找中华虎凤蝶。非常遗憾的是，好不容易到了目的地，据说因为天气阴冷，气温太低，蝴蝶没出来。初访中华虎凤蝶，以失望告终。但是与刘国华所长相约第二年这个时候再来。

2015年3月25日，我应邀再次来到乌云界寻找中华虎凤蝶。这里是云贵高原向湘赣丘陵、湘西山地至洞庭湖平原过渡的典型地带，属中亚热带向北亚热带过渡的季风湿润气候区域。这里植被茂密，保存着中亚热带较完整的大面积低海拔常绿阔叶原始次生林。

当天到达乌云界后，为便于第二天清晨早点上山寻蝶，我们借宿在海拔380多米的农户家里。没有想到，天黑后，老天爷就变脸，天空开始下起了连绵小雨，第二天继续下。我们无可奈何地在山里等到第三天，在保护区管理局生态环境研究所张文武副所长的带领下，跋山涉水5个多小时后，才到达海拔1000多米的乌云界主峰山顶。此时，我们已经筋疲力尽，但还是怕错过机会，马不停蹄地在草地上寻觅中华虎凤蝶的踪迹。苍天不负有心人！经过我们在几百平方米的山顶草地仔细搜寻之后，终于在海拔1080米的一块草地的斑茅草茎上发现了几只中华虎凤蝶。它们似乎还没有睡醒，仍紧紧地攀附在斑茅草茎秆上一动不动，蝶翅和身体上还挂着晶莹透亮的水珠。张所长提醒我："赶快拍！等一会水珠掉了，太阳光照过来，温度升起来，蝴蝶就会飞走的！"我丝毫不敢迟疑，赶忙蹲下身子对着带有几分萌态的中华虎凤蝶拍了起来。收获的喜

■ 燕凤蝶集体吸水

悦，使我们忘记了一路上的艰辛和劳累。阳春三月，在1000多米的山顶上，山风掠过，气温乍暖还寒，蹲着或弯腰盯着中华虎凤蝶按快门时不觉得凉，拍完后，才感觉手冻得痛，但拍到满意的照片了，心里还是暖洋洋的。

2017年4月12日，我又应乌云界国家级自然保护区管理局的邀请第三次到乌云界拍摄中华虎凤蝶。这一次，乌云界自然保护区管理局希望我们不仅要拍摄蝴蝶，还要拍摄中华虎凤蝶的卵和蛹，以及中华虎凤蝶生境中的寄主和蜜源植物。4月11日到达桃源县后，第二天清早管理局吉普车就把我们送到乌云界山脚下一条山道边，我们便开始徒步登山了。这一次的目的地是湖南省常德市与益阳市交界处的神仙界。

据说，神仙界的中华虎凤蝶密度比较大，自然生态环境比较好。可是当我们经过几个小时的跋涉到达山顶时，还是没有看到一只中华虎凤蝶。担任向导的张所长说，最近一段时间连续下了9天的雨，气温很低，给中华虎凤蝶造成不小的伤害，也影响今天的拍摄，估计今年又很难看到中华虎凤蝶了。我心有不甘地说："总不能白来一趟，我们仔细找找吧，哪怕只拍到中华虎凤蝶的卵、幼虫和蛹也行啊。"花了差不多半天的时间，我们找遍了山顶周围几千平方米都不见中华虎凤蝶的踪影，只在向阳的山坡上寄主植物细辛的叶片上拍到几粒中华虎凤蝶卵，还拍了几张寄主和蜜源植物照片，以及生态环境的照片就下山了。后来这些图片伴随着我写的摄影考察文章《探寻乌云界的中华虎凤蝶》在2017年第四期《大自然》杂志上以4个页面一起发表了。

■ 中华虎凤蝶的卵

■ 寄主植物细辛叶片上的中华虎凤蝶卵

■ 中华虎凤蝶

到粤桂赣三地觅国蝶

金斑喙凤蝶是中国特有种，国家一级重点保护野生动物，排世界八大名蝶之首，也是世界上最名贵、极为罕见的蝴蝶。多年前，华南农大的一个老师带着学生到广东南岭国家级自然保护区采集鳞翅目标本时，有一个同学无意中捕获到一只金斑喙凤蝶。由此，我知道了广东也有金斑喙凤蝶。但是，至今却未曾在广东省出版的有关刊物上看到一张比较完整的金斑喙凤蝶生态照片。

2008～2009 年，我曾多次到粤北的南岭国家级自然保护区考察，收集金斑喙凤蝶的信息，但是所到之处有关人员都讲："听说过，没见过。"后来又听说，广西大瑶山和猫儿山有金斑喙凤蝶，密度比广东大，容易看到。2010 年 5 月和 2016 年 4 月，经与广西大瑶山国家级自然保护区管理局联系同意后，先后两次到广西大瑶山和猫儿山寻找金斑喙凤蝶。广西大瑶山国家级自然保护区管理局的有关负责人还请我们参观了他们陈列室里摆放的，从盗猎者手中收缴的"证据"，并派专人做向导带我们去金斑喙凤蝶经常出没的地方蹲守，拍摄金斑喙凤蝶，但同样是无功而返。

2018 年 9 月 20 日，在江苏南京晓庄学院参加中国昆虫学会蝴蝶分会第十二届全国学术研讨会时，应蝴蝶分会邀请我在晓庄学院图书馆举办了一次"蝴蝶摄影作品展"，展出的几十幅精美的蝴蝶摄影作品中有国家二级重点保护和国家保护的有重要生态、科学、社会价值的蝴蝶，就是没有国家一级重点保护的金斑喙凤蝶。

同时参加全国蝴蝶学术研讨会的江西农业大学曾菊平老师参观了我的"蝴蝶摄影作品展"后说，他近年正在做江西九连山的金斑喙凤蝶生境寄主植物资源专题研究，每年 4 月都会在金斑喙凤蝶发生期去江西九连山开展考察，而且基本上每次都能看到金斑喙凤蝶，但总是拍不好。我赶忙说，明年我跟随你们去九连山考察，看看能不能拍到金斑喙凤蝶，如果拍到了，我的图片可以留给你们用。曾老师当即答应了。

2019 年 4 月的一天，曾老师打电话约我到江西赣州与他们会合，然后一起去九连山拍摄金斑喙凤蝶。但是，当时我正患病住院，每天轮番做放化疗治疗，不能如期前往，错失了与"国蝶"的约会。

2020 年春节过后，我主动打电话给江西农大曾老师询问当年到江西省九连山国家级自然保护区的考察情况，曾老师说，正在安排计划考察，到时候通知我。一个月后，曾老师来电话说，已经与九连山国家级自然保护区管理局联系好，我们可以过去了。再也不能错失良机了，2020 年 4 月 28 日，我如约而至，曾老师一行三人驾车到赣州机场接上我，然后直奔九连山国家级自然保护区。

非常幸运的是，在海拔 1100 多米的山头上，我第一次看到，同时也拍到了金斑喙凤蝶。虽然只看到两只，其中一只蝶翅残破，另一种又在较远的天空飞舞，而且两只蝴蝶现身的时间不长，只有十几分钟。就是这样一种不算很大的蝴蝶，我从五十五岁到六十六岁，从湖北、湖南、广东、广西到江西追寻它们十余年。作为一个癌症患者在病后恢复期翻山越岭，穿越密林，攀爬山岩，不辞辛苦能一睹神秘、美丽和珍稀的"国蝶"风采，也算是梦圆九连山，感到十分幸运！

穿着喜鹊外套的鹊鹞

● 孙晓明

春日的清晨，太阳还没有升起，薄薄的雾气犹如一层透明的纱巾，环绕着七星湿地，将之笼罩得一片朦胧，远远望去，如同仙境，给人一种神秘感。

这时，一个熟悉的身影映入我的眼帘——连续4年相见的老朋友——鹊鹞，很守信用地迁飞到这里繁殖。

停下车，我拿起身边的望远镜观看，鹊鹞从草甸的上空一个优雅的鹞子翻身，俯冲到低空，两翅上举成"V"字形，悬停不动，随即长时间地向上飘浮，缓慢地移动，再时高时低地进行上下和向前飞行，并不时地抖动着两翅和身体，又或是短暂地鼓动几下翅膀，重复着翻身动作……哦！漂亮的飞姿。鹊鹞这样的飞行，并不是在表演，而是在注视和搜寻要捕捉的猎物。

鹊鹞（学名：*Circus melanoleucos*），又叫喜鹊鹞、喜鹊鹰、黑白尾鹞、花泽鸳等，隶属于鹰形目鹰科，是一种中型猛禽，为国家二级重点保护野生动物。我曾经近距离观察过鹊鹞——雄鸟的体色比较独特，与其他鹞类不同，头部、颈部、背部和胸部均为金属光泽黑色，展开后为明显的三叉戟图案。尾上的覆羽为白色，

■ 鹊鹞夫（右）妇

尾羽为灰色，翅膀上有金属样的白斑，下胸部至尾下覆羽和腋羽为白色，黑色与白色交错，极为醒目，站立时外形很像喜鹊，由此而得名，可以说是最漂亮的猛禽之一。

雌鸟与白尾鹞雌鸟极为相似，虹膜黄色，鹊鹞雌鸟嘴黑色或暗铅蓝灰色，下嘴基部黄绿色，蜡膜也为黄绿色，脚趾黄色或橙黄色，如果不仔细观察，很难与白腹鹞分辨。体格大小有差异，鹊鹞雌鸟平时叫声并不响亮，只有繁殖期才发出洪亮、尖锐的叫声。

突然，鹊鹞一个翻身扎向地面，隐入草丛中，好一会儿不见身影。�<!-- -->！肯定

是捕捉到了什么猎物。

过了十多分钟，鹊鹞从草丛中振翅而起，翅膀滑破晨雾，飞向湿地深处，消失在我的视线里。它刚才捕捉的是什么猎物呢？鹊鹞的食性比较杂，一般单独活动，主要以雀形目小鸟为主及少量以鼠类、蛙、蜥蜴、昆虫等小型动物为食。为此，鹊鹞栖息于开阔的低山丘陵和山脚平原、草地、旷野、河谷、沼泽、林缘灌丛和沼泽草地，多在林边草地和灌丛上空低空飞行，便于发现猎物、捕捉猎物。

鹊鹞在东北地区属于夏候鸟，每年4月初，它从我国南部和南亚的越冬地如约而至来到我国东北部地区繁衍下一代。多年前在七星湿地，我有幸发现一对鹊鹞，进入繁殖地后，成对在林缘和林间路旁的疏林及湿地草甸上空进行求偶飞翔，雄鸟在空中作圆形盘旋，然后不时地俯冲，奔向雌鸟，交尾则在地面上进行，同时开始选地方建婚房。

■ 出发采食

经过几年的细心观察，我了解掌握到鹊鹞从求偶到孵化的全过程——5月上旬开始筑巢，巢建在湿地芦苇丛中的一个塔头墩子上，巢材采用苔草的草茎，呈浅盘状，婚房建造主要由雄鸟担任，在没有干扰的情况下，它会继续沿用旧巢或在距离原来巢位很近的地方继续筑巢。到了5月末，雌鸟开始产卵，一共产下5枚，卵的形状为卵圆形，颜色为乳白色或淡绿色，偶尔有褐色斑点。产出第一枚卵后即开始孵卵，由亲鸟轮流进行，但以雌鸟为主。孵化期约30天，雏鸟为晚成性，亲鸟继续共同抚养1个多月后才能离巢。

从破壳到幼鸟离巢的1个月时间里，雄鸟负责捕食，雌鸟则在能看见巢的高处静静守护幼鸟，以防止鹭类和其他哺乳动物对其伤害。成鸟育雏期也是需要食物最多的时期，大量的鹬类幼鸟刚刚出巢，每天15～20只经验不足的小鸟成了鹊鹞繁殖期的主要食物，当然还有小部分的蛙类和小型爬行动物。捕捉到小鸟后，鹊鹞叼到固定的地方将猎物的毛拔净才能带回巢。在我的视线里，每当雄鸟用利爪把猎物带回来在空中鸣叫时，雌鸟闻声腾空而起，在空中上演传球一样的游戏。雄鸟在雌鸟上方把食物扔下，雌鸟则在空中把它接住，百发百中，从未失手，这一段时间雄鸟几乎不进巢。到了雨季，湿地的水位上涨，雌鸟还要根据水位变化加高、加固鸟巢。

雌鹊鹞在小家伙出壳后，除了恶劣天气用自己的身体护住幼鸟不受到低温或降雨伤害，保证幼鸟安全度过雨季，白天则极少在巢里陪伴。随着小鹊鹞慢慢长大，所需要的食物量也随之增加，雌鸟开

■ 空中交接食物

始烦躁不安，焦急地等待丈夫捕捉食物归来，时间久了就按耐不住亲自出去捕食，雄鸟回来发现雌鸟不在，飞几圈后就自己进巢喂幼鸟。幼鸟前两周由亲鸟用锋利的爪和喙将猎物撕碎口对口喂食，两周后幼鸟能自己吃食了，亲鸟将猎物在鸟窝上空直接投到窝中，然后飞走。

雏鸟在父母的辛勤喂养下，渐渐长大，羽翼丰满了，身披褐色的羽毛纷纷飞出窝巢，先是短距离练飞，慢慢地，飞行距离越来越远，时间越来越长，但最终还是回到巢里，雌鸟用食物诱惑雏鸟加大飞行难度，学习捕猎手段，到8月下旬，雏鸟就能自己彻底地离开巢穴，展开翅膀，在湿地上空盘旋，自己寻找食物，补充能量、强筋健骨，为迁徙做好充足的准备。

夏天慢慢地过去，湿地渐渐由深绿转黄，芦苇花齐刷刷地向南倾斜，鹊鹞又要启程去南方越冬了。从北方到南方，这么遥远的路程，它们要经过很长时间。在这期间，它们要穿越高山、河流，甚至要经受各种自然灾害等考验。望着成长起来的鹊鹞，从天空飞翔而过，俯瞰着湿地，它们的眼里没有懦弱，没有屈服，更没有胆怯，也没有放弃。振翅九霄，一去万里，不畏任何艰难困苦！

望着身后留下枯黄的鸟巢，被秋风吹得沙沙响，我不禁有些伤感……可过不了多久，春天就要来了，鹊鹞那勇猛矫健而优雅的身姿，又会出现在我眼前。我祈盼明年与老朋友及它们的孩子在这一片湿地再相会。

镇赉观鹤

● 潘晟昱

■ 每年的4月初，白头鹤如期而至莫莫格

我从2007年秋季开始在"世界最大白鹤迁徙停歇地"吉林省镇赉县做白鹤迁徙科考摄影工作，13年的时间里我调查了松嫩平原上这块对白鹤迁徙非常重要的停歇地情况，记录了13年来白鹤在镇赉种群停歇规律及各方面的变化情况。并连续十几年在多家媒体平台上对该物种的动态和科研保护方面做了大量宣传；为全国鸟类环志中心、莫莫格国家级自然保护区、国际鹤类基金会等科研机构提供了大量科考数据资料。

白鹤停歇范围及食物选择

2007～2012年，松嫩平原大部分湿地由于干旱少雨导致干涸、退化，春秋两季100余天，白鹤东部种群的90%以上集中停歇在吉林省白城市镇赉县莫莫格乡鹅头泡（现更名为白鹤湖），该区域面积为5000公顷，当时鹅头泡植被以芦苇、香蒲、藨草等为主，浅水域占区域面积的一半以上，非常适合白鹤停歇觅食，丰富的扁秆藨草、三江藨草是白鹤在该区域的主要食物。

2013年秋季，松嫩平原降雨增加，莫莫格国家级自然保护区及周边湿地水域面积有所恢复，鹅头泡水位上涨，白鹤开始由鹅头泡向镇赉域内岔台、元宝吐、盛家围子等湿地分散。根据2013年秋季对白鹤行为的观察和意外死亡个体解剖结果分析，白鹤胃容物有藨草球茎、碱蓬草籽、小石子等。2016年4月上旬，记录到白鹤在冰面上吃鱼。

2015年3月中旬，观察到白鹤种群进入镇赉县建平乡北部玉米地觅食，食物选择是玉米。从2015年至今，白鹤停歇觅食范围逐渐扩大，镇赉县的6个乡镇、图牧吉国家级自然保护区东南部、向海、双辽，辽宁的獾子洞、卧龙湖都有白鹤停歇。白鹤在东北、内蒙古区域食物范围包

■ 11 月上旬，几百只白鹤仍恋着镇赉这片神奇的土地

含蘸草球茎、碱蓬草籽、芦苇嫩芽、小型淡水鱼、蚂蚱、玉米、水稻、花生等，玉米是白鹤在东北的重要食物之一。

按调查数据来看，镇赉县停歇白鹤的数量和停歇时间始终列在其迁徙路线各停歇地首位。

近几年镇赉县的白鹤分布主要在该县二龙涛河流域及洮儿河流域末段。其分布地较为分散，随着每年水位变化，鹤群觅食、过夜地点常有变化，随着近些年白鹤进农田觅食时间的增加，莫莫格国家级自然保护区外围白鹤活动增加，给保护科研工作带来了难度。

白鹤 13 年来种群发展情况

通过 2007 ~ 2020 年在镇赉的调查结果了解到白鹤种群数量在缓慢上升。2007 年在镇赉县观察到的白鹤有 2300 余只，2010 年 3000 余只，到 2014 年达到 3800 余只，2019 年秋季记录到 4000 只。白鹤在镇赉停歇数量超过 1000 只的时间达到 33 天，超过 2000 只的时间达到 30 天，超过 3000 只的时间达到 16 天。

白鹤亚成体历年的变化

每年秋季在镇赉观察到白鹤幼鸟比例在 5% ~ 15%，正常年景白鹤幼鸟比例在 6% ~ 8%，2018 年秋季白鹤幼鸟比例不足 3%，2019 年白鹤幼鸟比例在 10% 左右，2020 年秋季白鹤幼鸟数量占总数的 13% 以上，个别家族群幼鸟数量超过 20%。

白鹤的伤亡情况

每年在镇赉境内发现的白鹤伤亡数量在 5 只左右，伤亡原因多为机械性伤害、年老体弱、胃肠道疾病、误食农药等。部分白鹤通过救护恢复体力后佩戴跟踪器放飞，不具备放飞条件的白鹤饲养在莫莫格国家级自然保护区救护中心，死亡的白鹤大多做无害化处理。

成年白鹤抚育幼鸟情况

白鹤家庭一般为两成一幼，两只幼鸟的家庭特别少见。四口之家幼鸟体形稍小，羽毛颜色为深褐色。

秋季白鹤幼鸟很少主动觅食，寻找食物主要由成年雌鹤完成，成年雄鹤主要担任警戒任务。春季 3 月至 5 月，白鹤幼

■ 白枕鹤是莫莫格湿地的稀客，迁徙时只有小种群在这里停歇

鸟主动觅食行为逐渐增多，且觅食成功率逐渐增大。2020 年秋季观察白鹤亚成体大多会主动觅食，不管是浅水域还是玉米地里，这种现象较为反常。

每年春季 5 月上旬，成年白鹤会结群前往西伯利亚繁殖，一部分幼鹤会结队再停留在莫莫格国家级自然保护区 7～15 天，幼鹤群经常要另寻一块食物丰富的湿地、农田停歇，表现较机敏，鹤群里会有少量成年鹤。

白鹤停歇地其他鸟种的情况

镇赉地处东亚到澳大利亚这条全球鸟类迁徙大通道的中段，这里鸟类资源丰富，有 298 种鸟类，数量庞大。每年白鹤到来之时，数万只豆雁、白额雁、东方白鹳、野鸭、鸻鹬类水鸟也会如约而至，白鹤总能与这些鸟类混群停歇，构成了一幅幅和谐精美的湿地画卷。

十几年的观察发现，个别鸟种数量有较大的变化。豆雁在本地区数量最多，有 10 万只的规模；近几年，白额雁停歇数量在增加，有 2 万～3 万只的规模；绿头鸭在 2012～2019 年数量减少，2020 年发现有大群；绿翅鸭、红头潜鸭、普通秋沙鸭 1000 只以上的种群经常出现；2010～2020 年红骨顶鸡数量锐减，很少见，白骨顶鸡种群数量上升；大鸨在本地区数量有明显上升，2019 年春季观察到一个 47 只的种群；东方白鹳在镇赉人工巢利用率上升，输电线路铁塔巢在增加，且繁殖成功率很高，东方白鹳迁徙群在镇赉东部嫩江水域常见，每年春秋两季有 800～1200 只的停歇规模；在本地繁殖的草鹭、苍鹭、大白鹭、白琵鹭、夜鹭、大麻鸦数量在增加；黑翅长脚鹬、灰头麦鸡、凤头麦鸡繁殖情况向好，种群在扩大；秃鼻乌鸦、达乌里寒鸦数量上升较快；红脚隼繁殖成功率高，增长很快；环颈雉繁殖速度较快，随处可见。

其他鹤类在镇赉停歇的情况

灰鹤在镇赉停歇数量呈上升趋势，有 4000 只左右；白头鹤 2007～2012 年期间在镇赉罕见，偶见 10 只以下的小群，2013 年以后持续增加，目前有 800 只规模的种群停歇，停歇时间同白鹤相似；白枕鹤常和白鹤混群觅食，种群数量不大，达不到 50 只；沙丘鹤在 2007～2020 年观察到 3 次，都是 1 只；蓑羽鹤野生种群在镇赉很难看到，近年没有影像记录；丹顶鹤在迁徙季节偶见，多为飞翔状态，在镇赉繁殖的野生丹顶鹤近年没有发现。

■5月初的莫莫格绝对是白鹤的舞台，它们无数次的演练，是为了迁往遥远的西伯利亚

寻找卡尔

● 刘忠黎

■ "卡尔"

"卡尔"是古希腊神话人物中的一员，给一头狼取名"卡尔"，自然希望此"卡尔"能像彼"卡尔"一样，给我们带来传奇，当然，这其中也寄托着我对它深深的爱。

"卡尔"是我们救助的一头野狼所生。由于这头母狼第一次生育，还没有做母亲的经验，也不会照顾幼崽，所生育4头狼崽，在第三天便有3头夭折，也许是沾了神话中"卡尔"的运气，"卡尔"在同胞中显现出了顽强的生命力，奇迹般活了下来。

当时，为了防止"卡尔"出现意外，我们把它抱离了母狼，通过人工哺育，抚养它长大。"卡尔"终究没有辜负大家的期望，不仅坚强地活了下来，还健康地长大了。

"卡尔"小时候很是招人喜爱，每每看着它小小的、萌萌的样子，就像是见到了自己久别的儿子，心中无比激动。曾暗下决心，一定要把它养大并将其培养成一代狼王！

由于从小得到很好的照顾，"卡尔"长得很快，在它3个月大的时候，我们便开始了对它的基本训练。"卡尔"很聪明而且活泼可爱，同时也显现出了很高的智商。1周岁的时候，便首次参加了电影的拍摄。

那是2018年1月17日，"卡尔"在参加拍摄电影《蒙古马》时走失。当时听到这个消息我也没了主意，因为在狼跑的地方，是很多牧民的居住地，我最担心的就是狼会攻击羊群。咬了羊我们可以赔，但万一咬伤人呢？因当时快过年了，我正在河北老家陪老母亲过年，但也来不及多想，马上订机票上飞机，中午时刻便到达锡林浩特，开车直奔现场。

"卡尔"去了哪里呢？寻找的人嗓子都喊哑了，也没有看到卡尔出现，面对着茫茫草原，我突然觉得无助和恐慌。当时这里雪非常大，草也很高。这里长的好多一种当地人叫芨芨草的植物，"卡尔"若是隐藏起来是很难被发现的，我们呼叫着它的名字，方圆几千米找了个遍也没有看到它的踪影。但在草地上看到它的许多爪印，在羊群过后就没有了线索，踪迹随之消失。

天渐渐黑了下来，我只能住在了苏木的一家小旅馆里，又冷又饿，一夜无眠。

第二天，天一亮我就赶到现场，整

■ 生活在草原家中的"卡尔"

整一上午，我没有放弃每一个沟沟坎坎，所有可能隐藏的地方，全部找个遍，可最终还是一无所获。

中午准备回到苏木吃口饭就往回走，还没到地方远远看到好多人在那里找着什么，有骑马的，有骑摩托车的，也有走着的，有的手里还拿着绳子，我赶紧把车停好过去问了一位牧民在找什么？这位牧民告诉我有牧民看到一头狼，怕它伤害羊，看看能否找到把它抓住，我立即跟随他们一起去找，一直找到晚上也没有找到。

我把寻找狼的人都叫过来请他们吃饭，并告诉他们这是我们救助的母狼生的一头小狼，千万不要伤害它。希望看到它的第一时间告诉我，我把电话号码给了他们。他们爽快地答应我，并且说不会伤害狼。他们都告诉我，他们知道草原有狼，

老鼠就会少，草场才会好。我在这里又连续寻找了三天，"卡尔"就像是蒸发了一样，没有丝毫进展。

寻找"卡尔"的事，只能拜托给牧民朋友了，一种无望的感觉袭上心头……那段时间，我像是丢了魂似的，一有时间就去找狼，心里知道找也没有希望，但还是放不下。没有"卡尔"的日子，生活好像缺点什么，吃饭不香，吃菜都觉得没有滋味。

3个月过去了，有一天，我突然在朋友圈看到一头狼的图片。它被绑在一个土墙下，我一眼就认出是"卡尔"！"卡尔"还活着！它还活着！我的心脏都快要跳出来了。

我马上赶到了苏木，找到了我的一位朋友，他在苏木开了一家小商店，认识

人多，他打了几个电话，我虽然也听不懂蒙语，但知道是有了着落。朋友告诉我，是他的一位朋友年前就抓到了它，因为"卡尔"吃了他几只羊，他在羊圈里拿套马杆套住了"卡尔"，可并没有伤害它。勇敢善良的蒙古族牧民，他居然把"卡尔"一直喂到现在。我激动地说："巴特（牧民朋友的名字），我们赶紧过去吧！"我拉着巴特直奔那个牧民家中。

牧民家里是3间砖瓦房，前面是个土墙小院，房后有一个草垛，屋顶冒着一缕缕青烟。到了门口，牧民出来迎接，简单寒暄了几句，我就赶紧问他狼在哪里？他说在院子里，指着土墙的一个角，我顺着他指的地方一眼看到了它。"卡尔"真是你！我们相互观望着，它被绳子五花大绑，还拴着一条粗粗的铁链，铁链的尽头

是一根挺粗的铁棒扎在地下。"卡尔"一脸沧桑，一脸恐惧的表情。我看到和我一同前来，曾经照顾过"卡尔"的乔世俊过于激动，手在颤抖着，慢慢地向"卡尔"走了过去，他叫着它的名字"卡尔"！"卡尔"似乎知道了，知道它的亲人来了，知道我们要接它回家，它在墙角里跳来跳去，嘴里发出"呜呜"的声音，乔世俊蹲下，慢慢地抱住"卡尔"，它使劲地舔着乔世俊的脸，把前爪搭在他的肩上。

牧民把拴"卡尔"的绳子一根一根地解掉，乔世俊然后把"卡尔"抱起，"卡尔"静静地看着乔世俊，眼里充满了委屈和思念。这时，我看到了"卡尔"和乔世俊同时流出的泪水。那一瞬间，在场的人都感动了。周围出奇的静，时间在这个时候好像凝固了一样。乔世俊对着它的耳朵说着"对不起"，并慢慢地把它抱到车上，随后给牧民深深地鞠了一个躬。

牧民也对"卡尔"有了感情，说我们大家照个相吧！在牧民的提议下，我们大家高兴地站在一起留下了一张珍贵的照片。临走的时候牧民对着我们说了一句："狼很可爱，我们不要伤害狼！"

回来之后，我们给"卡尔"准备了一个最大的活动空间，多方给它增加营养，一个月后"卡尔"恢复到了原来的精神状态。现在已成为狼王，"卡尔"是一头非常聪明的狼，它知恩图报，现已参加了十几部影视的拍摄工作。它参加拍摄的一部建党100周年献礼片《啊摇篮》已播出，大家可能已经通过银幕看到了它的雄姿。

▣ "卡尔"母子与乔世俊

滇金丝猴：一个温馨的社会

● 于凤琴

2019 年 2 月 17 日，云南白马雪山国家级自然保护区的护林员余立忠打来电话："有两只母猴要生小猴儿了，天气预报这几天还有雪……"

接完电话，我怦然心动。此前的 16 次白马雪山之行，我虽在保护区的多个地带都有驻足，但雪中的滇金丝猴照片拍得很少。我立即网上购票，18 日凌晨 4 时从家中出发，早晨 9 时 30 分到达昆明机场。转机、转车，几经跋涉，当天下午便到达白马雪山国家级自然保护区管理局维西分局所属的响古箐猴区。

护林员老余叔一过来，我就急切地问："滇金丝猴快产小猴儿了？"

老余叔说："今年会有 9～10 只婴猴出生。现在一只都还没出生呢，就等你来。你一来，它们就会生给你看！"憨厚的老余叔狡黠地笑笑。

"是的，它们在等着我来接生。"顺着老余叔的玩笑，我也半开玩笑地说。

"开玩笑归开玩笑，你真是和它们有缘！"陪同我来观猴的白马雪山国家级自然保护区管理局维西分局钟泰局长很认真地说，"这些年，我们那么多与猴子朝夕相处的护林员、研究人员和来这里观察的

■ 四照花果具有驱虫、消食之功效，还是滇金丝猴喜爱的食物

■ 躲避风雪

学生，都没有见过滇金丝猴生小猴儿。迄今为止，见过滇金丝猴生小猴儿的只有你一人，不但见过，还全程拍摄了下来。你说，这是不是你和它们的缘分？"

钟局长略停一停，又摇摇头，继续说："那种情况应该不会再有了。去年，又生了好几只，都是夜里生的。我敢说，今年也不会再有了……"

听了钟局长的话，我也随声附和："真是缘分，是它们照顾我，知道我来一趟不容易……"

滇金丝猴的眼神

第一次与滇金丝猴相见，是在北京动物园。

2004年秋冬交替的季节，北京动物园首次从云南白马雪山引进滇金丝猴。一个天气阴沉的下午，我来到新建的滇金丝猴园。首先映入眼帘的是滇金丝猴那玫瑰色的红唇，还有一双黝黑深邃、炯炯有神且会说话的眼睛，至今让我记忆犹新。

正看得出神，一阵冷风袭来，动物园树木的叶子瞬间唰啦唰啦往地上掉。刚来到铁丝网前，便听到"嘭嘭"的响声，抬头一望，是一只猴子爬上铁丝网棚子的顶网，用双脚勾住铁丝网，发出强有力的击打声。

动物园的张金国副园长说："这些滇金丝猴刚刚从云南的大山里捕获，来到动物园还不适应，反应很强烈。"他一再提醒我，观看、拍照一定要小心。

第一眼看到滇金丝猴那红红的嘴唇，我非常奇怪：它为什么有着比人还要红的嘴唇呢？正在琢磨猴儿的红嘴唇，突然"嗖"的一声，一只大猴子从铁丝网上跳了下来，对着我站立的方向龇牙，还发出刺耳的叫声。

这是一只大雄猴，叫声既尖厉又凄惨。直觉告诉我：它不想待在这笼子里，它需要山林和自由。这时，一只略显温顺的猴子来到我跟前的铁丝网边上。它隔着铁丝网，用一双水汪汪且极其渴求的眼睛望着我，"哼、哼、哼"地发出低语。那眼神，那表情，那声音，很像我的一个远房侄女。我向它凑近了一些，它便目不转睛地盯着我看，眼神中充满了哀求。我感觉到，它是在求我放了它，让它出去，让它获得自由。它的哀求——就像一个孩子在求它的母亲。我不由得眼泪夺眶而出。

我知道自己救不了它，再也不敢去看它那双夺人泪水的眼睛，便快步离开了那个铁丝网。从此，大约有两年多的时间，我不敢再去动物园。

2006年，我要采访的一个会议正好在北京动物园举办，我试探着再一次来到圈养滇金丝猴的地方。还是那个铁丝网，网内的几只滇金丝猴完全没有了初来乍到时的野性，那只大雄猴还在，只是懒洋洋地坐在铁丝网中间的枯木桩上，几只母猴和小猴也都无精打采地坐在地上发呆，似乎对一切都无动于衷。饲养员说，这些猴子在山上时，松萝是它们的主食。刚来时，它们拒绝吃饲养员投给它们的食物，闹了好长一阵子，现在什么都吃了，也没脾气了。

听着饲养员的介绍，我心里七上八下的，不知是什么滋味。这种"没脾气"，对滇金丝猴来说也许是精神上的崩溃。那时，我最大的感受是：自由，对人和动物而言，同样重要。当时，非常同情、可怜那几只滇金丝猴，不知它们今生是否能够摆脱这种被囚禁的命运。后来听说，它们中有几只已经相继死去了……

■ "全雄"家庭的两个单身汉

响古箐，滇金丝猴的乐土

自 2004 年在动物园看到滇金丝猴的情景后，能看看野外自由自在的滇金丝猴便成了我心中的企盼。进入花甲之年后，这一企盼日益强烈。

2014 年，我终于鼓足勇气，背上行囊，克服高海拔地带行走的一系列不适，赶往滇金丝猴位于云南的一个栖息地——响古箐。在迪庆州香格里拉机场下飞机，白马雪山国家级自然保护区管理局维西分局的钟泰局长亲自来接我。在前往白马雪山的路上，我不断向钟局长询问有关滇金丝猴的各种信息，他不厌其烦地一一给我解答。当我问到滇金丝猴都有哪些行为时，他幽默地说："人有哪些行为，它们就有哪些行为。你见到它们以后，再观察观察就全都知道了。"

由于看猴儿心切，我谢绝钟局长途中的款待，中午时分我们便到达塔城保护站一个叫响古箐的地方。

匆忙放下行囊，草草地吃了几口饭，我便提出上山去看猴子。不料钟局长说，现在已经错过了看猴子的时间。他解释说，猴子只有在上午才让人看，下午它们要采食，要休息，是不"接见"人的。看着我一脸的失望，钟局长打趣地说："你看，猴子就在对面的树林里，你住的这间小木屋，猴子是看得见的。正好让它们下午陪你一起休息。"钟局长又特意嘱咐说："晚上早点睡觉，明天早上，我们早早地去看它们！"

听说滇金丝猴就在对面山上的树林里，我夜里爬起来好几次，朝着对面的山上望，侧耳倾听——它们睡觉是否也会打呼噜？

明天真正能见到自由自在的滇金丝猴了，我激动得几乎一夜未眠。第二天，终于见到了日思夜想的自由自在的野生滇金丝猴。

在和谐的高原林海

第一次到达响古箐，见到那些长相与人最接近、有着红红嘴唇的滇金丝猴，我兴奋不已，惊喜异常。

这里的一切都是自由的。草木自由地生长，开枝散叶，花开花落。云朵自由地飞动，云蒸霞蔚，风卷云舒。溪水恣意地流淌，波光粼粼，一泻千里。

动物也都是自由的。太阳鸟无时无刻不在炫耀它的美艳与绝技，总是盯住最鲜艳的花朵，振翅悬停，尽情吸食花蜜。小河旁的白顶溪鸲像个"人来疯"，专挑人的眼前站。你若靠近，它又蹦出去几步，若即若离地摇着尾巴与你兜圈子。钩嘴鹛虽然腿短，却总是学着现代舞蹈家的样子，跳起迪斯科的舞步。白冠噪鹛更像是酒店里的大厨，用白白的冠羽昭示着它的级别。

这里的人是恬静的。日出而作，日落而息。布衣草履，粗茶淡饭，没有太多的物欲，享受平淡中的幸福。外界的奢华与浮躁，似乎与他们绝缘。

这里的滇金丝猴是安详的。它们是雪域高原上的骄子，茫茫林海中的精灵。既有杂技演员般高超的攀爬、跳跃和飞翔技艺，又有老学究似的深沉、淡定与从容。海拔 4000 多米的森林地带，它们在树梢上如履平地；行走在悬崖峭壁间，它们处之泰然。无论是严寒的侵袭，还是酷暑的困扰，它们都静如止水，欣欣然承受着大自然所赐予的风霜雨雪与日丽风和。

主雄（家长）不杀前任主雄留下的

■ 一雄多雌家庭中的雌猴与婴、幼猴

子女，可以包容"妻妾"迥异的个性与缺点。家长的"妻妾"们和睦相处，视别个的子女如己出，还可以忍受丈夫的偶尔"家暴"。猴群长幼有序、尊卑有别，成员循规蹈矩、纪律严明、秋毫不犯、各司其职。

这里的山河国土是宽容的，像母亲一样，以博大的胸怀海纳百川，为生活在这里的人们及野生动物提供着生活的必需。对于人与动物适量的索取，它慷慨供给，不求回报。即使人们的采撷稍有过度或致其受些轻伤，它也总是在春夏秋冬四季轮回中自我修复和弥补，从不轻易向人报复……

这里的一切，都是那么温馨、和谐，充满勃勃生机。

▧ 迁徙时仍以家庭为单元有序进行

主雄，优秀的猴家长

2015年3月，春天刚刚到来，响古箐海拔3000米高原上的杜鹃花就迫不及待地绽放了。钟泰局长传来杜鹃花开的喜讯时，还传递了另外一条重要信息："大个子"家添丁了，是两个大胖小子。

我立刻起程，到达响古箐已是后半夜了。

这是由40多只滇金丝猴组成的小种群，群中有7个猴家庭，主雄（家长）分别是"大个子""丹巴""断手""红点""红脸""联合国"和一个全雄家庭。除了全雄家庭中全部是单身汉外，其他家庭都是以雄猴为家长的正常家庭。滇金丝猴的生活方式、种群结构、社会关系、婚姻制度像极了人类社会，但它们在避让天敌、选择食物、适应环境、优生优育等方面的智慧又好像远远高于人类。

钟泰局长曾坦言，关于滇金丝猴，

至今仍有很多谜团无法解开，目前人类对滇金丝猴的研究还处于初级阶段。

我思念着滇金丝猴的每个家庭、家庭中的每个成员，回想着它们那闪动的黑眸、萌萌的面庞、温馨的红唇、矫健的身姿，按捺不住心中的喜悦与激动。躺在床上，脑海中闪过的全是那些可爱的猴子。

清早，背起重重的摄影包，我们顺着蜿蜒的山路，向滇金丝猴的夜宿地走去。

一路上，不顾高原缺氧的困扰，钟局长滔滔不绝地向我介绍这群滇金丝猴的故事。他告诉我，这一年，这里又从外群来了一只雄性猴子，因嘴巴上长着个"肉瘤"，大家都叫它"肉瘤"。"肉瘤"战胜"丹巴"，抢了"丹巴"家2只刚成年的母猴，还俘获了另外4只少女猴的心，组成了一个新的家庭。有人说"肉瘤"不好听，不如叫"红点"。现在，"红点"独

霸6只母猴。钟局长又转换一种口吻说："其实这样的家庭也最不稳定，因为这个家庭里的母猴都还没有生育过，没有血缘关系，没有亲情的束缚与关怀，一旦'红点'对母猴的情感分配不公，或是管理不善，就会有母猴弃它而去，那么猴群中一场新的争夺战便不可避免，残酷的一幕又会上演……"钟局长担忧地叹了口气。

"护林员可以从中干涉或是阻止吗？"听着钟局长的话，我也很担心，但觉得护林员是可以从中调解的。"那可不行，护林员只有守护猴子安全的责任，没有干涉猴子婚姻及种群制度的权力。确切地说，护林员只是滇金丝猴的家庭保姆，或者叫'人家长'。"钟局长立即纠正并进而解释说，"我们看护猴子，可以阻止天敌对它们的侵害，可以帮助它们寻找一些食物，但绝对不能干涉它们的'内政'，

这也是对猴子的尊重。"

从钟局长口中得知，这个猴群部落已经有 8 个家庭了，按照滇金丝猴以家庭为单元的结构特性，这个群落的单元结构会越来越复杂。有外群的年轻雄猴前来挑战，争夺家长的位置，被称为"人家长"的护林员们看护猴子的责任便更重了。

"用家长制的模式来管护猴群，你们是怎么想出来的？"我有些不解地问。钟局长说："这也是在长期观察滇金丝猴的习性、行为时，跟猴子学来的。这种管理模式经过多年的实践，现在看来是最可行、最科学的。"在现场，我看到了这个由 49 只猴子组成的猴群部落，仔细观察了这 8 个猴子家庭。

"雄猴是靠什么来管理家庭的？"对此，我一直很好奇。钟局长说，猴群中每个家庭的合格家长，都是出色的管理者。他津津乐道："如果说猴子家长是靠智慧和个人战斗力当上的，那么管理好这个家庭，靠的就是出色的管理能力和个体魅力。雄猴比男人更优秀。"

"和那些雄猴一样，我们给滇金丝猴家庭配备的护林员也是责任重大。护林员虽然不参与猴子的家庭生活，也不'参与繁殖'……"钟局长笑得前仰后合，"这些护林员不仅每天守候在猴子家庭中，更重要的是要观察、了解它们家庭中一些不为人知的秘密。比如说，每个滇金丝猴家庭的组合时间，雄猴来自哪个种群，和哪只雄猴争斗过，母猴接受它的原因，家庭成员中的情感交流如何，雄猴对非己生的婴猴态度怎样，母猴什么时候发情、什么时候生产、生产时的相关细节等，这些都

■ 在陆地上，"断手"（左）不惧任何一只雄猴

是护林员要了解、掌握的。只有把这些了解清楚，才能更有效地保护它们。"

"断手"的传奇一生

2013 年，"断手"从外群来到了响古箐，在响古箐滇金丝猴种群的全雄家庭中做了一名快乐的单身汉。与人的单身相比，滇金丝猴的单身汉还有一项基因密码所赋予的集体责任，那就是保护整个群体的安全，为猴群抵御天敌、寻找食物。抵御天敌时，全雄家庭成员要冲锋在前；享用食物时，它们要礼让其他家庭成员，按照滇金丝猴家庭规矩，让主雄先吃，再让小猴和母猴吃，最后剩下的食物才是单身汉自己的。

"断手"来到响古箐的全雄家庭，很愉快地承担这份责任。平时走路、采食、喝水、休憩、睡觉，在与所有的同类相处中，它都是平和相待、礼貌谦让，更由于自己缺少一只手，愈加不显山不露水。这样，不仅猴群中的主雄没有重视它，连护林员们当时也没有对它特别关注。

2013 年 8 月，正逢响古箐一年当中植物最繁茂的季节，这也是滇金丝猴食物最丰富的时候。在这个时候，做了家长的雄猴一般都要抓紧时间补充体力，休养生息，为来年生育健康宝宝储备能量。全雄家庭的成年个体，也要在这个时候储备能量，为争夺它们觊觎已久的"家长"之位做准备。这期间，全雄家庭的成员表面上看似悠闲，其实各自心里都有一个计划。

就在猴群看上去若无其事的时候，发生了一场惨烈的夺妻大战——几只从外群来的猴子与响古箐猴群的主雄们争夺配偶，几天里厮杀得天昏地暗。护林员们束手无策，只能在旁边观战。可当护林员看

■ 临时产房，主雄警戒，雌猴助产，幼猴看热闹

到本地猴群中长得最好看也最有地位的家长——"偏冠"被夺去了3只母猴时，目瞪口呆。

那天早晨，护林员发现孤寂落魄的"偏冠"灰溜溜地来到了全雄家庭中。这位昔日呼风唤雨的传奇雄猴，地位一落千丈，往日的霸气与风采瞬间荡然无存。也许是无法忍受这种屈辱，也许是前后境遇上的落差太大，"偏冠"在全雄家庭中痛苦地煎熬了几天后，便愤然离去。

是谁打败了"偏冠"？取代"偏冠"家长地位的是哪一位豪侠？护林员们急不可待地想知道结果。他们想办法接近猴群，想探个究竟。当他们看到统领"偏冠"3个老婆的，正是大家没有放在眼里的"断手"时，更是惊诧不已。

每次护林员向我讲起"断手"时，免不了唏嘘感叹。原来，"断手"还是婴猴时，遭猎人暗算，受伤致残，失去了一只手。但"断手"身残志不残，一直顽强地为生

存努力着。在打败"偏冠"后，群里的"花唇"很是不服气。"断手"以其英勇无敌的气概，又战胜了"花唇"，接管了"花唇"家的4只母猴和3只婴猴，并成为群里最有地位的家长。

记得我第一次到响古箐看猴子时，"断手"正在经历"婚变"。一场血战中，它的两个"妾"被外群来的雄猴"红点"所霸占，妻儿也同时被抢走。不料到了下午，它的妻子带着儿子从"红点"处逃了

出来，又回到"断手"的身旁。当时"断手"感动不已，又是为妻理毛，又是拥抱，大献殷勤。尽管"红点"不甘心，多次前来抢"亲"，但"断手"的妻子仍不离不弃地守候着"断手"，让人不禁为之动容。

"只要是在地面上作战，群里的猴子都打不赢'断手'。"看护"断手"家庭的傈僳族护林员余合信一提到"断手"，眼神里充满了自豪。但他认为"断手"的名字起得不好，应该叫它"独臂英雄"啊。看看眼前的"断手"，余合信神情有些黯淡地摇摇头说："现在不行了，'断手'已经显出老态，估计要不了多久，它就该退出了。"果不其然，2018年5月24日，一个惊人的消息从响古箐传来，这群滇金丝猴中有"英雄"之誉的"断手"被群中"大个子"暴打后，坠树身亡。听到噩耗，我悲痛不已，还为"断手"写下祭文，并祈祷"断手"离苦得乐，一路走好。

"丹巴"的感情危机

滇金丝猴的家域界限非常清晰，如果有谁不遵守这一规则，轻则被龇牙教训，重则会被暴打。因此，在守规矩这方面，滇金丝猴真是比人做得好。

除了因家庭中的领域被侵犯会发生打架，再就是在争夺生殖资源时会发生战争。"每次争夺配偶都要打架吗？"我下意识地问护林员老余叔。

"那是不可避免的。"老余叔一边回答一边慨叹，"争夺配偶的大战中，败下阵来的雄猴都很凄惨。所以，雄猴的寿命总是较短，死亡率特别高。"

听着老余叔的介绍，我忽然觉得那些失败的猴子更值得敬佩，它们都是曾经的王者，正是经由它们"从王到寇"的转变过程，才有了滇金丝猴种群的兴旺。滇金丝猴家庭的演替换届虽悲壮，却更加可歌可泣。

这次护林员讲的是"丹巴"家的故事。就在我们寻找"丹巴"时，谁知"丹巴"家的母猴也被抢走了两只，只剩下一妻一女，它们在"丹巴"家也是生活得极不情愿。在"丹巴"家观察时，我发现"丹巴"的妻子一直带着女儿躲避"丹巴"。一天，"丹巴"的妻子爬上一棵大树，"丹巴"高兴地跑过来，爬上树欲亲热，却被妻子无情地拒绝了。后来的几天，我发现，"丹巴"只要一靠近，它的妻子就立即带着女儿躲开。听护林员说，这种现象很危险，说明它们之间的情义已经不存在了。

在滇金丝猴家庭中，一旦母猴不喜欢它的"主雄（家长）"了，便不再服从，这时若有其他雄猴来宣战，它的妻子就会立刻弃它而去。现在"丹巴"家庭已经显露这种端倪，要不了多久，"丹巴"很有可能会被淘汰。听了这话，我非常为"丹巴"担忧。钟局长向我解释，这是滇金丝猴的特性，也是它们的一种繁衍方式。这种方式，在人类看来很不人道，可正是这种不人道的繁衍方式，使得种群最优秀的基因代代相传。

钟局长接着说："滇金丝猴做家长的时间一般不会超过3年，最长的也不过4年，这主要避免了近亲繁殖问题。滇金丝猴父女、母子之间是没有性行为的。母猴5岁以后性成熟，这时，它的父亲已经被淘汰出局了，从种群出生成长的雄猴一般不在本种群娶妻生子。本群的幼年雄猴到了娶妻生子的年龄，要到外群去参与决斗，争夺家长地位。"说到这里，钟局长大加赞叹地说，"这种婚姻制度很科学，

也符合人的心理习惯，它不仅从根本上杜绝了近亲交配的可能性，也确立了灵长类动物的伦理原则。"

"大个子"喝水体现的地位

"滇金丝猴种群虽然和其他猴类的种群结构不一样，但在种群里的分工也是非常明确的。在整个响古箐展示群中，寻找食物、侦察天敌、制订出行路线、护卫猴群安全，这些活儿基本都由全雄家庭来承担，而最终的决策者则是群体中最有地位的家庭。当前，在这个种群中，过去是'断手'家，现在最有地位的当属'大个子'的家庭了，不信你看……"

按照护林员余光中的指引，我看到"大个子"正带着它的妻妾前行。前面有一个小水泉，"大个子"家庭要去喝水了。余光中兴奋地跟我说："你往下看吧，别的猴子都得让开。"果然，在离泉水50米的地方，其他猴子全部止步回避，只有"大个子"带着妻妾儿女，大摇大摆地向泉水走去。首先喝水的是"大个子"，然后是它的妻子，妻子喝完后才轮到另外几只母猴和儿女。在"大个子"的妻妾儿女喝水时，其他家庭也全部回避。"大个子"喝完水跳到土坎上，等待它的妻妾儿女。大家到齐后，它才慢条斯理地离开，带领一家继续前行。

直到"大个子"家庭成员都走得无影无踪了，其他家庭的成员才探头探脑地起身，朝着泉水走去。依然是以家庭为单位，次第饮水。这种尊卑有别、长幼有序的等级观念，已然"深入猴心"。我不敢想象，人类从原始社会到现代文明的发展过程，是否有猴子的贡献呢？当人类的社会制度与家庭伦理都遭受挑战与颠覆时，

这种文明与伦理是否还要靠猴子来传承，人类再向它们讨教呢？

"零辛"，走出丧子之痛再次怀孕

2017年2月22日，我冒着重感冒和高烧的危险第16次上白马雪山高原。整个响古箐银装素裹，变成了童话世界。在拍摄现场，护林员余新光告诉我，有一只小母猴快要生产了，大约就在这两三天内。

我开始打量这只小母猴，并翻开手机记录，了解这只小母猴的身世。

手机拍的图片和我自己为它设立的文字档案显示：小母猴名叫"零辛"，约7岁，目前属于雄猴"红点"的妾，家庭地位靠后。将手机再往下滑，清楚地记录着："'零辛'2016年3月3日第一胎产崽。3月4日，婴猴的脐带缠绕树上，'零辛'抱着婴猴跳跃时，伤及婴猴腹部，婴猴夭折……"

记得2017年拍到"联合国"妻子生产后，婴猴脐带缠绕在它的脚踝处时，护林员余立忠也讲过"零辛"在遭受丧子之痛后，一直将死婴猴抱在怀里。后来，婴猴尸体腐败发臭，它仍然不肯丢弃，是护林员强行从它怀中夺下婴猴尸体掩埋。余立忠说，"零辛"当时悲痛欲绝，呼叫声极其凄惨。

没有想到，走出丧子之痛的"零辛"再度怀孕，很快将做妈妈。

2月24日，我来到响古箐救护站下方的沟塘处。我扛着相机，徒步一段路后，便与"零辛"相遇。身过七甲的"零辛"行动略显不便，它正在一些矮树上跳来跳去，一会儿坐在树上，一会儿直挠头皮，似乎有些焦躁。很快，它上了一株2米多高的幼树，坐在树上"呼哧呼哧"地喘着

粗气。我轻轻靠近小树，仔细端详，发现它不仅气喘吁吁，肚子上也有了明显的胎动，且这胎动的位置已经靠下，说明胎儿已经入盆，这是临产前最明显的征兆。

我不顾脚下刚刚融化的雪地湿滑，激动地支起三脚架，锁住云台板，打开相机快门，录下了那精彩传神的一幕。就在我专心致志拍摄录像时，天空又飘起了雪花，雪花飞上头顶，落在衣领上、手套上，当我用右手掸落左手上的雪花时，似乎一滴黏液粘在了左手手套上，仔细观察，这不是雪水，当我确认是黏液后，用鼻子闻了闻，有些腥的味道，大脑立刻闪过一个词语——羊水。

灵长类动物无论从生理上还是伦理上，都与人有着许多相似之处。在孕期，它们的胎儿也依然被胞衣裹挟，生产时自然要破开胞衣，羊水流出，娩出胎儿（也有不破羊水，胞衣连同胎儿一并娩出的，这种情况不多见）。

拭去手套上的黏液，再仔细观察还有些残雪的地面，一串暗黄色的液渍助我确认是孕猴"零辛"羊水流出。于是，两部相机同时上阵，拍照加录像，开始了追踪拍摄。

孰料，到了11时，"零辛"跟随它的家庭成员跃过沟塘，到了对岸，一下从我的镜头中消失了。我顿时不知所措，凭我当时的体力，两部相机、一架"大炮"加上重重的三脚架，即便在平原地带，这么大的重量也属超负荷，何况是在高原，还有此前半个月的高烧史。我吃力地移动三脚架，实在力不从心，只能从取景器里努力搜寻。当时心想，如果这些精灵为我的真诚感动，一定会给我一个拍摄的机会，如果拍不到，也许是我的诚心还不够。一

切随缘吧，我没有去追赶，也无力追赶。

"雪儿"诞生，首次全程影像记录

我在原地足足站了6个小时。离我不到300米的地方，就有护林员的火塘。护林员和几个在这里做观察研究的研究生都在火塘边上烤火，烤土豆吃。那边树上还挂有我早上带过来的干粮，我也想去那边暖一下身子，喝一口热水，可我知道自己不能去。如果我离开机位，也许再也无法找到"零辛"。刚刚融化的雪地已经结了冰，上面又覆盖一层薄雪，这么大的负重，每移动一步都有可能摔跤。像我这种花甲之人，是摔不起跤的。唯一的选择，就是在这里守候到天黑，等着护林员余忠华来接我。实在拍不到，那是天意，而不是靠我的努力就能够完成的。有了这个信念，我以一种平和的心态，等待"零辛"的再次出现。然而，在4个多小时中，它像是从响古箐蒸发了一般，一直不见踪影。

我思索着，设想着各种可能性。"零辛"毕竟有过一次生育，也是有过教训的妈妈，如果它忍不住在哪一个不为人知的地方生下胎儿，会不会重蹈覆辙，悲剧再次上演？但有文献记载，一个家庭有多只母猴的，一只母猴生产，会有其他母猴前来助产。"红点"家有4只母猴，其他母猴应该不会视而不见或袖手旁观的。这种想法又立刻被否定了，助产多发生在有血缘关系的母猴之间，"零辛"与家庭中的其他母猴是否有血缘关系还不得而知。如果没有，那些母猴会来助产吗？"零辛"在这个家庭中的地位应该是比较低的，家庭中的其他母猴会为它来助产吗？

14时28分，雄猴"红点"突然出现

在眼前一株又粗又高的大树枝丫上。它在横枝上来回走动，像是观察、寻找着什么。14时45分，母猴"零辛"也上了这株大树。镜头中，我清晰地看到是"零辛"。很快，另外几只母猴也跟着上了这株树，在主干与横枝间的枝丫处围坐起来。雄猴"红点"似乎有些紧张，它不断地在横枝上来回行走，十分警觉地向四处张望。

14时51分，"零辛"在家中其他母猴的协助下，娩出一个猴宝宝。猴宝宝刚出母体，就被另一只母猴抱离它的母亲，随之，鲜红、带有血液的胎盘和脐带也一并随着婴猴脱出，随着婴猴在树枝上拖来滚去……

我在长焦镜头中看得真真切切，心也提到了嗓子眼。我非常担心，这些母猴在抢抱婴猴的过程中，将胎盘或脐带缠绕在树枝上，会伤及婴猴。

"零辛"身体也许还虚弱，它在原地停留片刻后，立即起身追赶那只抱走它孩子的母猴。

于是，一场抢抱婴猴的拉锯战就此展开。

家长"红点"依然不停地在树上来回走动，警惕着四周是否有对婴猴构成的险情。4只母猴开始你争我夺地抢抱婴猴。婴猴在被抢抱的过程中不断发出"嘤嘤"的叫声，这让从相机取景器内观察的我大为吃惊：一只母猴为婴猴咬断了脐带，胎盘随之被弃留在树枝上，随风飘荡。猴宝宝也被自己母亲抱回，立即止住叫声，并张口含住了母亲的乳头。原来，婴猴一出生就知道谁是自己的母亲。

猴爸爸"红点"终于来到刚刚做了妈妈的"零辛"身边。它喝退了其他母猴。有了丈夫的陪伴，"零辛"似乎心里踏实了很多。它紧紧地将婴猴抱在怀中，依偎在丈夫"红点"的怀里，一边喂奶，一边为宝宝梳理还未全干的毛发。

陪着"零辛"坐了约半个小时，猴爸爸"红点"从树上下到地面去了。我正在担心，猴爸爸离开了，婴猴是否又被抢抱？接下来的一幕，真是把心都暖化了。

原来"红点"是为刚刚生产的妻子找吃的去了。它在地面上寻到了一把松萝，并将松萝带上树，亲手喂给刚刚产下婴猴的猴妈妈——"零辛"。

"零辛"似乎有些喜出望外，它双手庇护住婴猴，双腿稍稍抬起，用嘴接住夫君"红点"送上的食物，大口大口地吃起来，"红点"在喂食妻子的过程中，还不时看一下手中的松萝，似乎在说："吃得真快，不多了，不多了。"

在接下来的几天里，雨夹雪还在不断地飘来。"零辛"看上去有些虚弱，但有猴爸爸一直陪伴在身边，为它理毛、取暖，加之护林员为刚刚做了妈妈的"零辛"送上煮熟的鸡蛋，"零辛"的身体似乎很快得到恢复。从此，"零辛"一直栖息在丈夫的身旁，并得到丈夫的诸多关爱。特别是多个飘雪和下雨的夜晚，丈夫一直在"零辛"身旁守候，用硕大的身躯为它遮风挡雨，嘘寒问暖。

就要离开响古箐了，护林员们一致邀请我为这只婴猴取个名字。作为这只婴猴出生的见证人，我爽快地接受了这一邀请。因当时无法知道婴猴的性别，我只好根据它出生时的环境，给它取名"雪儿"。

回到白马雪山的茫茫林海

前些年，有研究人员说已监测到滇金丝猴生产，并发表了论文。但论文所说监测只是肉眼所见，缺少影像的佐证。2017年2月我用照片和视频第一次完整拍下了响古箐滇金丝猴"零辛"分娩"雪儿"的全过程，成为滇金丝猴观察研究的珍贵影像。

2019年2月17日，护林员余立忠在电话中还说："于老师，'雪儿'也要当哥哥了……"和2017年拍到"雪儿"出生那次相同，我立刻奔赴白马雪山。这次天公不作美，几天里雾气非常重，没有拍到"零辛"再次生产的全过程，但也拍到了它再次怀抱婴猴的画面。当了哥哥的"雪儿"似乎一夜之间长大了许多，它时常和爸爸一起守候在妈妈和弟弟身边。还不时用稚嫩的小手摸摸弟弟的小手，亲亲弟弟的脸庞。我再次应护林员邀请，为这只婴猴取名"雾儿"。

据研究人员和有关文献记载，滇金丝猴为隔年胎或隔多年胎。但自2014年首次发现一只雌猴连年生产婴猴后，3年中响古箐猴群已经3次出现连年生产。望着莽莽苍苍的白马雪山，我祝愿"雪儿"与"雾儿"兄弟俩健康成长。在不久的将来，像它们这样的新生力量将会在响古箐和整个白马雪山添丁进口，开枝散叶。

事实上，我的这一愿望已在实现中。

这次到白马雪山，我发现响古箐的滇金丝猴数量比过去少了一些。钟泰局长向我解释："我们刚把21只在响古箐成长起来的滇金丝猴放归了大自然。目前从观察群回归到原生群的猴子已经达到了109只。这里空间有限，承载不了那么多猴子。猴子多了就会争夺食物资源，就会打架受伤。我们研究它们、保护它们，帮助它们扩大种群，最终目的是让它们回到白马雪山的茫茫林海。"

追寻鹤的足迹
——河北、内蒙古、辽宁三省区鹤类科考散记

● 徐树春

3月的北方，午暖还寒，坝上草原的冰湖上出现悄然融化的片片水洼，风吹过后，荡起层层波纹。天空中时而飞临的鸟群变换着队列，俯视大地，寻找曾经的家园。欢快悠扬的鸟鸣也在告诉人们，春天已经来临。

由北京林业大学自然保护区学院郭玉民教授率队，中国野生动物保护协会科学考察委员会部分委员及《旅游纵览》杂志社记者组成科考队，3月22日抵达河北省张家口市沽源县，同行的还有日本鹤类专家原口优子女士。从沽源开始，以鹤类及其他重要濒危鸟类的生境调查为重点，目标是"沽源—多伦—法库"。

闪电河湿地——鸟类的温馨家园

沽源县的闪电河是滦河的上游，从河北省的丰宁发源，经沽源流入内蒙古的正蓝旗、多伦再进入河北境内。闪电河流域河湖密布，是鹤类北迁的重要迁徙途径。郭玉民教授多次来过沽源，熟悉这里的鸟类资源状况及迁徙活动规律，这位国内外著名的鸟类专家对鹤更是情有独钟。去年10月，郭玉民带领学生与闪电河湿地保护区的工作人员一起，进行为期7天

■ 辽宁锦州湿地上的灰鹤

的湿地鸟类监测、调查工作，新发现了国家一级重点保护野生动物白头鹤、国家二级重点保护野生动物矛隼，使闪电河湿地鸟类从原来记录的176种增加到178种，本次的考察是否会有新的收获，大家都心怀期盼。

3月23日清晨，汽车沿着弯曲的乡间公路到达湿地保护区的监测站，北京林大的学生已经先期在这里开展工作，见到老师来了，他们非常高兴，汇报说昨天在湿地发现了20多只灰鹤，还有大鸨和矛隼。

提到矛隼，便想到了它的别称"海东青"，古代北方游牧民族的图腾之鸟，没

想到在今天的草原上还能领略它的神俊英姿。郭玉民介绍说，矛隼数量极少，属于受威胁物种，国内只有黑龙江、吉林、内蒙古与河北交界地带偶尔能见到一些。

在这里顺便先认识一下郭玉民老师，这位有着"仙风鹤骨"之韵的前沿学者，虽然只有51岁的年龄，却蓄着花白的胡须，谈吐诙谐幽默，还时常拿自己的长相开玩笑，夸大自己的年龄，让年过花甲之人都信以为真，甘愿称他为老哥。不知郭老师在大学讲堂上是怎样的讨人喜欢，至少科考过程中给大家带来了轻松愉快的心情。

科考活动在郭玉民老师的安排下有序进行，大家遵守一个共同的约定，就是所有的相关活动都不能干扰鸟类的生活空间。先在鹤类休息的湿地范围内熟悉环境，确定观测地点，又到几处小湖和水库考察，拍到了小天鹅、鸿雁、豆雁、红隼、凤头麦鸡、蒙古百灵等多种野生鸟类。

第二天日出前再次赶到监测站旁的湖边。6点10分，太阳从东方的山脊背后透出，大地一片金光。上万只雁鸭飞过，在逆光下与远山构成一幅恢宏优美的画面。湖面上还有成群的小天鹅休憩，优雅而恬静。

草原上的一组由郭老师驾车，在一片干涸的湖底缓慢行进，仔细搜寻目标。初春的地面上草色枯黄，鸟类的身影时常会掩藏其中很难发现。然而再隐蔽的鸟，只要目力所及，就难逃郭老师的眼睛。"发现大鸨！"凭着观鸟经验和观察周围环境，果然发现有4只大鸨在百米之外的莜麦地上悠闲地觅食，丝毫没有在意远处人们的关注。

大鸨也是国家一级重点保护野生动物，近些年由于栖息地屡遭破坏，草原过度开垦和放牧，再加上农药及人为偷猎，致使种群减少。鸨名来自这样一个传说：古时有一种鸟，它们成群生活在一起，每群的数量总是70只，形成一个小家族，于是人们就把它的集群个数联系在一起，在鸟字左边加上一个"七十"字样，就构成了"鸨"，不过现在人们很难看到70只以上成群的大鸨，在中国的总数大约仅有1000只了。

郭老师给另一组人员打电话，通报发现大鸨的消息。等到后车赶到的时候，4只大鸨也许觉察到是陌生来客，便抬起头来，几步助跑，翩然离去，给人留下了优美的倩影。

不过让大家小有遗憾的是，本来到沽源是为白头鹤而来，却因天气原因，白头鹤还没有如期报到。郭玉民说："它不飞来，我该飞走了。"他以湿地做课堂，向继续留在此地的学生们叮嘱观测白头鹤的注意事项。

郭玉民一直把白头鹤作为主要研究对象和学术课题，为了做好白头鹤的繁殖生境和种群数量调查，他在东北林区一待就是几年，藏在又湿又冷的帐篷中与白头鹤近距离对视，观察和记录白头鹤的习性和繁殖过程，掌握了翔实的第一手资料。郭玉民在全国各地寻找白头鹤，就像寻找自己的孩子，为了这份事业，他愿与鹤共白头。

多伦淖尔——众多河湖串起的生态珠链

与沽源接壤的多伦是本次鸟类科考的重要一站。多伦县名源于蒙古语"多伦诺尔"，意为"七个湖"，其实远远不止七个。多伦地表水量丰富，湖泊众多，形成了一片片湿地，因此成了鸟类的重要迁徙地和繁殖地。

在多伦县城，科考队的车辆进入县级公路，在途经闪电河河床地带的桥边停下来。郭玉民老师安排大家架好望远镜和摄像机，说远处应该有"内容"。透过望远镜的镜片，果然发现有成群的灰鹤在远处舞动，大家非常惊讶和佩服专家的眼力。

其实，郭老师在此之前已经做足了功课，每天通过跟踪器反馈回传的卫星数据，有详细的记录，他知道去年亲手环志的灰鹤已经从北京的野鸭湖到了多伦，就在远处这一鹤群中。在河滩地带，灰鹤的数量估计超过200只，还在不断地飞落。因为正是迁徙季节，鹤群经常起飞盘旋，这是在练飞。郭玉民说，我们先把数量记录下来再拍摄，必须在车里慢慢接近它们。

这时，日本鹤类专家原口优子女士在望远镜里惊奇地发现，群里有两只白枕鹤，引得大家都来观看。白枕鹤虽属国家二级重点保护野生动物，但全球种群数量只有5500~6500只，属于濒危物种，比白头鹤、灰鹤更加珍稀，白枕鹤在这里落脚，应该是在寻找繁殖地了。

在大家忙于观测、计数和拍摄的同时，郭玉民和当地老乡聊了起来。老乡说，这一带过去鸟很多，天鹅满天飞，黄羊、狍子有的是，鹤、雁、鸭都有，地鹤（大鸨）也常见到呢。地鹤在沙丘边下蛋，赶巧看见，一窝3、4个，淡绿色，带些黑点，个头儿挺大，3、4两一个。这几年鸟变少了，原因可能和天旱、农药有关，还有的地方搞旅游、开饭店，外地人来要吃野味，就有人下药，用呋喃丹毒死

■ 张家口沽源小天鹅停歇地

鸟，捡来卖高价，有几个人被举报都抓起来了。

郭玉民从车里拿出宣传资料给老乡看，嘱咐他们转告乡亲们，一定要保护野生鸟类，捕捉和伤害野鸟都是犯法的事，不能干。郭玉民把朴实的老乡当朋友，互相留了电话，握手道别。

晚上到达宾馆，郭玉民打开电脑，查看环志鸟类活动线路图。1 只标号 01 的灰鹤在闪电河一带出现，时间、经度、纬度、高度、速度，还有航向、温度、电压等都有精确数据显示。白天发现灰鹤的地方，正是跟踪器所在的地方，也就是说，佩戴微型跟踪器的灰鹤 01 号从哪里飞来，在哪里栖息，都能够掌握精确位置信息，如果必要，每天都可循着鹤的足迹，与鹤同行，借助现代科技手段，人与鹤的距离不再遥远。

法库——白鹤迁徙的"水岛"

从多伦到法库，科考队一路奔走忙碌，沿途考察了达里诺尔的生态环境，拍摄了西拉木伦河的落日余晖，3 月 26 日到达辽宁省法库县，实地了解法库獾子洞国家湿地公园白鹤的迁徙情况，并应邀参加那里举办的第六届法库国际白鹤节和学术研讨会。

早就听说法库是"中国白鹤之乡"，到了法库县城之后，首先看到的是白鹤楼、白鹤大道、白鹤大桥、白鹤广场、白鹤大剧院，浓厚的白鹤文化气息扑面而来，住宿的宾馆也陈列着有白鹤形象的书画摄影作品和旅游纪念品。

3 月 27 日早 4 点 30 分，科考队成员由县城出发，去往法库獾子洞国家湿地公园观察白鹤，50 千米到达湖边。同行的还有世界鹤类基金会副总裁吉姆·哈里斯夫妇、沈阳理工大学生态学家周海翔、东北林业大学的吴庆明博士等专家。

獾子洞湿地是法库境内最大的一处湿地，面积 2047 公顷，食物丰富、环境良好，为鸟类提供了优越的生存环境，这里生存的鸟类达 144 种，高峰期数量近 6 万只，我国境内生存的 9 种鹤类中，栖息在这里的就有 5 种。每逢春、秋时节，白鹤、白枕鹤、白头鹤、丹顶鹤、灰鹤等齐聚獾子洞湿地。在 5 种鹤类中，每年造访法库的白鹤数量最多，高峰期日均超过 2000 只，占全球白鹤种群数量的 70% 以上，从鄱阳湖到西伯利亚南、北迁徙这里是第一站，停留时间长达 90 天。白鹤是世界自然保护联盟列为"极危"的物种，也是我国国家一级重点保护野生动物，与大熊猫、东北虎等同等保护级别。

白鹤蹁跹飞舞，是法库的一大景观，这种现象千年不衰，从而诞生了法库悠久的白鹤文化，自辽代就尊鹤、礼鹤、爱鹤，而今"白鹤"已被评选为法库"县鸟"。2012年5月，法库县被中国野生动物保护协会授予"中国白鹤之乡"称号。丰富的生物多样性资源赋予獾子洞湿地极其重要的保护价值和较高的科学研究意义，使其具备了开展湿地保护和科普宣教的独特资源条件。

周海翔老师是一位生态学家，也是一位保护野生动物的斗士，多年来仗义执言，热心公益事业。他对獾子洞白鹤栖息地非常熟悉，在前面开车引路，辗转进入库区水边。此时，东方天际一片红霞，成群的鹤、雁和鹬，像接受检阅的空中战鹰，在初升的阳光下次第飞过，尤以白鹤的舞姿和队列最为优美。

回到法库县城时，"第六届沈阳法库国际白鹤节"系列活动陆续开始。来自国际鹤类基金会以及中、美、俄、日、韩、蒙古等国家的官员、专家、学者共同签署和发布了《保护白鹤法库国际宣言》，并向国际社会提出建议"每年3月27日"为"世界白鹤日"。白鹤塔下，白鹤拳、白鹤舞的团体表演从另一层面反映了保护白鹤的公众力量。

下午以"保护白鹤——人类共同责任"为主题的国际研讨会和以"关爱白鹤、保护湿地、共享家园"为主题的国际讲座设在法库三中，主要面对中小学生开展。各国专家、学者与学生见面，传播保护鸟类的理念。

郭玉民老师的自我介绍颇有深意："我是来自北京林业大学的老师，虽然在北京工作，但我是从长江流域随着鹤一起来的，鹤飞过来，我开车过来，我还将继续开车，沿着鹤的飞行路线直到我们的边境。"

正如郭玉民所计划的，有鹤的牵挂，他将继续前行，北上吉林和黑龙江，寻找鹤的足迹。分别时，想起元代王冕描写琴鹤的诗句，赠予郭玉民、周海翔等为了中国的生态保护事业而奔走呼号，像鹤一样高洁清雅的学者和志士们，该是恰当的表达。

> 宰宰华表鹤，古质清且闲。
> 旷哉万里怀，皓月同蹁跹。
> 饥琢芝田春，渴饮瑶池泉。
> 一鸣九皋远，梦浇琼华寒。
> 下视寰中人，谁识横江仙？
> 岂无王子乔？相期青云端。

■ 迁徙中到达内蒙古的白头鹤

东方白鹳的繁殖生长与迁徙之旅

● 张维忠

东方白鹳（学名：*Ciconia boyciana*）属于大型涉禽，国家一级重点保护野生动物，候鸟。体态优美、身长腿高、嘴黑色长而粗壮且坚硬有力。常在沼泽、湿地、池塘边涉水觅食，主要以小鱼、蛙、昆虫等为食。性宁静而机警，飞行或步行时举止缓慢，休息时常单足站立。东方白鹳是全球分布的 3 个亚种白鹳的一个分支——东方亚种，东方白鹳是东北亚地区独有的一个物种，2010 年的统计数量 3000 只左右，经过近几年生态环境的向好转变，东方白鹳生存的条件也得到的提升，种群数量有了明显增加。

东方白鹳是季节性迁徙候鸟，它每年春季迁徙，飞往地球的北方地区繁殖，冬季迁徙飞往地球的南方温暖地区越冬。多年来，我们关注东方白鹳的繁殖生长和迁徙规律，跨越多省，记录下了东方白鹳由繁殖地迁徙飞往越冬地的历程。

东方白鹳的繁殖生长

每年 3 月东方白鹳开始由越冬地集群迁徙飞往东北方向的繁殖地，东方白鹳的繁殖地主要集中在俄罗斯远东和中国的东北地区，在我国境内较大的东方白鹳繁殖

■ 东方白鹳在繁殖地交尾

地有山东黄河三角洲国家级自然保护区，洪河国家级自然保护区、兴凯湖国家级自然保护区。另外还有一些分散的繁殖地和分散的繁殖群体，大部分东方白鹳飞往俄罗斯的西伯利亚东南地区繁殖。

在我国东北地区东方白鹳繁殖地的东方白鹳鸟巢，多数建筑在高大的树木、高压线杆线塔上。部分地区为改善东方白鹳的生长环境，搭建了人工东方白鹳鸟巢。

黑龙江兴凯湖国家级自然保护区是我国境内东方白鹳的最大繁殖地之一，每年大约有200多只东方白鹳离开越冬地迁徙到这里筑巢繁殖。兴凯湖国家级自然保护区近几年为改善东方白鹳的生存繁殖条件，开展了人工筑巢招引东方白鹳孵化繁殖的科研项目，创建了东方白鹳种群恢复示范基地。在兴凯湖国家级自然保护区的核心区搭建了280多个东方白鹳人工巢，繁殖种群上升至120只左右。

2018年4月开始我使用太阳能供电，无线图像传输设备，4K摄像及储存设备等其他拍摄器材，在兴凯湖东方白鹳繁殖地记录东方白鹳的繁殖生长历程。

5月中旬东方白鹳雏鸟出世。雏鸟由雌雄亲鸟共同守护喂养。往往是一只亲鸟守护在鸟巢，另一只亲鸟出去觅食，雏鸟要经过反复的练习和尝试，大约1周以后便能在鸟巢立起身体。雄鸟和雌鸟轮换出去觅食喂养雏鸟，觅食范围一般在1千米左右，它们先把小鱼吞噬到腹中，然后飞回鸟巢吐出小鱼喂养雏鸟，东方白鹳的这种育雏喂养方式被称作反哺。

在拍摄过程中，一次国家环志中心的工作人员到现场调研，注意到了这只佩戴476号环志标志的东方白鹳，经查找环

■ 东方白鹳繁殖地——珍宝岛湿地

志档案发现这只东方白鹳是在3年前在兴凯湖湿地佩戴的，使东方白鹳的3年性成熟期和东方白鹳回出生地繁殖的推断得到论证。

亲鸟喂食幼鸟有鱼类等肉食，也有植物纤维类素食，荤素搭配。幼鸟要从练习站立开始，然后练习伸展翅膀，再逐渐地练习起跳，练习展翅往高跳。东方白鹳繁殖期的幼鸟要在鸟巢中度过炎热的夏季三伏天，东北地区夏季最热的气温会达到34摄氏度左右，南方地区夏季高温时会达到40摄氏度左右，这对东方白鹳雏鸟的生存是个威胁，也是东方白鹳北方繁殖的一个重要原因。

东方白鹳在繁殖地产卵1个月以后孵化出雏鸟，大约40天幼鸟可以在鸟巢中跳起练飞，大约60天以后便可以离巢跟随亲鸟近距离飞行觅食。幼鸟在夜间常常也进行着跟白天一样的行为和活动，梳理羽毛、站立、展翅练飞等，下半夜活动有所减少。

东方白鹳的繁殖期一般是3月开始从越冬地迁徙飞往繁殖地，3月下旬和4月初到达我国东北地区，4月开始在繁殖地求偶、交配、产卵、孵化。5月末完成孵化过程，6月至7月末为育雏期，8月初幼鸟出巢，以后不再返回巢穴，10月末东方白鹳开始集群往越冬地迁徙。

东方白鹳的迁徙之旅

东方白鹳每年10月开始集群由东北方向往西南方向迁徙，黑龙江省东部地区分散繁殖的东方白鹳也开始集群迁徙，俄罗斯东西伯利亚地区繁殖的东方白鹳，一部分经过兴凯湖流域迁徙到南方。2017年10月下旬开始调研东方白鹳的迁徙集群状况，11月初开始由兴凯湖出发，借助东方白鹳在繁殖地幼鸟未出巢时期安装佩戴的GPS卫星跟踪器，跟随东方白鹳的迁徙轨迹，历时80天，跨越8个省，

总行程1万多千米，记录东方白鹳飞往越冬地的迁徙之旅。

兴凯湖国家级自然保护区位于东北亚—澳大利西亚候鸟迁徙带上，是国际候鸟迁徙的重要通道，即是东方白鹳的繁殖地，也是俄罗斯过境东方白鹳迁徙飞往越冬地的停歇地。

我们摄制组借助兴凯湖国家级自然保护区和洪河国家级自然保护区在东方白鹳繁殖成长期佩戴的环志标识和GPS卫星定位跟踪器，开始跟随东方白鹳的迁徙线路拍摄和记录之旅。

摄制组10月下旬开始，在黑龙江省东部地区调查东方白鹳的集群状况，11月中旬由于发现有佩戴GPS卫星定位器的东方白鹳已经到达盘锦湿地，便启程直达东方白鹳停歇地——盘锦辽河口国家级自然保护区。

摄制组按照个体的东方白鹳GPS卫星定位器跟踪到达盘锦保护区后，没有发

■ 东方白鹳迁徙途中经过兴凯湖停歇地

■ 迁徙途中在停歇地觅食

现大群的东方白鹳，只发现了两个 10 只左右的东方白鹳小群体。与有关专家分析认为有可能是东方白鹳的大群体已经飞往西南方向的下一个停歇地了，摄制组一路追踪过去，经过天津大港湿地、河北曹妃甸湿地、东营黄河口湿地，依然没有寻找到大群的东方白鹳群体，只是发现拍摄记录到了 20 只左右这种小规模的东方白鹳群体。是继续往鄱阳湖方向追赶，还是就地守株待兔，或者是折返回去重新追踪，三条路摆在了我们面前。野保战士的使命感，让我们做出了最艰难的选择，折返2000 千米返回盘锦湿地，再次追踪东方白鹳的大部队。

由东营黄河口湿地折返回盘锦辽河口湿地后，了不得！我们在不同的时间和地点分别兴奋地拍摄记录到了 200 只左右和 500 只左右的两个大型东方白鹳迁徙群体，功夫不负有心人。盘锦湿地是我国东北地区最大的湿地，这里有最广袤的芦苇塘，星罗棋布的鱼塘，是候鸟迁徙最佳的停歇地，这次拍摄我们还根据东方白鹳佩戴的 GPS 卫星定位器跟踪发现，有小规

模的东方白鹳群体，在盘锦湿地停歇生息了 40 多天。

12 月中旬摄制组折返第三次进入河北曹妃甸自然保护区，惊喜地发现这里才是这次追踪拍摄记录东方白鹳迁徙之旅，最大的东方白鹳停歇地，这里的生态环境海岸线滩涂平缓漫长，尤其是这里与海岸线滩涂相邻的几十万公顷的鱼塘和芦苇塘，进入冬季放水以后的水位，更适合东方白鹳在这里驻足、停歇、觅食、补充能量。摄制组折返三次进入曹妃甸湿地和曹妃甸自然保护区拍摄追踪迁徙途中东方白鹳的足迹，在一个画面场景里就拍摄记录到了 1500 只东方白鹳的震撼场面。

为了能够近距离隐蔽拍摄东方白鹳，我们冒险把工作车开到了鱼塘的深处过夜，一不小心车子独轮悬空，挂在了鱼塘的坝埂子上，车子不敢移动，救援车辆无法抵达，荒郊野外万念俱灰，勇敢的野保战士灵机一动，雇了两个渔民，装了 50 袋子沙土垫出了一条生路。曹妃甸湿地是我们这次东方白鹳迁徙跟踪拍摄之旅最吃苦、最有收获、最快乐、最

有记忆的地方。

两次进入山东黄河三角洲国家级自然保护区，这里有世界少有的河口湿地生态系统海岸线，水源充足、植被丰富，是国际重要湿地，保护区是东北亚内陆和环西太平洋鸟类迁徙重要的"中转站"，越冬地和繁殖地，中国东方白鹳之乡。

山东黄河三角洲国家级自然保护区是候鸟迁徙季节鸟类停歇种类最多的湿地，既是东方白鹳的重要繁殖地，也是东方白鹳迁徙重要的停歇地。

江西鄱阳湖国家级自然保护区是我们这次记录东方白鹳迁徙之旅的目的地，也是最后一站。大部分东方白鹳迁徙到鄱阳湖保护区越冬，由于鄱阳湖国家级自然保护区地域辽阔，有足够的湖泊和滩涂湿地让东方白鹳选择生息地，大群的东方白鹳迁徙到这里之后便分散寻找人类干扰较小的栖息地觅食生活，所以在这里只拍摄记录到了一二百只东方白鹳觅食生息的场景。

东方白鹳迁徙线路的跟踪是使用在东方白鹳幼鸟未离巢时期安装佩戴的 GPS

■ 曹妃甸湿地上的东方白鹳

卫星跟踪器实现的，它依靠小型的太阳能板供电，把东方白鹳的飞行坐标位置发送给卫星接收设备，再由卫星传送给地面接收人员。东方白鹳每年由东北地区繁殖地迁徙到西南地区越冬地的历程4000多千米，迁徙历时一二个月，东方白鹳迁徙途中选择具有湖泊河流的路线飞行，迁徙途中就近集聚在开阔的湖泊、河流、芦苇沼泽地带、滩涂停歇觅食、休整。停歇地的东方白鹳在较宽阔的水域觅食时一般是集体推进式往复进行，在水中觅食靠触觉找到食物。迁徙途中东方白鹳常在白天飞行，夜间寻找人烟稀少、人为干扰较小的芦苇塘、滩涂等休憩。在停歇地东方白鹳也常常是白天在空中盘旋寻找觅食地点觅食，夜间返回到僻静的芦苇深处或无人区域过夜。由北向南迁徙的东方白鹳在迁徙途中有的在停歇地可以停留40天以上，它们一边迁徙一边生活，有些东方白鹳从繁殖地出发历时2、3个月后到达越冬地。

松山鹳舞

● 苗润沛

赤峰市松山二道河子水库是观鸟的好去处，每年春天，大批水鸟尤其是黑鹳到这里觅食。

河开的季节，我们顺着 111 线西行到达水库上游，就会发现北面崖壁底下的浅水面上有群大黑鸟在戏水觅食，那就是黑鹳。黑鹳是一种长距离迁徙的候鸟，对繁殖、迁徙和越冬期间的生活环境都有很高的要求，尤其是觅食的水域，要求水质清澈见底，水深不超过 40 厘米，食物比较丰盛。由于近几年生态环境逐渐变好，松山也迎来了这样珍贵的鸟类，由原来的几只发展到今天的成群，春季到来在此繁殖，天寒结冻时离去，松山已成为它的家乡。

为了近距离观察，我与董建龄老师（野保志愿者赤峰地区负责人）就近住在水库上游公路边的小旅店。第二天早晨天微亮，我们就潜伏到了黑鹳活动的区域，水面比较宽，但观察得很清楚。看到又来了两只黑鹳在高空中盘旋、嬉戏、紧密相随、相互追逐、放慢滑翔速度双翼下垂要降落，还有一只在水面上叼上一条鱼，鱼还在嘴上动，另一只飞过来要抢，吓得它张开翅膀就跑，好一番热闹景象。就这样

■ 赤峰二道河子湿地上的黑鹳

我们一连观察了好几天，它们好像就在水面的崖壁上住，这里的环境很适合它们。

为了找到他们的巢，我们往上游走，过河沿着北岸走了很远，路过一个小村子转到后山发现有条拉庄稼的小路是往山上去的，我们就把车开了上去，越走越窄，走着走着路没了。下车想扛着机器上去，可是山越来越陡，只能原路返回。我们知道黑鹳的巢一般都在崇山峻岭的悬崖、峭壁或在水蚀深沟的岸上，或在水域的砂石陡壁上以及森林里。它

们的巢一般直径达 1~2 米，高 70 厘米左右，多建在环境偏僻、避风向阳、便于觅食和防范天敌的地方，上面大多有岩石或其他物体可以避雨。有时经过成功繁殖以后未受干扰的巢也可以连年使用，但每年都要重新修补增加新的巢材，使鸟巢变得更加庞大。

天色已晚，我俩回到了小旅店，劳累了一天，便在小旅店边上的小菜馆要了两个小菜，喝了一瓶自带的白酒。感到很解乏，回到旅店美美地睡着了。第二天天

■黑鹳喜欢在岩石上驻足，便于躲避天敌

渐亮我们就找位置继续观察，发现南岸河边开阔的草地上有22只鸳鸯，其中就一只是雌鸳鸯，这些鸳鸯好像在打斗，只有雌鸳鸯在边上观战。我们忙把相机支上拍摄，突然鸳鸯受到惊吓都飞到了河里，我们跟拍了一会儿，继续寻找黑鹳，在一个废弃的房子边上有一条通往河边的小路，

我们开着车没走多远就看见拦水坝的北边有几只黑鹳正在觅食，车慢慢地滑行到坝边的一个平台上停下来，此刻不能下车惊动黑鹳，我们把车窗玻璃落下，支上相机拍摄，记录下黑鹳活动的美好瞬间。

黑鹳的孵卵期不尽相同，需要31～38天，雏鸟是按产卵的顺序依次出壳的，刚出壳的雏鸟眼睛微微睁开，全身长满白色的胎绒毛，体重约60克，小家伙第二天就能吃食了。它们的父母吃到小鱼后回巢，将吃到的小鱼吐出，任雏鸟自行吞食，育雏期长达4个月之久。60～70天的幼鸟就可在巢的附近活动试飞。100天后幼鸟随父母大范围外出觅食，不再归巢了。

■成鸟教幼鸟起飞与落地

■亲鸟教幼鸟捕食

■给幼鸟送食

走进观鸟胜地黄河口

● 胡友文

成群的丹顶鹤、白鹤、白天鹅、灰鹤在黄河口芦荡深处展翅飞翔，在黄河口湿地中悠然觅食、翩翩起舞，这是黄河口独有的一张靓丽名片。

鸟儿天堂 生态东营

不知道你注意过没有，现在，来山东省东营市黄河三角洲国家级自然保护区旅游的人群中有这么一群人，他们手里握着望远镜，包里背着鸟类图鉴，或步行、或骑行、或乘车，带着简单的行囊来到黄河入海口，目的是到黄河口湿地观鸟，这成为一种新兴的户外运动。当然，也有一些配备"长枪短炮"的，在观鸟的同时也拍摄鸟儿的精彩瞬间，圈内人管他们叫作"鸟人"。黄河口独特的湿地生态环境和丰富的鸟类资源正吸引着越来越多观鸟、拍鸟人的目光，特别是每年冬春季节，正是各种鸟类迁徙的时节，更有天南海北的人们络绎不绝地来到黄河口，如今，观鸟、拍鸟已成为黄河口生态旅游的特色项目。

黄河口优越的地理位置和独特的生态环境，使得这里的鸟类资源尤其是珍稀、濒危鸟类资源异常丰富，也引起越来越多生态观鸟摄影人的关注。据调查，东

■ 黄河口芦苇荡大天鹅

营市记录鸟类 373 种，其中属国家一级重点保护野生动物的有 25 种，国家二级重点保护野生动物 65 种。在全球 8 条候鸟迁徙路线中，东营横跨"东北亚内陆—环西太平洋"和"东亚—澳大利西亚" 2 条迁徙路线，在中国 3 条鸟类迁徙路线中地处迁徙路线的咽喉要道，年迁徙过境的候鸟总量最多时达 600 多万只，被鸟类专家形象地称为鸟类的"国际机场"。

观鸟是东营独特的生态活动。这里鸟类资源十分丰富，更是丹顶鹤、东方白鹳、白鹤、白头鹤、白枕鹤、卷羽鹈鹕等珍稀、濒危鸟类在我国迁徙的重要通道和栖息中转站。每年 10 月下旬开始，大批

野生鸟类迁徙经过这里，遍布河流水库、沿海滩涂和森林湿地，由于这里的环境保护越来越好，丹顶鹤、东方白鹳、灰鹤、大天鹅、白鹤等还会在这里长期停留，其中已经有不少成为黄河口的留鸟。

观鸟是一种时尚文明的户外休闲运动，在西方发达国家已有 200 多年历史，是仅次于园艺的第二大户外运动项目，在北美洲由观鸟活动带来的经济收益甚至超过了钢铁产业总产值。近年来，随着我国经济发展和人民生活水平的不断提高，观鸟运动逐步开展并加快普及，呈快速发展态势。黄河口由于鸟类资源丰富，被国内外观鸟爱好者视为观鸟热区，吸引了大批

观鸟爱好者前来观鸟，且观鸟人数逐年攀升。据悉，北京、天津、河南、河北等地的专业观鸟爱好者及国内民间组织每年到黄河口观鸟的人数超过3万人次。

近年来，随着政府管理部门的重视和人们环境保护意识的逐渐增强，黄河口湿地内的自然资源和自然环境得到了有效的管理和保护，生态环境质量明显提高，迁徙鸟的种类及种群数量也有了大幅度增加。据东营市观鸟协会和黄河三角洲国家级自然保护区科研处调查，每年冬季迁徙来到黄河口的丹顶鹤已由最初的70余只增加到600余只，灰鹤由2000余只增加到1万余只，大天鹅由800余只增加到5000余只。不仅如此，世界稀有鸟类黑嘴鸥，世界上现仅存20000余只，鸟类专家在黄河入海口就观察到15000多只；另外素有"鸟中大熊猫"之称的中华秋沙鸭、黑脸琵鹭、大鸨等，近年来也多次被当地野生鸟类摄影爱好者记录下来，黑脸琵鹭最大种群数量数以千计，大鸨种群数量近百只；还有国家濒危物种震旦鸦雀、黑翅鸢、黑鹳、卷羽鹈鹕等多个鸟种也曾在入海口多个地段被发现、记录。

初春是鸟儿求偶的季节，黄河口的各种鸟儿更是在这片新淤地上尽情地追逐嬉闹、引吭高歌，为这片土地带来了无限生机和活力。还有数以千计的大天鹅、灰鹤、大雁等，它们已是黄河口的常客，每年10月底开始，它们就会从遥远的西伯利亚飞临黄河口，在黄河故道、平原水库、黄河口湿地、黄河主河道和茂密芦荡深处悠然自得地栖息、觅食、游玩、嬉戏，宛如天仙般的身姿吸引了黄河口和全国各地的旅游观光客，令他们流连忘返；还有数量众多的红嘴鸥、须浮鸥、鹭鸟、雁鸭、鹬鸟等，它们自由地在海边滩涂、湿地池塘翱翔，不时将轻巧的身体俯冲到水面，再带着收获的鱼虾、虫儿凌空飞向蓝天，在天空中尽享收获的美食，是何等的潇洒与惬意。

东营市鸟——东方白鹳

我要重点介绍的是东方白鹳，是东营市的市鸟。东方白鹳属于大型涉禽，为国家一级重点保护野生动物，目前全球数量4000～4500只，常在沼泽、湿地、塘边涉水觅食，主要以小鱼、蛙、昆虫等为食。东方白鹳体态优美，长而粗壮的嘴十分坚硬，呈黑色；身体上的羽毛主要为白色，翅膀宽而长，有黑色羽毛；腿、脚甚长，为鲜红色，野外识别特征明显。

据黄河三角洲自然保护区科研站专家单凯介绍，以前黄河口地区并无东方白鹳繁殖的记录，自2003年东方白鹳首次在黄河三角洲国家级自然保护区湿地内的高压电线塔上繁殖以来，其繁殖种群逐年增加。为避免东方白鹳在高压线塔上筑巢繁殖的危险和解决巢址不足的问题，自然保护区在2007年研究制作了25个人工招引巢，架设在人为干扰少、湿地质量优、鱼类等食物丰富的区域，并不断改造完善，希望为其打造安全、稳定、干扰少的繁殖场所。多年的监测数据表明，东方白鹳人工繁殖招引工程发挥了显著的作用，人工巢的利用率每年都在增加。2011年，保护区内共有29对成功繁殖，孵化72只幼鸟。2016年，黄河口境内共发现77对东方白鹳参与营巢繁殖，其中67巢繁殖成功，最多的一巢内发现5只幼鸟，共繁殖成功196只，其中有14巢为人工招引巢，繁殖招引巢利用率达56%。人工巢如同东方白鹳的"经济适用房"，谱写了东方白鹳繁殖的新篇章。目前，东方白鹳繁殖主要集中在大汶流管理站的湿地恢复区内，其他大多分散于自然保护区及周边的

■东方白鹳黄河口觅食地

■ 黄河三角洲国家级自然保护区核心区里的丹顶鹤

高压线塔（杆）上。湿地恢复区内丰富的鱼类、蛙类、蛇等为东方白鹳繁殖提供了充足的食物，日趋完善的巡护监测更为其提供了可靠的安全保障。到现在，东方白鹳已经连续19年在黄河口自然繁殖，并且，其繁殖地也已经从保护区、核心区逐步扩大到河口城区周边、仙河镇、孤岛镇等多个地方。2010年6月下旬，保护区成功为4只东方白鹳进行环志并安装卫星定位装置，据PTT卫星跟踪器信息数据显示，其中有2只东方白鹳一年来从未离开保护区，这为东方白鹳已成为黄三角留鸟提供了有力证据。

2012年10月，中国野生动物保护协会授予东营"中国东方白鹳之乡"荣誉称号，将东方白鹳的保护逐步上升到了国家层面。截至2021年年底，黄河口地区已累计记录繁殖东方白鹳雏鸟2278只，东营市已成为中国最大的东方白鹳繁殖地。

湿地之神——丹顶鹤

丹顶鹤是鹤类的一种，是一种大型涉禽，也属国家一级重点保护野生动物，体长120～160厘米，在我国和很多亚洲国家都视丹顶鹤为吉祥长寿的象征，"松鹤延年""鹤发童颜"等成语就是表达这个意思。丹顶鹤被称作"湿地之神"，是湿地环境变化最为敏感的指示生物之一，丹顶鹤成鸟体长 120～160 厘米，可存活 60 余年，它身披洁白羽毛，喉、颊和颈为暗褐色，长而弯曲的黑色飞羽呈弓状，因头顶朱红色而得名。

目前，全球只有中国、日本、朝鲜等少数国家有野生丹顶鹤，野生丹顶鹤数量只有 2000 只左右，其中 1000 多只栖息繁衍在我国境内，每年冬春季节迁徙途经黄河口的达 300 只左右，最多时有 600 多只。一般 11 月从遥远的黑龙江、俄罗斯、西伯利亚迁徙来到黄河口，在此栖息觅食 1～2 个月，只有少量 20～60 只在此越冬，2021 年在黄河口越冬的丹顶鹤达 281 只，其他大多数南迁江苏盐城越冬，初春天气转暖后，便成群结队地飞往我国东北地区、俄罗斯繁殖。

2010 年前后，东港高速公路两侧有大片湿地，各种鱼虾（特别是狗鱼）非常多，连续几年，每年都有几个丹顶鹤家庭留恋这片风水宝地，在此栖息觅食一个月左右的时间，让黄河口的观鸟爱好者和来此观光旅游的人们大饱了眼福。据我长时间观察发现，小丹顶鹤是在迁徙途中不断成长的，丹顶鹤夫妇对它们总是极尽呵护之责。每次抓到鱼儿，只要小丹顶鹤在身边，丹顶鹤父母总是把鱼儿洗得干干净净，小心翼翼地送到小丹顶鹤嘴中，不厌其烦，爱心有加。2016 年 6 月 13 日，黄河三角洲国家级自然保护区大汶流管理站的巡护人员在万顷湿地恢复区发现两只丹顶鹤优雅地在湿地中觅食、漫步。而夏季，本应很难在黄河三角洲发现丹顶鹤。据全国鸟类环志中心江红星介绍，环境好是丹顶鹤留下的条件之一。

在黄河口，大汶流是观赏丹顶鹤最理想的地方，我曾经有幸进入核心区几次，观赏过数十只丹顶鹤求偶嬉戏的生动场景，它们时而追逐嬉戏，时而在湿地水面上翩翩起舞，时而引颈高歌，时而与东方白鹳、大天鹅、黑脸琵鹭、白鹤等一起觅食，一片欢快祥和的绝美场景，让人流连忘返。最近这几年，保护区的管理极其严格，游客不再能够进入核心区，好在黄河口广阔的湿地滩涂和天空中不时会有它们曼妙婀娜的翩翩身姿，也可让人们大饱眼福。

白鹤的新栖息地

说完丹顶鹤，还有必要说说白鹤。以前，黄河口的人们很少看到白鹤的光临，2015 年以来初冬季节，白鹤会从遥远的西伯利亚不远万里迁徙来到黄河口，据黄河三角洲国家级自然保护区统计，最多时迁徙到黄河口的白鹤种群总数达到 1523 只，实现历史性突破。白鹤在黄河口栖息觅食两个多月。2015 年 11 月 22 日，我就曾在黄河主河道南岸的麦田中发现并拍摄到 250 余只白鹤觅食、起飞的壮观景象，至于三五成群或者十几只、几十只的白鹤种群几乎遍布黄河口湿地较为偏僻的地方。据了解，每年从 10 月中下旬开始，首批数十到数百只白鹤迁徙进入黄河三角洲国家级自然保护区内，主要在 10 万亩湿地恢复区停歇觅食，到了 11 月下旬，观测总数量达到历史最大。中央电视台在对白鹤迁徙做跟踪直播时将黄河口作为 8 个停留栖息地之一并进行了实时报道，让全国和世界各地的人们有幸目睹了白鹤种群迁徙来到黄河口的壮观场景。

白鹤是一种迁徙性鸟类，我国黑龙江的扎龙湿地、吉林的莫莫格湿地、内蒙古的图牧吉湿地、辽宁的獾子洞湿地及盘锦湿地和山东黄河三角洲湿地等是白鹤种群迁徙路线上主要的中途停歇地。

往年在山东黄河三角洲国家级自然保护区内监测到的白鹤种群大多为几十只，最大种群数量为 220 只，而 2015 年冬天以来，大量白鹤迁徙来此，遍布大汶流、飞雁滩、黄河主河道两侧、保护区周边等地，实属罕见。分析原因主要是由于近年夏季黄河口地区降雨量较多，加上黄河调水、调沙期间存蓄了一部分水，使黄河口自然保护区内的湿地水面得到了较大程度的恢复，区内的水生生物得以有效地生长，特别是保护区内有相当数量的稻田由于入冬前长时间雨水天气没有及时收割，为众多在此停歇的水鸟提供了丰富的食物。黄河口湿地已经成为白鹤迁徙路线上的重要停歇地。

我曾在黄河口看到，成群的白鹤在大汶流管理站的万顷湿地恢复区觅食，与保护区内数万只雁类、鸭类，逾千只鹬类、数千只灰鹤、天鹅、鸬鹚和丹顶鹤、白头鹤等珍贵的鸟儿为邻。它们或在湿地上展翅低飞，或竞相追逐，或高空盘旋，或成群飞舞，场面非常壮观。因为这些鸟儿，保护区吸引了大批观鸟者，黄河口已成为人们观鸟和鸟类摄影爱好者的天堂。

观鸟好去处

那么，黄河口观鸟的好去处到底在哪里呢？因为鸟儿需要安静，观鸟、摄鸟千万不可打搅到鸟儿的舒适和安静。东营地区一年四季可观鸟、拍鸟，自然保护区、龙悦天鹅湖、河道水库、农田林地、海滩盐池、环城水系、居民小区、城市公园等区域鸟类资源丰富，为开展观鸟活动提供了理想场所。挎上望远镜，举起照相机，走进大自然，观赏野鸟，愉悦身心，从关注鸟类、尊重生命到敬畏自然、保护环境，观鸟已成为市民休闲度假的一种文明生活方式。

简要介绍几个主要观鸟的地方：一是黄河三角洲国家级自然保护区，这里主要是丹顶鹤、东方白鹳、白鹤、白枕鹤、卷羽鹈鹕、大雁的栖息地，保护区内的大汶流核心区更是少有的鸟类天堂，不过，这里的保护管理非常严格，游客无缘进入。二是黄河入海口保护区周边，这里主要聚集丹顶鹤、大天鹅和各种鹬类等鸟种。三是黄河三角洲国家级自然保护区一千二林场保护区，这里还有一个特别形象的名字，叫飞雁滩，看到这个名字就能够想到它的美丽。这里主要聚集着大天鹅、白枕鹤、丹顶鹤、大鸨、灰鹤、各种雁鸭等鸟种。坐落在飞雁滩景区的河口采油厂一矿四队小院内的著名"观鸟胜地"名扬四海，国家林业和草原局、中国野生动物保护协会的专家和全国各地的观鸟专家都曾经到这里观鸟、拍鸟和考察。四是沿海滩涂，这里聚集着各种燕鸥、鹬鸟、鸻鸟等。五是黄河故道内，这里是各种林鸟、鹭鸟的栖息地，这些地方都有柏油路可以抵达，交通便利。六是河道水库、湿地林地等处。

"春风卷地起，百鸟皆飘浮。"在黄河口观鸟是一件幸福的事情。当面对成群大片的百鸟飞翔，久久注视它们，心灵能够得到净化，灵魂会得以升华。根据规划，东营市将进一步加大保护力度，完善基础设施，为鸟类创造更良好的生活环境，让更多的候鸟变成留鸟。除了成群的鸟儿，黄河口湿地的风光美如画，更会让你心生惊叹，流连忘返。

■ 黄河滩区农田里的越冬候鸟

棉凫现身锡林郭勒

● 闫 云

每年 4 月至 11 月是内蒙古锡林郭勒草原候鸟迁徙、繁殖的重要季节，广袤的草原和错落分布的河流、湖泊、沼泽等天然湿地，为草原人民的生产生活和当地社会经济发展提供了物质基础。在这个充满生机和活力的草原生物圈中，潺潺溪水、嫩绿的植物枝芽和富集的湿地生物资源，为鸟类的栖息、繁衍提供了理想的场所和生息条件。

每逢这个时节，我们都会怀着好奇的心情，带着殷切的期盼和希望，走进大自然，开展观测、记录和保护等相关活动。

锡林河是内蒙古高原东部主要的内陆河，它发源于赤峰市克什克腾旗白音查干诺尔滩地，这条全长 175 千米的锡林河，两岸发育有草本沼泽 362.73 公顷、内陆盐泽 116.03 公顷、季节性咸水沼泽 40213.36 公顷，除了位于克什克腾旗境内源头外，该流域在锡林郭勒盟境内最大的湿地面积就是锡林河水库上游的希日塔拉，沿岸湿地形成陆地和水体的过渡带，孕育着丰富的陆生和水生动植物资源，是候鸟的天堂，是开展野外考察活动的理想天地。

2020 年 6 月 26 日 5 时，闫云、陈学

■ 锡林浩特湿地上的棉凫（陈学文摄）

文、黄立疆三人按照预定的活动方案，从锡林河水库上游沿锡林河西岸顺下游而行，步入方圆数十平方千米的希日塔拉湿地，我们的第一感觉就是"水量充沛、环境依旧"。我们来到一处开阔地，各自静静地观察和记录着已进入繁殖期的各种鸟类，聆听悦耳的鸟鸣，观赏鸟儿们忙碌育

雏的场景；借助望远镜观察，除了新来一对丹顶鹤外，白琵鹭、苍鹭、灰雁、赤麻鸭、绿头鸭、赤膀鸭、凤头䴙䴘、黑颈䴙䴘等其他鸟种与以往同期基本相同。

当我们走进锡林浩特市城区人工湖，观测发现：锡林湖湿地芦苇等水生植物、水生昆虫和小鱼比较丰富；湖里的鸟类除

■ 江西繁殖地上的棉凫（沈俊峰摄）

了部分凤头鸊鷉、小鸊鷉和黄苇鳽仍在筑巢孵化外，绿头鸭、斑嘴鸭、赤麻鸭、灰雁、白骨顶等鸟类幼雏已经孵化出壳，在亲鸟的呵护下在湖里游荡、觅食；让人惊喜的是，竟然发现了一只头部、颈部和下身白色，背部黑色（在阳光下具有铜绿色光泽）的鸭科鸟类。它性情温顺，有时遭受凤头鸊鷉、斑嘴鸭和白骨顶等水鸟的驱赶，而不得不在湖中央游荡觅食；它偶尔游到芦苇丛周边捕食小鱼和水生昆虫；不时潜入湖水之中，沐浴一番。它非常机警，受到惊吓时，会在水面上快速起飞，但低空飞行距离不会太远。小巧玲珑、可爱至极。对于这个从来没有见过的小精灵，它究竟是何物，一度争论不休。之后，请教北京林业大学郭玉民教授鉴别确认是棉凫雄鸟，在鸟类专家的教导下，知晓小精灵的芳名。当时，我们现场也曾推测是棉凫鸟种，因考虑与分布地域差异较大和鸟类识别水平有限而自我否定。通过连续观察，从发现之日起，棉凫在此逗留了3天时间，具体什么时间光顾此地，却不知晓。

我们知道，鸟的羽毛是没有生命的结构，无法修复，为了保证飞行，必须定期换羽。棉凫换羽属于完全换羽，换羽时，飞羽同时脱落，失去飞行能力。由于换羽的过程要消耗巨大的能量来生产新的羽毛，所以换羽期间一般活动力较差，比较隐蔽。但由于对能量的需求，所以对生境质量要求较高。而此次观察到的棉凫，是不是由于繁殖季换羽需要额外的食物资源，而来到此处还有待考证。

鸟类在特定区域的分布取决于各种因素，如天敌、栖息和筑巢场所温度等。并且，食物的质量和数量在决定鸟类分布格局方面也起着重要作用。此次记录到的棉凫是由于何种原因在此处出现尚不能定论。棉凫，全球有两个亚种，在中国分布的为指名亚种（*N. c. coromandelianus*）。IUCN 将其列为无危物种（LC），但在中国其分布主要在江淮以南地区的湖泊及河流，数量稀少，被《中国濒危动物红皮书·鸟类》将其濒危等级列为"稀有"。黄河以北的分布较为

■ 小䴙䴘

■ 黄苇鸦

■ 东方大苇莺

罕见：据《乌梁素海鸟类志》中记载"据文献记载（邱兆祉，1986），棉凫在乌梁素海有分布，但我们没有见到"；《内蒙古野生鸟类》描述，"旅鸟，分布于巴彦淖尔市，已连续数年未见报道，极少见"；郑作新的《中国鸟类区系纲要》中记载，河北罕见。记录依据的是 1936 年 Shaw 的文献，此后在河北未见新记录；《北京鸟类图鉴》中记述，该物种为北京"罕见旅鸟"。可见，该物种在更北部的分布仅是零星记录，这次在内蒙古锡林郭勒地区发现棉凫雄鸟 1 只尚属首次，也是目前所记录到的棉凫分布的最北纪录。

目前，全球水鸟都面临着来自人类直接和间接活动的各种威胁，如栖息地丧失、人类干扰、污染和非法狩猎。栖息地丧失是水鸟最常见的威胁。在中国许多研究表明，近半个世纪以来，由于沿海和内陆湿地的大规模围垦，中国湿地面积急剧减少。而此次观察到的棉凫是否因原有的栖息地遭到破坏而寻找新的换羽栖息地，也需要进一步证实。

■ 凤头䴙䴘

"鸡"情燃烧的季节

● 贾兆杰

■ 发情期的雄性黑琴鸡

我的家乡是内蒙古赤峰市，地处内蒙古东南部，位于大兴安岭南段和燕山北麓山地，西拉沐沦河与老哈河流域交汇处，我的家就在大兴安岭南麓黄岗梁的山脚下，这里四季很美，春天有满山遍野的杜鹃花，夏季百花竞放，百鸟争鸣，秋季一望无际的林海，五颜六色山川，云雾缭绕，冬季是茫茫的林海雪原。这里风景宜人，静谧的山林蕴藏着厚重的自然气息，是鸟类的天堂，是野生动物的家园。其中国家二级重点野生保护动物黑琴鸡就生活在这里。

黑琴鸡属的鸟类中等体形，大小似家鸡。雄鸟几乎全黑，翅上具白色翼镜；尾呈叉状，外侧尾羽长而向外弯曲。雌鸟体形稍小，大都棕褐，而具黑褐色横斑，翅上白色翼镜不显著，尾亦呈叉状，但叉裂不大，外侧尾羽不向外弯。具金属光泽，尤其是颈部更为明亮。翅膀上有一个白色的斑块，称为翼镜。别致的是它的18枚黑褐色的尾羽，最外侧的三对特别延长并呈镰刀状向外弯曲，与西洋古琴的形状十分相似，所以也称"黑琴鸡"。

黑琴鸡被当地农牧民统一称斗鸡，因为一到春季很远处就能听到黑琴鸡的叫声，雄性黑琴鸡由于雄性激素的作用到了发情期春季头部两侧非常红，黑琴鸡约一年性成熟，繁殖时一雄配多雌。黑琴鸡多在4月初到中旬发情，个别个体有在3月末发情。发情时鸟群拆散，交尾的地点一般选择杨、桦的疏林地或森林边缘，树林的绿荫处，林中旷地。早晚发情，黎明时较多，雄鸟几只或十几只飞到交尾地点后，开始鸣叫，发出求偶时特殊而高亢的叫声。尾羽垂直向上展开呈扇状，翅膀下垂，头颈下俯靠近地面，直冲前跑，有时左右摆动头部，不时地跳起来与其他雄鸟争斗。由于求偶相斗，互相追逐跑成一圈，俗称"跑圈"。跑圈时雄鸟"咕噜噜、

咕噜噜、咕噜噜"地叫，并由口内吐出白沫，时而雌鸟跟随其后，发出"沙——沙——"之声，雌鸟的尾往下扣，尾尖拖地，挺胸前进，并啄食雄鸟吐出的白沫。

雄性黑琴鸡之间的打斗非常激烈，一般选择在林地的空间，也有选择在草甸子上，打斗场不太固定，有时候几天换一个，我们摄影人管它叫春季的舞台，在这里可以看到雄鸡那种高傲、霸气、伟岸、傲立鸡群，身体强壮的雄鸡，在打斗场的中间，体积较小和年轻的雄性黑琴鸡在打斗场的边上，强壮的雄性黑琴鸡之间互相不服，为了争夺交配权而大打出手，用嘴狠拧、啄，用爪子互相蹬，每当静一会儿后，一听到雄性黑琴鸡沙哑的叫声，这就

■ 对峙

■ 搏斗

■ 厮杀

是雌性黑琴鸡飞过来了。雌性黑琴鸡有时候落在树上看雄性黑琴鸡打斗，大部分时间雄性黑琴鸡追逐雌性黑琴鸡，雌性黑琴鸡躲着不交尾，雄性黑琴鸡围着雌性黑琴鸡不停地叫，雌性黑琴鸡选择好配偶后主动趴下，雄性黑琴鸡嘴咬住雌性黑琴鸡的脑袋，激情燃烧瞬间而过，交尾的时间非常短，大约也就是两三秒，（还有个别老百姓叫它木头鸡，因为在冬季大雪封山黑琴鸡吃桦树的枯木）。

前几年不法分子掌握了黑琴鸡的习性，偷猎盗猎非常猖獗，春季黑琴鸡在争雄的过程中，不在乎周边的环境，警惕性非常低。不法分子在黑琴鸡打斗的区域下铁丝套，黑琴鸡在打斗的过程中转圈追逐，很容易被铁丝套住勒死，一只黑琴鸡套住勒死的过程中，别的雄性黑琴鸡仍然打斗，毫无畏惧，只要在打斗场有雌性黑

琴鸡，雄性黑琴鸡在雄激素的作用下必定勇往直前，拼个你死我活，狭路相逢勇者胜，这就是动物的天性，胜者具有交配权，延续的基因越来越好。

2013年5月4日，我和两位影友去锡林郭勒盟西乌珠穆沁旗某个林场拍摄黑琴鸡，拍摄的过程中看见一只黑琴鸡被铁丝套住，正在拼命地挣扎，我用镜头一看，套着黑琴鸡的腿，刚要往前走，又有一只黑琴鸡被套住勒到脖子上，我们赶紧上前施救，因为经验不足，黑琴鸡看到有人来了，挣扎得更为激烈，我们上前解开套子为时已晚，一只黑琴鸡已经被勒死了，另一只黑琴鸡得救了。我们数了数，大约十多个铁丝套子，我们立刻进行了清理。黑琴鸡的死亡过程一直历历在目，从那时起，我立志要当一名野生动物保护志愿者，保护我们人类的朋友，保护我们的家园。

与冬日精灵的邂逅

● 金晓南

在祖国的北方每年有近 6 个月的冰雪季节，这里不但有醉人的美景，还有好多鸟儿陪伴着我们度过寒冷的日子，它们是冬日的精灵。每每闲暇下来，与这些小精灵相遇相伴的画面仿佛片片雪花飘落下来浮现眼前，拍摄过程中的辛苦也化作美好而值得回味的段落，经年过后，更觉温暖。

长尾林鸮——我心中的大猫

2019 年 11 月中旬，我在家乡牡丹江畔的一片松树林间发现了一只长尾林鸮。长尾林鸮俗称猫头鹰、夜猫子，是鸮形目鸱鸮科林鸮属，属于国家二级重点保护野生动物。对于它的到来家乡的鸟友们像迎接尊贵的客人一样开始了近两个月的守护、欣赏、拍摄，我亲切地戏称长尾林鸮为"大猫"。

每天我都穿着厚厚的衣服，冒着零下二三十度的严寒去看望大猫，相处时间一长它好像特别有灵性一样，看到我们也不怕，从松林的深处飞出来，睁大它那琥珀色的大眼睛，竖着双耳，全神贯注倾听着周围的动静。大猫的身子像鹰，脸部像猫，最引人注目的是两颗像夜明珠一样圆圆的、炯炯发光的眼睛，眼周围的羽毛排

■ 从树林里俯冲而来的长尾林鸮

■ 风雪中长尾林鸮的雄姿

成圆形的脸盘，配上头两侧尖尖的耳朵特别像猫。江边野地里的老鼠是它的最爱，大猫一发现鼠类，就会像离弦的箭似的俯冲过去，用它那锋利铁钩般的爪子将小鼠抓起，在小鼠"吱吱"的哀叫声中，振翅飞到树枝上吞食捕获到的猎物。在外人的眼里猫头鹰是不祥之鸟，是丑陋的化身，然而当看到它时而像轰炸机般展翅俯冲、时而摇曳着双翅像风雪中的芭蕾、时而躲在雪松枝条之间萌萌地与大家互动……我感到应该为它正名，其实它是人类的好朋友，是灭鼠能手。

2019 年这个漫长而寒冷的冬季，长尾林鸮如演员般让家乡的各位摄友在欣赏它美姿的同时也记录下了它的倩影。我也拍下了"大猫"的许多精彩瞬间，作品《长尾林鸮》入选中国野生动物保护协会科学考察委员会在上海主办的野生动物科普展，为野生动物保护公益宣传尽了自己的一份微薄之力。

太平鸟——锦衣凤冠祥瑞鸟

太平鸟又名连雀、十二黄，是太平鸟科太平鸟属动物，在本地居留型为冬候鸟，旅鸟。

"有鸟有鸟名太平，太平时节方来鸣"，由于它色泽艳丽而寓意吉祥，寓意太平平安，是国画中常绘鸟类，如和牡丹搭配寓意着"富贵平安"、和玉兰搭配寓意着"玉堂平安"。我和朋友们每每谈起太平鸟就会联想到太平盛世观太平、享太平、拍太平。

每年的 11 月开始，大批太平鸟就会锦衣凤冠如期而至，飞到牡丹江这座城市，凭借其优美的体态和轻柔的鸣声，吸引众多观赏者前来驻足拍摄。

每天清晨都能看到成群结队在江边喝水的太平鸟，它们一会在江面嬉戏，一会又飞上枝头观望周围有什么好吃的，太平鸟喜欢吃花楸、忍冬的浆果，有趣的是它们很有集体观念，会先下来一只侦察兵看看，没有危险就呼啦啦地集体扑向带有这类浆果的枝头，吃光一片就转场，留下一地红色的排泄物，吃饱了就静立在附近的树枝上，像一位留着当下最流行的"莫西干"发型的时尚美男子。今年年初我在莲花湖采风时竟然在一片挂满雾凇的梨树园中发现了一群太平鸟，兴奋的我踏着没膝深的大雪扑向果园，端起相机拍了个痛快，出来时发现自己的雪地靴里灌满了积雪，虽然辛苦但很快乐。2017 年我的作品《太平鸟》在黑龙江省林业厅、黑龙江省摄影家协会主办的"翅膀上腾飞的梦——黑龙江省第 36 届爱鸟周摄影作品展"中获优秀奖。

■ 跃上枝头的太平鸟

赤麻鸭——风雪中的勇士

在吉林省吉林市有一座小岛长白岛，自 1996 年，江城护鸟人任建国开始负责看护松江大桥与清源大桥之间的江心小岛。随着生态环境的改善和保护力度的逐年增大，每年有 20 多个种类的越冬水禽飞抵这里栖息过冬，其中包括中华秋沙鸭、花脸鸭等濒临灭绝的种类。赤麻鸭、绿头鸭、普通秋沙鸭等已由候鸟变成留鸟，扎根在该岛繁衍后代常年逗留在长白岛的水禽达 2000 余只。每年冬天，越冬水禽与雾凇相得益彰，吸引全国各地数以万计的游客前来观赏。

2015 年春节刚过，从天气预报中得知 2 月 5 日（正月初五）吉林市将有一场降雪，几位朋友一拍即合：去拍风雪中的赤麻鸭！2 月 4 日（正月初四）我们一行 4 人驱车 254 千米赶到吉林市，半夜天空中飘起了雪花，第二天清晨看到窗外漫天飞舞的雪花心中窃喜："今天的拍摄有戏。"吃完早餐我们来到了长白岛，一到拍摄现场，便看到在风雪中起飞、降落此起彼伏的赤麻鸭，我不由感慨地说："好一幅风雪中勇敢搏击的画卷！"有趣的是由于冰

■ 风雪中着陆的赤麻鸭

面上覆盖着新下的雪，好多赤麻鸭在降落时像人滑倒时一样，摔出各种憨态可掬的屁股蹲。欣赏拍摄赤麻鸭结束后，我也被吉林市市民为保护这些可爱的鸟类所做的奉献感动了。

鸟类是自然环境中的重要角色，随着生态环境的改变，将鸟类与自然环境结合在一起的拍摄越来越受到鸟友们的喜爱，这也说明自然状态下的鸟才是最美的，爱鸟、护鸟、保护鸟类生态环境已成为鸟类摄影的主流。

朱鹮
——山林中的"东方宝石"

● 臧宏专

朱鹮洁白的羽毛，红红的羽翼，艳红的头冠，黑色利剑般的长嘴，使它被誉为鸟中的"东方宝石"。但在很长一段时间内，它却销声匿迹了，而等它重新回到人们的视野时，我们不得不感叹生存力量的伟大。

失而复得的"东方宝石"

2012 年我开始接触鸟类摄影不久，第一次认识了朱鹮。那年 3 月末我和朋友一起到陕西汉中的洋县拍摄野生鸟类。在

拍摄地潜伏时，一只展开红色翅膀的大鸟噙着树枝从我头顶上飞过，它优雅地拍打着羽翼，双腿笔直地伸向后方，长长的喙看上去就像一把利剑。我一下子就被这只大鸟吸引住了。资深的影友告诉我："这是朱鹮，现在是中国独有的鸟类，已被列为国家一级重点保护野生动物名录。"

朋友的介绍，紧紧抓住了我好奇的心。回到住宿地后，我急忙上网搜索相关信息，从而对这只美丽的大鸟有了一些了解。朱鹮，古时也称其为"朱鹭""红

朱鹭"，喜欢生活在海拔 1200~1400 米疏林地带高大的树上。较早曾广泛分布于东亚地区，在中国的东部及日本、俄罗斯、朝鲜等地都有野生种群的存在。但由于生态环境的恶化和栖息地的破坏，这一物种在很长一段时间里完全脱离了人们的视线。

朱鹮洁白的羽毛，红红的羽翼，艳红的头冠，黑色利剑般的长嘴，使它被誉为鸟中的"东方宝石"，在日本更被皇室视为圣鸟。但很长一段时间，野生朱鹮在日本基本销声匿迹。1981 年日本政府决定把仅存的、已失去野外繁殖能力的 6 只朱鹮全部捕获，准备以人工饲养的方式扩大其种群，可事与愿违，到 1985 年仅剩下了 3 只，失去了扩大种群的能力。

恰巧 1981 年，有人在中国陕西汉中的洋县发现了 7 只野生朱鹮，这是中国的生物学家们从 1978 年开始，历经 4 年时间，行程 5 万多千米后取得的惊人突破——终于发现了野生的具有繁殖能力的朱鹮种群。对此，中国政府给予高度重视，建立了 4230 公顷的朱鹮生态保护地。2013 年，世界上仅有陕西洋县及周边地区分布着近 400 只野生朱鹮，其他人工种群均是重新

■ 准备筑巢的朱鹮

发现的 7 只个体的后代。而且，它们现已不再迁徙，已成为洋县当地的留鸟。

亲鸟之爱孕育无限希望

了解到这些情况后，我的心被震撼了。也许是上苍的眷顾，也许是秦岭大山的灵秀，使朱鹮深深扎根于这片土地中。我开始琢磨着如何利用手中的相机，从艺术化的角度永远留住这美丽的"东方宝石"和它们之间的爱。我多次利用休息时间来到洋县，在当地朋友的帮助下，不断近距离接触它们，记录着它们爱的点点滴滴。

在沥沥的春雨中，我看到它们嘁枝做巢，准备迎接爱的降临。在高高的树干上，它们相互依偎，含情脉脉，表达着对爱的期冀；在浓密的林枝中，它们欢快地啼鸣，跳跃着爱的舞蹈；在绿荫的大山里，它们比翼齐飞，追逐着爱的希望。它们没有小鸟的叽叽喳喳，也没有猛禽的狂飞乱舞。在爱的旅程中，它们始终以优雅的姿态舒展着身躯，不疾不徐。终于瓜熟蒂落，爱孕育出了幼小的生命，小朱鹮破

■ 双飞

壳而出，开始享受着爱的阳光！

这段时间是朱鹮父母十分忙碌的日子。每年的 4～5 月，朱鹮夫妻共同经历大约 30 天的孵化和 40 天的喂养，直到小朱鹮能和它们一起飞翔离巢。这期间它们要轮流捉鱼捕蟹，精心喂养。幼鸟刚出生时，一天要喂食七八次，慢慢地就要达到十五六次。亲鸟也完全顾不上自己的优雅了，常常把自己搞得脏兮兮的。但是，它们对巢内的卫生却十分讲究，经常抽掉底部的枝条，把雏鸟的粪便撒落下去，再嘁来干净的枝条把空隙堵住。但是，这样做有时也会让亲鸟痛失爱子，导致雏鸟会从缝隙中掉落下去，由于朱鹮的巢大多筑在人际罕见的深山树林中，雏鸟一旦落巢也就基本回天无路了。春雨绵绵的日子，亲鸟会张开羽翼，把雏鸟紧紧地护在翅下，常常几个小时不吃不动，爱子之心，令人感叹！

虽然在记录过程中跋山涉水，充满艰苦，有时还要冒雨拍摄，但是朱鹮的灵性让我忘掉了苦和累，我被各种爱感动着、鼓励着——朱鹮的爱，使这将要消失的生灵重新回到了大自然的怀抱；人类的爱，使它们又有了种族延续下去的希望和环境。生命在爱中传承升华，爱又赋予了生命以高贵和殷殷回报！爱，也是我们好好生活的理由。

■ 双宿

我与白鹤"419"的故事

● 周海翔

一对白鹤年复一年地往返于北极圈与我国的鄱阳湖之间，偶尔还会带上它们新生的鹤宝宝。

"419"是鹤爸爸的代号，我们也叫它"鹤坚强"。我和它的特殊缘分是从它中毒后开始的。

那是2018年的春天，我第一次在辽河滩上遇见了419。当时的我正在跟踪观察一个鹤群，突然发现419正在河对岸扑棱着翅膀，似在挣扎。发现异常后，我驱车绕行十几千米过河，看到一只成年鹤和一只幼鹤已经死亡，我心痛无比。当时419口吐白沫，明显是中毒症状。还有一只白鹤中了霰弹枪，两枚脚趾被打断，右侧翅膀指骨也被打穿，血流不止。

我检查后发现，419除了中毒外，腿部还有陈旧伤，分析是这只白鹤在觅食的过程中踩中了人类布下的陷阱——踩盘夹子，它奋力挣扎着，大腿骨别断，同时一枚脚趾也从根部被夹断，就这样它变成了残疾。后来，它在妻子——另一只母鹤的精心陪护下，顽强地活了下来。419的大腿骨别断处呈现错位扭曲生长，它再也无法像其他白鹤那样，两条腿轮换站立睡觉了，它连行走都很困难。

419受伤后不久，也就是2018年3月16日，不幸再次降临。它们此时所在的辽河滩是临时的歇脚地，人类的破坏活动从来没有停止过，毒杀、枪击、雾霾、食物短缺、栖息地消失……白鹤的迁徙之路，远比我们预想的惊心动魄。这次可怕的是，周围还响起了枪声，419的同伴们先后中毒、中枪倒地，或许是它腿脚不便，捡拾的毒饵量小，也或许是我们及时发现，以最快的速度救起它，并在现场给它打了解毒针。总之，它幸运地保住了生命。

这是我与419的第二次相遇，这注定了我和它的缘分。

3月18日，也就是救助的第三天，我们给它戴上了419号脚环和卫星跟踪器，然后放飞了它，跟踪器每隔一小时更新白鹤的位置、温度和运动量，有助于掌握白鹤的迁徙规律，对可能出现的危险及时介入。从此，419也就成了它的名字。

从此，419这个数字也跟我缘分越来越深，有一次在加油站加油时居然打出了

■419夫妇相携北飞

4.19的缘分数，在我后来跟踪寻找这只白鹤时，酒店的服务员递给我的房卡居然也是419。我开始深信我和419的深厚缘分，也开始特别留意它的去向。

从卫星跟踪信号表明，放飞是成功的，它在放飞地也就是獾子洞湿地同大群白鹤一起停歇了一个半月后，开始了4000千米的北极之旅，几个月后的秋天，它的信号再次出现在黑龙江，并发回了北极圈的所有位点信号。

然而419后来南迁的征途并不顺利，在江苏省北部的骆马湖出现了迷路东迁现象，南京的志愿者们紧急出动，经过数据分析，证实了它所在的这个白鹤群体中有21只白鹤。最后，它们坎坷反转总算到了越冬地鄱阳湖，我从北方两次到鄱阳湖，想要找寻419，因为它相对是好辨认的，它的身影与别的白鹤不同，它走路时一瘸一拐。即便如此，在浩瀚的湖区，物障重重，也没能寻觅到它的踪影。

直到2019年春天的4月19日，我才在内蒙古图牧吉和吉林镇赉的交界处找到了它，它居然和它的妻子又团聚在了一起，这一天居然又是419，这让我特别欣慰，身边有了照顾它的，总是让我多一分安心。

419和妻子单独占有一小块湿地，这也是分别一年后我和它的第一次重逢，它俩在我们头上不停地盘旋，并非是它认出了我，而是在告诉我这是它俩的领地，看到它俩的团聚，我激动不已，并开始了新的期盼，期盼它再次从繁殖地回来时，能带上一只幼鹤。

秋天总是姗姗来迟，终于盼来了新的信号，然而它在掉头返迁时再次迷路于内蒙古通辽境内，属地派出所所长肖勇天

■ 2019年4月19日，首次拍到419和4197在我头上盘旋的画面

不亮就出发寻找，并确定只有两只白鹤一同掉队，并没有幼鹤。

继续的观察中，我发现419居然在暴风雪中为4197（这是后来我们为419的妻子编的代号）迎风挡雪，但这只是当时的错觉，后来我才明白，原来是4197怕419被风刮倒，在为它支撑身体。感动之余，我忽然明白了，它们从419被踩盘夹子夹断腿后，就不能有鹤宝宝了，因为419的腿伤，导致它再也无法上到4197的背上实现交尾了。

然而，4197对它的照顾却是无微不至、不离不弃。腿脚伤让419饱受折磨，就连起床这个简单的动作对419来说都变得很困难了。每天早晨起床后，4197都会围着419叫着鼓励它站起来。

冬去春又来，2020年的春天，在鄱阳湖越冬的白鹤群开始陆续离开鄱阳湖北迁，419的信号也开始迁徙了，但是信号却一直在异常缓慢地移动，完全不同于往年或其他白鹤的信号，我马上意识到可能

出了问题，但是它依旧坚持每天迁飞，到了黄河三角洲也没有像其他白鹤一样跨越渤海湾飞行，而是沿着海岸线绕行黄骅港、北大港，最慢的时候一天只迁飞9千米，当天津的志愿者王建民等找到它时发现，4197不见了，只剩下它孤独地踏上飞往西伯利亚5000多千米的归途。

终于419用了半个月的时间，完成了以往3~4天就能完成的行程。来到了东北，来到了我所在的区域。我半夜赶到它的夜宿地，住在拖车内等候着天明，终于看到了419，它趴在一块小湿地里，艰难地在玉米地里寻找着残存的颗粒，几步之后因为疲惫突然跪下，它试图用残疾的脚抓痒痒却又抓不到，我躲在镜头后面，眼泪不由自主地滚了下来。

这是419获救后第三次北迁。白鹤物种是"一夫一妻"制，见到过它和4197的人都深信4197绝对不会抛弃它，这次一定是特殊的原因导致了它们的分离，或许4197已经不在了，那么它还能独自活

■2020年春季，419失去了4197后独自艰难地向北迁移着

下去吗？然而它还是坚持着飞出了国境线，或许它想在繁殖点可以找到4197。

2020年十一长假还没过完，就陆续有白鹤的信号出现在国内，我内心最期盼但又觉得最不可能的信号出现了，上天不负有心人，2020年10月14日，我突然刷出了419新的位点，居然又是在往年的繁殖点，这说明它已经回国或接近国境线了，在逐渐回传跟踪器内的存储数据。这对我来说真是重大喜讯。我又一次热泪盈眶，激动得都看不清屏幕了！

是的，419回来了！它居然从西伯利亚又飞回来了。它找到4197了吗？它现在的种群有多大？我迫不及待地想知道这些答案。

每一年，只要这些白鹤的脚步踏入中国，我和志愿者们便开启了实时追踪模式。白鹤运动量和体温的异常波动、航向的明显偏离、不正常的落点、休息时突然的位移……这些都是危险信号。

尤其到了南方，除少数几个自然保护区之外，沿途多是人口密集区，一旦落单或者受伤，它们将面对生与死的考验。为了保护它们，我专门组建了微信群，分布在全国各地的数十名志愿者纷纷加入，根据指令行动。

这一次，419的信号在黑龙江省明水县西北停下了，当地志愿者马上行动，遗憾的是10月18日第一次出动没能找到它，第二天见它还没有离开，明水保护区刘局长带队再次寻找，就在已经无望的情况下，它独自飞起并在车窗外盘旋，我们高兴的是又看到它了，遗憾的是它还是独自迁徙。数据显示，它夏季又回到了它和4197一起的繁殖点。

10月27日，我再次驱车600千米，并于当天下午在黑龙江泰来境内找到了它，419尽管还是单独行动，但在它的周边还有50多只白鹤在，这里也成了它引导我们找到的最新的白鹤迁徙地。

接下来419再次开始了它独自缓慢的南迁，它用了一个半月的时间，艰难地向着以往的越冬地前行着，我在一周前的11月24日再次在安徽桐城附近的白兔湖畔找到了它，它正独自在一户农宅北侧一百多米的田间湿地觅食，身边还有豆雁和赤麻鸭陪伴着，直到现在它还在那里停歇着，或许它发现那里的农民都很友好，有意留下越冬，抑或它还没有蓄积足够的体能，完成到鄱阳湖最后200千米的迁徙。

很多朋友不解地问我：你们一年中的大半年风餐露宿，就是为了服务一群"大白鸟"吗？419有必要这么值得重视吗？我想回答说，是的。它们不是普通的鸟，419即便残废了，它依旧顽强努力着，它是这个全球极危物种的杰出代表。

我有一个飞翔的梦，这个梦伴随着我从儿时到现在，尽管梦中的我飞翔得很慢，但我却一直在尽力地飞着，希望有一天，能不辜负我父亲给我起的名字，海翔，对，在大海上飞翔。

2020年秋季，419在安徽白兔湖与其他雁鸭为伴，但依旧顽强地向着越冬地缓慢迁移（完稿时它已顺利到达鄱阳湖）。

■419飞翔的路程充满艰辛，也充满希望

黑颈鹤与它的邻居们

● 于凤琴

中国有句老话，叫"事不过三"。虽然没有什么科学依据，但却常常被证实这种说法的确有一定的可信度。2015 年春，经过三进三出，尽管经历了千辛万苦，终于在青海湖为黑颈鹤建了 8 个人工巢。随着最后一个人工巢完工，几乎累得有些瘫软的我们，还是带着许多成就感，离湖上岸，返回智华喇嘛的住所。当我们走到尕日拉寺门前的上路上，回头遥望那些刚刚建好的人工巢时，志愿者杨杰才让惊叫起来，他立刻操起智华喇嘛门前的一根木棍，向湖中奔去……

用人的智慧为仙鹤安个家

黑颈鹤，是藏族同胞眼中的仙鹤。关于黑颈鹤，在藏族同胞的眼中、心里，还有更多的仙鹤内涵。例如，黑颈鹤是格萨尔王的牧马童、黑颈鹤是《佛说阿弥陀经》中的迦陵频伽鸟等故事，在藏族同胞中广泛流传。藏族人更将黑颈鹤视为神鸟，认为它是吉祥、幸福的象征。

然而，近 10 几年，青海湖的水位连年上涨，许多黑颈鹤的自然老巢被淹没。到了 2013 年，青海湖西岸共和县石乃亥乡尕日拉寺周边，我们记录到 13 个黑颈

■黑颈鹤人工巢上孵化出来的第一只鹤雏

■ 三对黑颈鹤相继在人工巢上筑巢产卵

鹤自然巢，只有一个巢孵化成功，其余全部被淹掉。2014年，我们来青海湖做黑颈鹤数量调查时，发现正值繁殖季节的20多只育龄黑颈鹤，两两一组，若即若离，最终竟然聚集在一起，看似无聊地长吁短叹，仿佛是在天地间哀鸣。

眼前的情景，深深地刺痛了调查者的心。当即，北京林业大学的郭玉民教授提出在这里为黑颈鹤筑人工巢的设想。

2015年，经过长时间的论证与准备，在河北柏林禅寺的全力支持下，为黑颈鹤筑人工巢的设想付诸实施。我们组织七八个来自北京和青海湖当地的志愿者来到目的地，准备了一车比檩子稍细一点的木杆，购买了铁丝、铁锤、石料等材料与工具，人欢马叫地下到满目"冰川"般的青海湖。本想砸开湖面上的冰块，把削好的木棍砸到冰层下面，再用铁丝固定，然后加进填充的石块，待天气稍暖后，再用草本植物覆盖，一个人工巢就大功告成了。

想法往往很丰满，现实却很骨感。冒着呼啸的寒风，迎着零下二十多摄氏度湖面上不时飘过来的雪粒，折腾了一整天，一根木杆也没有砸下去。根据当时情景的判断：青海湖还没有化冻，木杆无法砸入湖中，我们只好沮丧地回了北京。又过了一个月，青海湖出现了冰雪消融的迹象，我们再一次来到青海湖。此时的青海湖，已经开始解冻，进湖需要穿靴子和水裤，但湖中是冰块加湖水，依然很刺骨。

我们将拉料的车停在湖边，全员下到湖中，用砸木杆的方法作业，结果仍然没有砸下去，折腾了一天，我们又失败了。

来自青海当地的志愿者认为，虽然湖面的冰已经融化，但下面还是冰冻层，木杆还是砸不下去。更不幸的是，我们的车还陷到了湖边的湿地上，费了九牛二虎之力，才将车拉了出来，个个如泥巴猴一般，再次以不成功而告退。

回到北京半个月后，当地志愿者打来电话，在青海湖边上繁殖的黑颈鹤已经到达，这些天它们就在湖的附近徘徊。得知这一消息，我们立刻前往青海湖，开始了第三次人工筑巢。此时的青海湖，虽说春寒料峭，但湖中的冰已经完全融化。跟黑颈鹤一样急不可待的我们，以最快的速度下到湖里，但木杆仍旧砸不下去。后来，经过请教地质专家，才知道青海湖底是岩石，而不是泥巴。

我们立即改变筑巢的方式，采用沙袋、石块堆积，用草捆草袋铺陈和杂草覆盖的方法来筑巢，经过一个星期的努力，8个人工巢在湖边建成，上了岸来，终于有了点小成功的喜悦。

孰料，还没有到达住所，杨杰才让便发现湖中有了新的情况。我也扔掉手中的工具，追着杨杰才让往湖中跑去。我大声地吆喝着，询问杨杰才让发生了什么事？

"于老师，我们给黑颈鹤筑的巢，被赤麻鸭占了，这是给黑颈鹤做的，赤麻鸭凭什么来占呀？我得去把它赶走……"

哦，原来是为这个呀，我又气又笑地叫住了杨杰才让，告诉他说："赤麻鸭怎么知道我们是给黑颈鹤做的巢呢？上面又没有写字，况且赤麻鸭也不识字呀？"

"那我们岂不是白做了吗？"杨杰才让不解地说。"筑巢是我们所能做的，谁来用这些巢，是我们所不能掌控的。只能看黑颈鹤自己的能力与命运了，我们不能去干涉……"听了我的话，杨杰也笑了。

黑颈鹤的王者风范与赤麻鸭的知趣而退

有一个与尕日拉寺直线相对的巢，完成的第七天，赤麻鸭已经在上面产了三枚卵。在巢的旁边，就有一对黑颈鹤一直停留在附近，对赤麻鸭产卵表现出无动于衷。它们每天在巢的边上溜达，似徜徉，似犹豫；似观望，似踌躇。从那些行为与神情上，我们无法判断黑颈鹤是否中意这些人工巢。若是有哪些不中意，我们也无

法得知它们在什么问题上不中意，只好焦急而耐心地等待黑颈鹤给出答案。

有一天，我们正在屋里吃饭，在外面值班观察的杨杰才让又大叫起来，原来他在望远镜中发现巢附近的那对黑颈鹤在跳舞。我们立即放下饭碗出来观看，果然，黑颈鹤出现了求偶行为，跳舞结束后，很自然地进行了交配。在黑颈鹤的行为习惯中，产卵前筑巢、跳舞、交配、产卵、孵化、育雏，这似乎是程序员编制好的固定程序。当下，因环境改变，黑颈鹤无法也没有地方自己筑巢，这一环节被我们取代。接下来的程序，人是无法替代的，只能是欣喜地等待着、祈盼着。

第二天一早，赤麻鸭正在巢中产卵，也许还在做着当母亲的美梦，黑颈鹤以君临天下的气魄，登上那个被赤麻鸭占领的人工巢。"黑颈鹤上巢了！"杨杰才让放下望远镜大声呼喊着，完全感觉有种大喊"皇上驾到"的气氛。

盯住望远镜，屏住呼吸。首先看到的是雄鹤登上巢的边缘地带，赤麻鸭挪动了几下身体，继续卧在巢上。紧接着，雌鹤也登上巢来。雌雄双鹤相对站立，仰面高歌，雄鹤声在前，雌鹤紧随其后，高调鸣叫。像是宣布领地，更像是对赤麻鸭发布驱逐令。

这时，赤麻鸭有些慌了，它极不情愿地站了起来，甩了甩尾巴，又低头私语了几声，塌下身子准备卧在卵上。黑颈鹤低头在赤麻鸭的身边也私语了几声。赤麻鸭才懒懒地站起来，走向巢的边缘，停留了片刻后，又回到巢中心，看看那些心爱的鸭卵，然后十二分不情愿地离开了人工巢。它一边下巢，一边低声呱呱几句，算是对被驱赶的回应，很快便

向湖中心游去。

对于赤麻鸭的离去，黑颈鹤似乎没有任何的不安与愧疚，它们用自己的双爪，三下两下就将赤麻鸭的卵挠下巢去，滚到了湖中。在望远镜中看到这一幕，真

■ 赤麻鸭和渔鸥捷足先登

■ 凤头䴙䴘在黑颈鹤人工巢前求偶筑巢

■ 黑颈鹤无法忍受干扰只好弃巢，䴙䴘如愿以偿

为赤麻鸭感到有些不公，但大自然中的物种就是以这样的一种方式相处与生存。你若想保存自己壮大自己，就必须有强于别人的技能。在这一问题上，赤麻鸭选择了忍让与离开，因它知道自己不是黑颈鹤的对手。说来，赤麻鸭也算是知趣吧，但并非所有的动物都会选择忍让和知趣，与赤麻鸭相同情况的䴙䴘和凤头䴙䴘，结果就大不相同了。

世上没有谁常住，只有一物降一物

在黑颈鹤另一处繁殖区域，我们根据地理环境，做了3个相距略近的人工巢。主要考虑这个地方会有很多的水鸟都缺少繁殖巢。黑颈鹤对繁殖巢有领域和距离上的要求，根据黑颈鹤的领域行为判断，这3个人工巢，最多能被黑颈鹤占领两个，另一个可以留给其他水鸟使用。正如我们所料，这些巢刚刚建好，便有䴙䴘、凤头䴙䴘、须浮鸥、渔鸥、棕头鸥和各种鹬前来探视，很快，又鱼贯而入。先

是须浮鸥上了人工巢，再接下来，凤头䴙䴘在人工巢旁边的小土丘上安营扎寨。凤头䴙䴘的脚跟还没有站稳，几十只鸬鹚像哨兵一样，列队站在人工巢周围守候。

第二天一早，我们刚架好望远镜，便看到这里有一大片花翅膀的、红脚掌的、白肚皮的、细长脚的水鸟落在这3个人工巢上上下下和附近的浅水区。呱呱、叽叽、嘎嘎、吱吱声，透过望远镜，传上岸来。

在望远镜里，我们清晰地看到，凤头䴙䴘开始炫舞，它们炫舞的动作，速度比冲锋舟快，舞姿比鹬类鸟儿灵活，造型比雁鸭类优美。它简直就像是一只头戴皇冠，漂洒在水面的陀螺，用芭蕾的脚尖，在湛蓝的湖面上高速旋转，再配上远处皑皑雪山的倒影在湖水中映衬。如果不是亲眼所见，这画面，这种大自然的美，是艺术家无法想象的。

我被眼前的这一幕场景震撼了，或者说是完全陶醉其中了。记得巴尔扎克

有句名言："能看出大自然的美的人，有一半是天才。"也许我是巴尔扎克口中的另一半——不是天才，但我此时更相信，通过给黑颈鹤筑巢这件事，我重新认识了自己，或是人工巢之举，激活了天才。突然产生这种念头时，我不知是自信还是自嘲。总之，此时此刻，我所有的咸酸苦辣、嬉笑怒怨、疲惫痛楚，荡然无存，完全沉浸于眼前的激动与快乐的享受之中。

直到凤头䴙䴘的舞蹈结束，我擦拭掉眼角的泪珠，才把望远镜让给杨杰才让他们几个人轮流观看。杨杰才让数了一下鸟种类，我记下了13个鸟种名称和每个鸟种的数量，发现这里面并没有黑颈鹤。看来，也许黑颈鹤不喜欢这种人工巢，我们相互讨论着。智华师父则认为，黑颈鹤此时可能正在准备，应该会来的，他估计，至少有一个巢会被黑颈鹤占用。因为，还有十几对黑颈鹤在观望，它们正在审视、评估这些人工巢的可靠度呢。

一连6天过去了，我们觉得黑颈鹤可能不会来这些人工巢入住的时候，有两对黑颈鹤接连登陆人工巢，而且是相邻而居。我们没有观察到它们求偶和交配这个过程，它们上巢后很快就产了卵，三天后便进入了孵化期。就在这两个巢上的黑颈鹤完全卧巢孵化的时候，另一个人工巢上已经有一家赤麻鸭、一家须浮鸥和一只小䴙䴘鸟也在上面产了卵。此时，我们所筑的8个人工巢全部有鸟儿入住了。

就在我们满心成就感，将要举杯庆祝的时候，一件让人非常纠结的事发生了。那个有三种鸟三窝卵且都进入了孵化期的人工巢，突然上去了一对黑颈鹤。根据前一个巢的经验，只要是黑颈鹤上了

■有游客造访，鹤爸爸引开游人

巢，其他的鸟儿都得退让。"你早干什么去了，人家都下蛋了，鸟都快孵出来了，你来了，黑颈鹤也得讲理呀……"杨杰才让又急了，这次他要赶走的是黑颈鹤。我又一次叫住了他："我们只能静观其变，湖里的事交给湖的主人去处理吧。"

须浮鸥、赤麻鸭和那只小鸊鷉鸟，眼巴巴地舍弃了自己的孩子，虽然与卵壳里的生命还未谋面，但那种母子离别的心情，也能让人感同身受。

最后上巢的黑颈鹤也很快产卵并进入了孵化期。然而，这一次让人意外的是黑颈鹤巢旁边的凤头鸊鷉并没有退让，它们毫无忌讳地按着自己的方式生活。该鸣叫时，分贝一点也不会压低；该跳舞时，一个音符也不会浪费；该起飞时，线路上有谁也不会避让。凤头鸊鷉还有一个与黑颈鹤大相径庭的行为，它们采用的是一只亲鸟孵化，另一只外出寻食，然后给巢中孵化的亲鸟喂食的孵化方式。这样，凤头鸊鷉往来于黑颈鹤巢边的频率就非常高。对此，黑颈鹤表现出了极度的不满。但，车有车路，马有马路，凤头鸊鷉明显感觉到了黑颈鹤对自己行为的不满，但它还是我行我素，完全是井水河水，毫不在乎的态度。

如果说凤头鸊鷉的态度已经让黑颈鹤由不满上升到厌恶，那么普通鸬鹚的到来简直让黑颈鹤崩溃。青海湖大量的湟鱼养育了大量的鸬鹚。有许多的鸬鹚在青海湖的鸟岛上繁殖，其巢的密度可用巢连巢来形容。鸬鹚最常见的一个行为就是晾翅。它在晾翅时，不仅张开翅膀，还要不停地扇动，在扇动翅膀的同时，口中还不断地哈出气流，且同时伴有声音呼出。

黑颈鹤是喜欢安静沉寂的鸟，它的

■ 鹤妈妈发出指令让鹤雏藏匿，自己在周围巡视保护

高贵典雅，精致淡定，对鸬鹚的张扬与粗俗，感到无法忍受。前几日，黑颈鹤也许是忍无可忍时，下了巢来对着鸬鹚，高声鸣叫。可鸬鹚呢？你叫你的，我扇我的，对黑颈鹤的叫声，一副充耳不闻，视而不见的态度。晾完翅了，起飞时还围着黑颈鹤的巢转上一圈。黑颈鹤有时气得将头埋进翅膀下面的羽毛里，但过不了多大一会儿，鸬鹚又来了，这一次来的数量更多，有五六十只，还有的干脆就站在黑颈鹤巢的边缘上晾翅。青海湖有多少只鸬鹚没有人统计过，但鸬鹚在黑颈鹤繁殖区域晾翅的次数，我们统计每小时有3～5批，每次停留约10分钟，相当于"你方唱罢我登场"的频率。

也许是黑颈鹤实在无法忍受这种干扰，也许是凤凰不堪与鸭为伍，在不到半个月，三个巢的黑颈鹤相继弃巢而去。眼看着鹤卵无辜地躺在巢中，在阳光的映照下，暗灰色还透着一丝光亮。褓褓里面的鹤宝宝也许正在期盼着爸爸妈妈温暖的胸膛，它们渴望来到这个世界上，成为藏族同胞眼中的吉祥与幸福。然而，它们不知道的是，自己已经被遗弃，造化弄人，也弄鹤，这些生命是多么的不幸，我们也无法救回它们。

此时，站在岸上的我们，虽然爱莫能助，但也非常地纠结和痛心，这真是毫无办法的事，只能顺其自然。只愿眼前的这一幕，成为我们吸取的教训或积累为成功的经验，在未来的筑巢与选址上，更科学，更精准，更能避免一些潜在的干扰与威胁。

冬季川西北大草原的猛禽

● 龙文兵

我因自幼生长在有"动植物王国"之称的云南，个人喜欢旅游，对自然强烈的好奇心使我对云贵高原、川、甘及青海、西藏的高原雪域丛林峻峰游览于心，对生活于其中的飞禽走兽更是知之甚深，其中对猛禽的情有独钟源于一次冬季的川西北若尔盖之旅。

在此之前，对若尔盖的了解仅仅是通过网络上的旅游攻略及有限的书籍资料，只知道若尔盖是一个神奇的地方，处于青藏高原东部边缘，东部区域是高原沼泽湿地，西部则进入岷山山脉，保留了原始的针阔混交林。2014 年 11 月怀着一种未知、激动而又期待的心情，第一次从昆明出发，驱车 17 个小时来到海拔 3460 米

■ 野性的若尔盖草原

的藏地高原若尔盖县城，小憩后沿 213 国道兰州方向开始了若尔盖草原寻鹰之旅。

早起是观察动物的第一要素，因为早晨夜行动物会在回巢途中，昼行性动物也准备开始活动了。眼光的敏锐是观察动物的第二要素，草原上的一个小黑点可能就是一只狐狸躲在土堆后面，只露出的一个脑袋，这就需要你眼观六路耳听八方的超强能力。一切准备就绪，蓄势待发。

凌晨的一场小雪让冬季的若尔盖草原披上了一层银装，映入眼帘的是冰雪的世界和那蔚蓝的天空与远山，零下 11 摄氏度使冰冻的花湖与之交相辉映。

一路向前，路边的电线杆上停留着一只棕色的大鸟，停车后迅速拿起相机，大炮瞄准按下快门，回放鉴别后基本确定是大鵟，在后来行驶的 20 多千米路程中陆续观察拍摄到大鵟、草原雕、纵纹腹小鸮、猎隼。在后来的 5 天时间里，往返于 213 线若尔盖湿地公路周边先后观察拍摄到乌灰鹞、白尾鹞、高山兀鹫、秃鹫、毛脚鵟、普通鵟、白尾海雕。这一年草原兔鼠数量激增，草原到处都是兔鼠打洞留下的土包，兔鼠的增加给大鵟、猎隼等猛禽带来了丰厚的食物补给，这也是自然界弱肉强食的生态平衡法则，第四天的中午，一个黑头身体毛色有些暗黄的家伙映入眼帘，它站在貌似一副羊骨残骸的边上正在撕扯小块的骨头，出发前做功课时提到这一区域有大胡子雕（胡兀鹫）出没，这一刻让我激动不已。事后经鉴别为胡兀鹫雄鸟。这一收获对我后来热衷于川西北猛禽的科考拍摄起到了至关重要的激励作用。在之后的 6 年间我 17 次进入川西北人迹罕至之地，高原寒冬的坚守使我获得了大量的数据资料。

■ 白尾海雕

■ 胡兀鹫

■ 白肩雕

■ 草原雕

■ 大鵟

■ 纵纹腹小鸮

■ 高山兀鹫与秃鹫（右）的争斗

在此过程中随着对川西北区域科考拍摄次数的不断增加，我的目光逐渐地被那眼睑下、嘴角边留着黑胡子的大雕——胡兀鹫所吸引。寻找它的种群，研究它的生活习性，区域的种群数量成了我行程的核心目标。

事物的发生总会根据你的关注程度而变化，当你专心甚至是虔诚于胡兀鹫时，它出现的频率会大幅度增加，在后来的13次科考拍摄中，几乎每一次都与胡兀鹫不期而遇。川西北风光独特、美丽神秘，是许多种珍稀濒危物种的栖息地。其中四川若尔盖湿地国家级自然保护区位于青藏高原东北边缘，四川省阿坝藏族羌族自治州若尔盖县境内，涉及辖曼、唐克、嫩洼、红星、阿西和班佑6个乡及阿西、辖曼、黑河、向东、分区5个国营牧场。距若尔盖县城5千米，距四川省会成都市596千米。若尔盖保护区重点保护对象是黑颈鹤及高原湿地生态系统，是中国第一大高原沼泽湿地，也是世界上面积最大、保存最完好的高原泥炭沼泽，同时也是青藏高原高寒湿地生态系统的典型代表。若尔盖国家湿地国家级自然保护区也成为胡兀鹫的自然栖息地，同时越来越频繁的人类活动对胡兀鹫的生存又有怎样的影响？从我近几年的观察和记录上看，川西北区域的胡兀鹫种群数量从开始观察到的七八只到现在观察到不同毛色、不同大小的应该在十五六只以上，数量应该属于平稳增长的态势，但对其物种的保护形势依然不容忽视。近年来随着国家对生态保护力度的不断加大，川西北区域的这些鸟类食物链顶端的王者们同样可以享受到国家对自然生态保护政策所带来的巨大红利。时刻遇到巡调督查中的保护区工作人员，让我对今后的生态管护更是信心倍增。

胡兀鹫（*Gypaetus barbatus*）是一种曾经在欧亚大陆广泛存在的大型猛禽，如今在大多数区域已难觅其踪。就体型而言，胡兀鹫是欧亚大陆翼展最宽的猛禽之一，普遍翼展将近3米，少数记录的标本翼展略超过3米。其活动范围很大且巢域广阔，但属于定居型鸟类。胡兀鹫作为秃鹫里非常特别的一种，与其他鹫类不同，胡兀鹫的主食是骨髓。它进化出了非常有弹性的食管，因此可以吞下整块巨大的骨头，大到牛的脊椎骨。如果骨头太大，胡兀鹫会叼着它飞至50～80米高空然后让它落下，摔成可以吞咽的大小以方便其进食。

在这不期而遇中均会遇到不同体形、不同毛色大小的亚成鸟和成鸟，有时它们分别出现，有时成双成对，有时是兄弟同台，最多一次是七只"大胡子"同时出场，令人兴奋不已。全世界有好多种鹫类，主食腐肉，是自然界的清道夫。在川西北同样生活着大量的高山兀鹫和秃鹫。11月到次年3月草原进入了休眠季节，动物也会进入食物匮乏期，频繁地出入草原搜寻猎物，这已成了它们的一种常态，在这期间很有可能在某一个不经意的瞬间，偶遇了一只大胡子雕，一只藏狐，几只草原狼，又或者是一群下山喝水的藏原羚……

对于猛禽之王金雕，大家一定不会陌生，在若尔盖它同样不会缺席，我曾三次与它相遇，两次拍摄记录到它。由于它在猛禽中的王者地位，见到它时敬畏之感油然而生。蒙古人有驯养金雕捕猎的传统。我们不推崇这样的方式，因为动物在野外生存的自由是不应该被剥夺的。一次在电杆尖上，一次在悬崖峭壁间，一次在草原山尖让我看到了金雕翱翔的神姿。

历经了十余次的冬季科考拍摄，也不断有新的物种出现在我的视线中，四次与草原狼相遇，多次记录藏狐、藏原羚，观察到赤狐、四川梅花鹿等哺乳动物。为科考之旅锦上添花。

结合职业中细致严谨的习惯和对色彩还原的敏锐，我在整理创作以珍稀猛禽动态主题的科考摄影作品时，不断追求静动与环境共融，以展示力量与美丽，我的作品生动地描绘了动物的栖息生活，用影像信息传递出自然生态与人类社会的和谐关系。

跑不够的川西北，寻不完的猛禽梦，只有秉持和谐共生，广泛开展科普宣传教育，增强全民的生态保护意识；共同参与珍稀濒危野生动物救治和生物多样性保护中来，川西北高原的生态环境也会日新月异，我们看到的将是鹤鸣鸢飞与人类和谐相拥的壮美景象！

卧龙四季观飞羽

● 何晓安

四川卧龙自然保护区位于四川盆地向青藏高原过渡的高山峡谷地带，海拔落差达到 4000 米，山高谷深。这里群山绵延、峡谷纵横、森林苍翠、雪峰争辉。卧龙是四川大熊猫世界遗产的核心保护区，国宝大熊猫的最佳栖息地，以"天下卧龙，熊猫王国"蜚声世界。

四川卧龙自然保护区森林生态系统保护完整，自然植被覆盖丰富多样，映入眼帘的都是苍翠的绿，这就吸引了众多鸟类在此生活和繁衍。一年四季，从海拔 1200 米的亚热带山脚，到海拔 2000 米左右的针阔叶混交林，再到海拔 3000 米以上的针叶林，直至海拔近 4000 米的高山灌丛和高山草甸，有近 300 种鸟类在这里繁衍生息，或者春来秋往，借道过境。这里距四川省会成都市 130 千米，交通便捷，是观鸟拍鸟的好去处。

从 2015 年 6 月开始，我利用节假日到保护区的野外环境，跋山涉水专注卧龙鸟类的观察记录和拍摄。把观鸟和拍鸟排在工作与家庭后的个人爱好，累并快乐着坚持自己心底的梦想。渔子溪畔、神树坪、天台山、五一棚、巴朗山、高山流石滩，到处都留下了我的足迹，我虽然没有

■ 白眉朱雀

什么值得称道的精彩佳作，但是在卧龙的山山水水中收获了许多欢乐。

在善意和温情的注视下，各色飞羽时刻触动我的内心——无论这些"天使"隔着多远的距离。爱美之心人皆有之，少有人会对自然的灵动之美无动于衷。当地

■ 白须黑胸歌鸲

山民也常说，在卧龙，能在春夏秋冬常听到鸟鸣，常看到鸟儿飞翔，这是大自然赐予他们的享受。

4 月，日渐北移的太阳开始替代卧龙山地的严寒。由南往北迁徙的斑头雁总要在卧龙海拔 1500 米左右的村庄附近落

脚，在林地和农田的边缘觅食、休整、积蓄足够的能量，等待巴朗山的春雪融化后飞往目的地——青藏高原。绿背山雀叽叽喳喳地筑巢，蓝喉太阳鸟、火冠雀和黄眉林雀的悦动奏响了春的序曲。在海拔 3500 米左右的高山地带针叶林和灌丛交界的边缘，栖息着中国特有的最珍稀的鸟类——绿尾虹雉。绿尾虹雉雄鸟身上绚丽的羽色宛如远山迷雾中的彩虹，是这个季节最美丽的风景，绿尾虹雉雄鸟用响彻山谷的歌唱，向异性宣告自己的存在。从清明开始，想要一睹绿尾虹雉芳容的观鸟爱好者，开始陆陆续续从世界各地慕名而来，起早贪黑持续守候，一直待到端午节后才会依依不舍地离开。

当来自太平洋的东南季风裹挟着暖湿气流沿着四川盆地进入川西北卧龙高山峡谷的时候，这里也迎来了雨季。在雨和雾的掩护下，成双成对的雉鸡、雉鹑、白腹锦鸡、红腹锦鸡、红腹角雉、血雉、勺鸡等雉类开始在林间和灌丛中频繁出没，嬉戏觅食。而在高山灌丛和高山流石滩上，白马鸡和藏雪鸡通常喜欢在有"哨

■ 春雪弥漫的巴郎山

兵"警戒的时候，集群活动。由此，生活着 13 种雉类的卧龙山地成为中国雉类分布最密集的区域之一。这里茂密的森林和低矮的灌丛为它们提供丰富食物的同时，也提供了足够的安全保障。溪流开始逐渐

丰盈起来，山林也显得苍翠欲滴，各种娇小的柳莺、朱雀，以及中国特有的三趾鸦雀总在枝头雀跃欢唱。在充足的雨露和浓烈的阳光呵护下，海拔 4000 米以上的高山草甸也变幻成了山花的海洋，蓝大翅鸲

■ 求偶期的红腹角雉

■ 红胸朱雀

■ 领鸺鹠

■ 领岩鹨

■ 绿尾虹雉

■ 初冬，南迁过境的林鹬

和黑胸歌鸲利用短暂的花期在这里静静地觅食和育雏。

山里的夏天总是那么短暂，由于典型的植物垂直带谱类型分布，使得秋天来临后的卧龙山地呈现一幅幅层林尽染、色彩缤纷的画卷。树叶飘落使得森林的视线变得开阔和通透起来，棕顶树莺、领岩鹨这些原本在树林和草丛中隐秘的鸟儿们变得容易见到。各种野果和草籽成为鸟儿们存储食物迎接严冬来临的重要来源。南飞迁徙过境的林鹬，还有高山兀鹫、普通𫛭等猛禽开始活跃起来，在高山流石滩一带躲过热夏的绿尾虹雉和白马鸡也开始由上而下，向食物更为丰富的针叶林区域垂直迁徙。

11 月，随着干冷的西风南下，海拔3000 米左右的卧龙山地迎来了第一场冬雪。在银装素裹之后，卧龙的山野变得宁静和高远，领䴉鹨、白眉朱雀、淡绿鵙鹛、褐头雀鹛、黑眉长尾山雀、棕头鸦雀、棕胸岩鹨等鸟儿们在冬雪的驱使下，陆续下到海拔较低的河谷觅食活动。雪鹑、藏雪鸡、红胸朱雀和雪鸽却依然坚守在高山地带的冰天雪地里，在高山流石滩和雪线附近啄食被枯草和冬雪掩埋的草籽、根茎。在荒野中，雪鹑和藏雪鸡多是十几只集群在一起，从这个山脊飞往那个山脊，这些极其耐寒的雉类，在流石滩上栖息、守望着，期待着来年的阳光洒满这里，迎接又一个春天的到来。

这些年来，鸟儿美丽的羽毛、传情的眼神、灵动地跳跃、婉转的歌喉、自由地翱翔，都彰显着一个美丽生命的圣洁与灵动，都是美妙与精巧的体现。我也渐渐成为一名自然生态摄影爱好者。我深深地感悟到，鸟儿是流淌在我心中的欢乐，更

是我肩上担负的一份责任，用鸟儿影像的科普教育力量唤醒更多的人主动保护野生动物的意识和良知，影像保护自然，已经深入我的内心。

在卧龙的野外观鸟拍鸟，时常会与来自全国各地的鸟友不期而遇，通过相互交流和借鉴，也总结出一些拍鸟的经验。譬如"阵地战"：对于体形较大的斑头雁、绿尾虹雉、白马鸡、红腹角雉、雪鹑、藏雪鸡等，其警惕性较高，难以靠近，要在充分了解其活动规律后，在其最活跃的清晨和傍晚时分之前赶到合适的地点，依靠迷彩服装或者隐蔽帐篷的帮助，进行"阵地战"拍摄，这样"天时地利人和"皆备，才有成功拍摄的可能。这样照片里的鸟儿也神态安详，充分展现出它们最真实、最自然的状态。又如"游击战"或称"遭遇战"：相对于"阵地战"来说，大部分鸟类实在行踪不定、神出鬼没，拍摄者就得根据季节变化，提前做好计划，安排时间和路线，携带 70～300mm 这样的轻便镜头，上山坡下河沟，穿树林走小路，进行"游击战"式的拍摄，常常也会有意想不到的发现和拍摄记录。另外，在野外观鸟和拍鸟，望远镜是个必备的辅助工具。

我在拍鸟时总是与鸟类保持足够的安全距离，做到在对鸟类不造成任何干扰的自然状态下拍摄，且避免任何人为因素的诱拍，决不惊吓、驱赶鸟类。如果遇到鸟类孵化，也会尽快离开，以防亲鸟弃巢。对于繁殖中的珍稀鸟类更是倍加注意。我一直希望，也身体力行，要使观鸟、拍鸟、研究鸟的队伍成为爱鸟护鸟、支持自然资源保护和生态文明建设的生力军。

拯救蓝喉蜂虎

● 黄秋生

2017年7月27日，按时间推算，今天应该是小蜂虎出巢的时间，早上5点多，我和马老师就去了卧龙镇的长寿岛湿地公园的观鸟点，一番准备就绪后，就是耐心的等待了。三伏天拍鸟，在迷彩帐篷里蹲守一天，可不是什么好滋味，虽说拍过多年的蜂虎，但对她的美丽依然念念不忘。

蓝喉蜂虎，属佛法僧目蜂虎科，为中等体形的偏蓝色蜂虎，头顶及背上巧克力色，贯眼线为黑色，翅膀蓝绿色，腰和长尾羽浅蓝色，下体浅绿，以喉部蓝色为特征，夏季主要繁殖于湖北及长江以南地区，飞行姿势（更准确地说是滑翔姿势）特别优美，每年的5~9月，在卧龙本地繁殖，有"中国最美小鸟"之称，蓝喉蜂虎对繁殖地的要求很高，要有河流，有树林，有草地，有合适的沙土地。漂亮的小鸟，平时都高高地站在树上和电线上，很难一睹芳容，为了繁殖下一代，他们却把巢穴安在了舒适的地下，也正因为如此，我们才能近距离欣赏她的美丽。

现在是最炎热的时候，虽是大清早，太阳也很毒辣了，我们在棚里已经是大汗淋漓，帐篷里面的温度高达36摄氏度以上，蜂虎在7点左右开始喂雏鸟，此时我们能做的就是等待和不停地擦汗，果然7点12分，蜂虎爸爸就带着新鲜食物来了，可是他却没有进巢穴，在巢边旋转了几圈，又站回杆上观察了一会儿，最后自己把食物吃了，以前也有这种情况发生过，开始还没有引起我们的注意，随后的情况让我们感觉到了异样，蜂虎爸爸发出了急速求救的叫声，蜂虎妈妈飞过来了，这时引起我们的注意，只见亲鸟一起朝洞口飞去，焦急地在洞口挖着沙子，一定是出了什么问题。它们挖了几分钟，又飞回来歇一会儿，然后又去挖，反复多次，还不停地召唤同伴，这时好像它们之间也发生了争吵，仿佛在相互埋怨，但后来还是达成了共识。几乎所有的鸟类在繁殖期，其领地意识都很强，是不允许同类和其他鸟靠近自己的领地，特别是自己的巢穴附近，但通过这几年的观察，我们发现蓝喉蜂虎有一个特点：若一对蜂虎有特殊情况，会向同类发出求救信号，其他蜂虎会主动过来帮忙，而求救一方的蜂虎会不停地扇动尾羽，昂起头来，表示接受对方的到来。（2015年夏天的时候，我们在另一个地方，曾经也记录过这样的一幕：当时一对

■ "亲戚们"赶来救援

蓝喉蜂虎哺育幼鸟的时间比较晚，其他的蜂虎都已经哺育完毕，而这对蜂虎还在继续的喂养幼鸟，在亲鸟的请求下，几只同类那几天都含着食物来共同喂养这一窝幼鸟。）不一会儿"增援部队"就来了，几只蜂虎轮换着去洞口挖沙，而且叫声十分急促，一定是发生紧急情况了，我决定去看看究竟，当我们走到他们洞口时，被眼前的景象惊呆了：蜂虎的洞口被堵死了，都是老牛惹的祸，早晨放牛的经过这里时，被老牛散漫的一脚把洞口踩塌了，洞口被堵了个严实，这对蜂虎父母来说无异

■ 小蜂虎 (枝上右一、二) 打量着这个全新的世界

于灭顶之灾，若不及时抢救，小蜂虎很快会窒息死亡，而蜂虎父母这一年的辛苦努力也将付之东流，此时蜂虎父母及亲朋好友们的救援只是杯水车薪，纵有愚公移山的精神，如此巨大的"工程"对他们来说也是很难在短时间内完成的。

抢救小蜂虎刻不容缓，我们决定伸以援手，我们先用一根很细的树枝，轻轻地向洞内伸去，让洞内通风，避免小蜂虎因缺氧而窒息死亡，很快通风口弄好了，然后又找来粗一点的树枝扩大洞口，可是扩一点沙子垮塌一点，洞口很难稳定，蓝喉蜂虎的洞穴直径在 8 厘米左右，情急之下，只能扩大洞口了，必须争分夺秒，不能让这美丽的蓝精灵家庭上演悲剧，烈日炎炎下，经过我们的不懈努力，小蜂虎的家终于得到恢复，此时我们已是大汗淋漓，心里却是满满的欣慰。回到帐篷里以后，我们悬着的心，稍稍地平静了一些，仔细观察着蜂虎父母下一步的行动，今天果然是小蜂虎离巢的日子，为了鼓励孩子们勇敢地迈出人生第一步，在离巢时间临近时，蜂虎父母会像其他鸟类一样减少进洞喂食的次数，用呼唤和将食物放在洞口等方法激励孩子们离巢，过 20 分钟后，蜂虎父母又带回了食物，回到了洞口，小心翼翼地将食物放在了洞口边，轻轻地呼唤着，不一会儿，小蜂虎终于露出了嫩绿的小脑袋，圆圆的眼睛，第一次看见了外面的精彩世界，随后第二只嫩绿的小脑袋也露了出来。

也许是因为受到了惊吓，小蜂虎今天一直没敢出窝，中午帐篷里的温度差不多有 50 度了，身上的汗水一刻也没停过，我们决定撤，明天再来，第二天我们又早早地赶过去，远远地支好帐篷，观察他们，早晨 7 点 25 分，第一只小蜂虎顺利出窝了，出来后就给了我们一个惊喜，直接上枝亮相了，仿佛是在感谢我们的救命之恩，还跟爸爸来了一个合影，小伙子真帅，拍了多年的蜂虎，这是第一次拍到小蜂虎上枝跟爸爸合影，巢穴里还有三只小蜂虎，也不时地探出头来，窥视着这个新奇的世界，任凭父母怎么呼唤也不敢再多走半步，他们还没有做好离家的最后准备。

7 月 30 号，3 只小蜂虎恋恋不舍地陆续离开了家，投入了一个全新的未知世界。

■ 小蜂虎第一次看到外面的世界

■ 诱导小蜂虎出洞

森林里的金凤凰
——白冠长尾雉

● 熊林春

巍巍大别山，连绵千里，横亘鄂豫皖。我的老家河南信阳就位于大别山北麓，地处我国南北地理分界线，属亚热带季风气候，境内四季分明，雨量丰富，珍稀物种多，是野生动物的乐园，也是我国特有珍稀物种——白冠长尾雉之乡。

在大别山区提及白冠长尾雉，人们对它再熟悉不过了，当地人将白冠长尾雉亲切地叫作"地鸡"！它们拖着长长的尾巴，时而漫步于地头田边，时而疾驰于林中。非常警觉，只要听到脚步声，哪怕是不小心触动草叶的声响，它也会疾步逃离，如果距离很近它就会像箭一般快速起飞，并伴随着悠长刺耳的鸣叫声，然后停栖在远处茂密的树林里。雄性白冠长尾雉气势威武雄壮，步伐矫健有力，目光坚定高冷，再戴上白色的礼帽，围上黑白色的围脖，披上黄金盔甲，看上去像一位隐居深山、高深莫测、伸张正义的大侠。其优雅的体形、艳丽独特的羽色，极具观赏价值，当地群众都很喜欢它，称它为"森林里的金凤凰"。

因工作关系，我和白冠长尾雉相识多年，有着不一般的感情。在鸡公山国家级自然保护区工作期间，经常在工作的路

■ 威武霸气的白冠长尾雉

■ 求偶成功

果、树叶、野草为主。嗜食栎类坚果、胡颓子果实、胡枝子荚果和一些草种等。繁殖季节的食性成分中，有蚱蜢、夜蛾幼虫、蛹、茧等动物性食物。

白冠长尾雉生性机警而胆怯，听觉和视觉敏锐，常栖息于海拔 300~1500 米、地形复杂、起伏不平的茂密阔叶林或混交林中，有时也在更高的海拔活动。白冠长尾雉仅在清晨和黄昏活动频繁，其余时间里都隐藏在树林、灌木丛中休息，过着"隐士"般生活！一般在清晨天刚破晓，约 6 点半开始活动，夏季比冬季活动时间要早，尤其喜欢在蒙蒙薄雾的早晨活动。先是在夜宿树枝上振动双翅，然后悄然滑翔落地，上午 8 点左右活动强度减弱，逐渐回到林中隐蔽休息，并常在树下地面较空旷干燥处扒窝进行沙浴。午后多在林内游荡活动，下午 5 点半左右，再次飞出树林进入农耕地觅食，形成活动高峰，天黑前回到附近林中树上夜宿。

晨昏交替，四季更迭，在对白冠长尾雉长时间的观察中，我与它从相识到越发熟悉，对它的社会习性和婚姻关系也有一定的了解。

一是兄弟情义浓。在野外经常会看到两只雄性白冠长尾雉一起活动，一前一后或一左一右，形影不离，觅食、休息、坚守领地甚至求偶都在一起，亲如兄弟，情同手足。据有关白冠长尾雉集群行为的研究，把白冠长尾雉的集群行为分为雄性集群、雌性集群和混合集群三种集群形式。雄性集群又分为二雄集群和三雄集群等。这种两只雄性在一起的行为叫二雄集群，是野外白冠长尾雉最主要的集群方式，也叫合作关系。就是它们通过合作一起活动，共同占有活动区域。长期一起活

途与之相遇，称得上"老熟人"了。后来调整工作到市林业局，具体负责野生动物保护工作。10 多年的时间里，它更是我主要的保护对象，情结很深。

白冠长尾雉为中国特有鸟种，留鸟。分布在中国北部和中部的河南、河北、陕西、山西、湖北、湖南、贵州、安徽等省份，河南省信阳市的董寨国家级自然保护区就是以本物种为主要保护对象的鸟类保护区。保护区所在的信阳市罗山县 2011 年被中国野生动物保护协会授予"中国白冠长尾雉之乡"称号。白冠长尾雉被列为国家一级重点保护野生动物，列入世界自然保护联盟（IUCN）《濒危物种红色名录》濒危（EN）物种。过去，白冠长尾雉严峻的生存状况让我备感肩上的责任重大与迫切，让我对它倾注了更多的时间和

精力，工作期间或工作之余总会喜欢观察它、了解它。

白冠长尾雉（*Syrmaticus reevesii*），别名地鸡、长尾鸡、山雉，属于鸡形目雉科，全长 56~197 厘米。雄鸟个体大，一对中央尾羽极长，可达 1.6 米左右，银白色具黑色和栗色并排的宽大横纹，具有较高的观赏价值，是中国戏曲道具中的翎子。头部花纹黑白色，上体金黄而具黑色羽缘，呈鳞状。腹中部及股部黑色。雌鸟胸部具红棕色鳞状纹，尾较雄鸟短。白冠长尾雉每年 3~5 月繁殖，每年繁殖一次，如遇破坏可产第二窝。每窝产卵 6~10 枚，最多 12 枚。

白冠长尾雉是一种森林益鸟，喜在常绿针阔混交林和落叶阔叶林中栖息、隐蔽和觅食。杂食性，以植物性食物如树

动，以有利于觅食和躲避天敌。2016年2月5日，我正在董寨国家级自然保护区实验区的一个山坡上巡查，有幸看到两只雄性白冠长尾雉一起向雌性白冠长尾雉求偶的场景。它们一起向雌性展示尾羽，尾羽时而向左时而向右、时而交叉时而平行，有时相连成一个半月形，有时上翘直立，行动步伐保持高度一致，令人惊叹，十分难得的精彩瞬间。

二是一夫一妻或一夫多妻。非繁殖期雄性喜欢与雄性在一起，雌性喜欢和雌性在一起，雄性和雌性集群在一起比例不是很高，3月中旬进入繁殖季节，集群即开始分散。雄性开始占领地，一般雄性个体都会占有自己的领地，有独自占有领地的，也有合作占有领地的，合作占有领地的要比独自占有领地的面积大。一旦领地形成，雄性个体会寻找一个山头在那里炫耀，不停地打鸣，宣示主权，以吸引雌性的注意。如有不速之客闯入自己的领地，雄性个体会毫不犹豫地上前驱赶，入侵者如果不马上离开将会有一场激烈的战斗。董寨国家级自然保护区观测人员郭广生就曾见识过这样一场搏斗：一只雄性白冠长尾雉来到另一只雄性的领地，战斗一触即发，两只白冠长尾雉从山脊打到山谷，又从平地打到山坡，难分难解，一只雄性的腿鲜血直流，另一只尾羽打掉3枚，仍互不相让，直到入侵一方落败逃跑方才罢休。

三是有担当的长尾雉妈妈。白冠长尾雉夫妻虽然恩爱，但好景不长，只是在繁殖季节短暂在一起活动，交配完成后就各奔东西。整个繁殖季节雄性个体交配后基本就不管了，后来从营巢到孵化育雏全由雌性来完成。据长期观察结果，孵化期

间很少看到雄性为雌性送食物的情况，也没有雄性帮助孵化的情况。独自生活的白冠长尾雉妈妈很聪明，巢址选择很隐蔽，日常出入非常谨慎。出巢时会在灌木丛里步行十几米后起飞，同样进巢时会在离巢很远的地方降落，然后慢慢地溜进巢舍。雌性喜欢营巢于林下或林缘灌木丛和草丛中地上，也有在树脚下或灌木下营巢的，甚为隐蔽简陋。通常为地上一浅窝，内垫

以枯草、松针、树叶和羽毛，也有无任何内垫物的。孵化期24～25天，小鸟出壳很快就可以行走奔跑，育雏带小鸟也是雌性的事情，寻找食物水源、规避天敌，甚至与天敌搏斗全靠白冠长尾雉妈妈，真的很不容易。母爱是世界上最伟大的力量，不管是人类社会还是动物世界都是如此，让我们为默默奉献、英勇无畏的白冠长尾雉妈妈点赞喝彩吧！

■ 巡护领地

森林里的金凤凰——白冠长尾雉 **147**

翠鸟捕鱼的速度与技巧研究

● 邱有来

翠鸟艳丽漂亮、小巧玲珑、灵活机动，是"鸟人"们百拍不厌的鸟种。在对它的长期拍摄过程中，我始终带着两个问题。一是翠鸟捕鱼让人眼花缭乱，根本看不清楚它的速度到底有多快？二是在浅水中捕鱼是如何避免脑袋和脖子受伤的？

2013年12月下旬到2014年1月上旬，在杭州玉泉对翠鸟的捕鱼过程进行跟踪拍摄研究，我用一台SONY高速摄像机和佳能1DX+640相机同时对翠鸟进行录像和拍照。在5天时间里，我拍摄了20多个小时的录像，5000多张照片，然后又花了很长时间对这些录像和照片进行筛选和分析研究。

翠鸟从离水面120厘米的树枝上飞入40厘米深的鱼缸捕鱼，要完成起飞、入水、捕鱼、转身、飞出水面、飞上树枝等动作，而整个过程只用了2秒左右的时间，肉眼根本就看不清楚是怎么一回事。

从翠鸟捕鱼过程的视频录像中，我选择了其中比较完整和清晰的7次进行慢动作分析，翠鸟从离水面120厘米的树枝上入水，到40厘米深的鱼缸里捕鱼后再回到原来的树枝上，从时间记录来看，每次用的时间都不一样，分别为2秒、1.58

■ 水下捕鱼

秒、1.7 秒、1.79 秒、1.63 秒、1.75 秒、2.08 秒。最短时间为 1.58 秒，最长时间为 2.08 秒，相差 0.5 秒。从视频分析来看，造成时间差异的主要有三个原因：一是翠鸟目标鱼的位置变化，如果鱼在水中不动，下水的速度就快，如果鱼在水中游动，或者逃跑，翠鸟就会调整飞行的方向，速度就慢，有时还会放弃捕鱼，从途中拐弯飞回树枝上；二是鱼在水中的位置，如果在水面，捕鱼的动作完成得就快，如果在水中比较深的位置，就会慢许多；三是翠鸟出水的朝向，如果面朝树枝速度就快，如果背对树枝，就要转身或绕飞，速度就慢。从速度来看，最快一次 1.58 秒飞完了 3.2 米的距离，并完成了入水、捕鱼、转身、出水的整个捕鱼过程，平均时速达到 7.29 千米 / 小时，当然不同的翠鸟速度也会有快慢，个体差异肯定是存在的，但我拍摄的是同一只翠鸟，不同的翠鸟之间还没有做过比较。

翠鸟捕鱼的过程大概可以分为三个阶段：

第一阶段是从静止（停在树枝上）、加速到冲入水面。最快一次从树枝到水面的 120 厘米距离用了 0.375 秒钟的时间。这是翠鸟在静止的状态下起飞完成的，平均时速达到了 11.52 千米 / 小时，在接近水面时翠鸟用 0.04167 秒时间飞完了 35 厘米，时速达 30.24 千米 / 小时。在 0.375 秒钟的时间里要从静止加速到 30.24 千米 / 小时，这是我们人类目前所有的运动器具都无法完成的。这一阶段主要是高速俯冲，它主要通过拍打翅膀（在 0.375 秒时间里共拍打了 3 次）、双腿蹬树枝提供动力，接近水面时收拢翅膀以减小阻力，以确保入水速度，要知道翠鸟靠速度取胜，在鱼还来

不及反应时，翠鸟已经把它们叼住了。但双腿蹬树枝的作用还要进一步研究，因为有几次，翠鸟从树枝上启动捕鱼时，它先向上飞一下，然后猛扎下去，可见蹬树枝的动力作用基本上是没有的。翠鸟在没有树枝的地方捕鱼，也就是悬停捕鱼时，也是没有树枝可以借力的，它完全依靠拍打翅膀提供动力。

第二阶段是水下捕鱼的过程。这个

■ 俯冲

■ 瞄准猎物

■ 转身向上

到原来的树枝上，就必须完成 180 度的转身动作，难度可想而知，时间用得也是最多的，最快一次也用了 0.833 秒，比俯冲入水多用了 2.22 倍时间。

当然翠鸟的整个捕鱼过程是非常顺畅、连贯和协调的，三个阶段只是为了说明方便而人为分开来的。

■ 出水瞬间

■ 飞向空中

阶段翠鸟要完成入水、捕鱼、180 度转身、出水等动作，最快一次翠鸟用了 0.458 秒钟的时间，而且这一系列动作是在时速 30.24 千米 / 小时、水深 40 厘米的距离中完成的，难度可想而知。在这么高的速度下，翠鸟是如何完成这一系列动作的呢？它又是如何避免撞破脑袋、撞断头颈的呢？从照片和视频中我们可以看到，当翠鸟叼鱼的瞬间，它的颈部向后弯曲，整个身体压向后下方，有时还双脚蹬地（如果触到地面的话），缓解了嘴和头部的冲击力，同时在水中打开翅膀向下拍去，头则叼着鱼向上提起，既减速刹车，又抓住了鱼，返身动作也顺势完成，而这一系列的动作是在还不到半秒钟的时间里完成的，速度之快、动作之协调完美、动作之间的衔接之流畅，是我们人类最优秀的体操和跳水运动员都难以企及的。在录像中可以看到，翠鸟能够用翅膀像在空中一样在水中向上飞，从捕鱼到冲出水面，一般要拍打两次翅膀，第一次是在叼到鱼的瞬间，身体向后压下去的同时，顺势打开翅膀，然后翅膀用力向下拍，既化解了冲击力，又向上提起了身子，待第一次拍打翅膀的动作完成，鸟已经上升到从捕鱼点到水面约三分之一的位置，然后第二次打开翅膀，向下拍打，等第二次翅膀拍打完成时，翠鸟已经冲出水面了。

第三阶段是冲出水面后回到树枝的过程。这一阶段是翠鸟在完全失速的情况下向上飞行，而且浑身都是水，嘴里还叼着鱼，许多情况下还要完成转身动作，翠鸟一般是向斜前方冲出水面，所以它要回

我与粉红椋鸟的故事

● 刘 璐

粉红椋鸟是迁徙性候鸟，主要分布于欧洲东部至亚洲中部及西部，冬季迁往印度等南亚温暖地带越冬，迷鸟至泰国。中国新疆是粉红椋鸟的主要繁殖地。

每年5~6月，粉红椋鸟集群来到新疆，哪里有蝗灾，哪里就有粉红椋鸟，蝗灾3~5年一个大暴发年，如果不是大暴发年，我一个外地人想找也找不到，因为新疆太大了。为了寻找粉红椋鸟，我几乎走遍北疆所有的观鸟区域。

2018年6月8日，我们和江西鸟友从托里县翻越阿拉山口去往南疆喀什，途经尼勒克县218国道194千米处时，天空下着蒙蒙小雨，不时有大群鸟儿飞过马路，我怕伤了鸟儿，就减速行驶，结果发现鸟儿越来越多，我停车细看，是粉红椋鸟，我提着相机跟着椋鸟飞的方向走去，走到了一处山脚下，碎石上全是椋鸟的叫声，此起彼伏，原来大明星粉红椋鸟在这里筑巢，多到数不清，这里是我见到粉红椋鸟密度最大的石头堆。

短短几百米的石头堆上有上万只粉红椋鸟在这里筑巢，它们的身影，它们的叫声，它们的气味，它们的印记，一瞬间映入我的眼帘，久久不能忘。石堆上忙忙

■ 两小无猜的粉红椋鸟幼鸟

碌碌叽叽喳喳的成鸟和石洞里的鸟蛋填满了石头堆，使得冰冷的石块仿佛也变得有了温度，我甚至感觉这些石块是温暖的，因为它们正在孕育着上万个生命，奇迹将在这里诞生。

然而这里并不像我第一眼看到的这样美好，准备安心拍摄的我发现施工车辆

一辆接一辆驶过，尘土飞扬。我想，这么多的粉红椋鸟能安心在这里繁殖吗？天空又下起了雨，我和江西鸟友商量后一致认为，虽然这里在修建高速公路，尘土和噪音会影响粉红椋鸟繁殖，但却没有直接伤害鸟类，我们还是走吧。带着对上万只粉红椋鸟新生命诞生的喜悦之情以及隐隐的

■ 草原上成群的粉红椋鸟集体出击捕捉蝗虫

疑惑和担忧之心，我只能继续赶路。

由于担忧尼勒克县在建高速公路工地里上万只粉红椋鸟，在南疆十几天的拍摄结束后，我决定立即从南疆的塔什库尔干县返回尼勒克县 218 国道 194 千米处。再次回到这里，眼前的一幕使我惊呆了，石堆上挖掘机轰轰作响，石堆里幼鸟叽叽喳喳，石堆上成鸟声嘶力竭地呐喊。

施工道路上大货车一辆接一辆，上下穿梭，汽笛声不断，尘土弥漫粉红椋鸟繁殖的石头堆。我走近石头堆，傻了，愣了，慌了，重型挖掘机就在椋鸟们的巢上挖掘，大小石块滚落至巢上面，石头堆再也不是繁荣的繁殖景象，上面都是挣扎着的成鸟，因为石堆里是站不起来的幼鸟，更多的生命在石堆里。这个时候成鸟不能

舍弃自己刚出生不久的雏鸟，它们咬着牙，飞过漫天的尘土，站在不断跌落碎石的巢上，依然坚定地带着辛苦抓到的蝗虫喂养雏鸟们。据我的保守估计，繁殖的成鸟有上万只，1 万只就是 5000 对，一对孵化 4 只小鸟，就是 2 万只，加上 1 万只成鸟，那就是 3 万生命啊！

我找到工地的几位老师傅询问具体情况。他们讲道："这里因为要修高速路，过了年以后炸山，碎石自然滚落，5 月份我们要修这一段，看到突然来了这么多鸟，心想是不是在这里休息休息就走了。没想到，鸟儿不但没走，还在这里安了家，这下可为难了，我们也是一拖再拖。最近，因整个工期进度，总工下令一星期必须把这里铲平，我们也下不了手啊，毕

竟这是生命啊！"

我给几位老师傅讲，这是粉红椋鸟，是新疆草原蝗虫的克星，是政府欢迎的灭蝗能手，是牧民的救星，是猛禽的救星，也是我们人类的救星，等等。我讲了一大堆，越讲情绪越难以控制。就在这时，工地的工头开着车来了，我立即上前和他沟通，我问他知道在这里繁殖的这么多鸟叫什么名么，他说不知道。我很诧异，每天施工，1 个多月的朝夕相处，竟然不知道是什么鸟。难怪无视这 3 万生命，野生动物保护法明确有这一条，任何施工作业前发现野生动物，应第一时间向有关部门报告，然后再做决定。法律是有，关键是谁来监督上报和执行。

工头人很好，也很随和，跟我们就

像老朋友一样，讲了很多这里的事，我求他找上级领导，反复求他，救救这些鸟儿！他说他做不了主，然后告诉我姜总工的电话，让我直接和姜总工联系，商量商量，看有没有办法救这3万生命。

我开始打姜总工的电话，一遍又一遍，通了，无人接听，几个小时过去了，还是没有接听，也许姜总工正在工地工作不方便接听吧。

大货车一辆又一辆从巢边飞驰而过，飞扬的尘土弥漫整个现场，我措手不及，像个多余的异类，东一下西一下，蹲在哪里都不合适，浑身都是土，嘴里也全是土，镜头里的现场也模模糊糊。

挖掘机在工作，不时有巨石滚落，滚落时已不再是尘土飞扬，而像整个山被炸掉一样，力量巨大，威力无比，顿时席卷整个现场，你连逃都来不及。

晚上7点，有位老师傅告诉我，7点半他们就不挖了，我们就能拍摄了。我又一次求他一定要找领导如实反映，救救鸟儿。挖掘机停了，司机师傅也下来了。我抓住机会赶紧拍照，可是不知为何，没一会工夫，远处来了几个人，登上挖掘机，挖掘机又开始工作了，我急了，因为每工作一小时，就会失去无数个小生命。我急了，求求你们了，救救这还在巢里的几万只小鸟吧！它们只会在黑乎乎的石堆里呐喊，还无法站立和行走，一缕阳光都不曾洒在它们身上，一阵风都不曾吹在它们身上，这个广阔而奇妙的世界它们都不曾看上一眼，鸟类的成长速度是惊人的，只要再等等，它们就会行走和飞翔。

夜幕降临了，晚霞绚烂，挖掘机还在工作，敬业的工人啊，可怜的鸟儿啊！

2018年6月24日。夜晚10点多，

■ 粉红椋鸟幼鸟向亲鸟乞食

施工现场挖掘机不停作业，我想这事不能推到明天，我立即联系鸟类保护组织和"荒野新疆"的爱心人士，通过他们连夜赶出文章和插图，用微信公众平台、微博发文：《告急！救救或将要命丧挖掘机的"粉红椋鸟"》《上万"灭蝗功臣"粉红椋鸟，向你发出紧急求助》。如此快速的行动能力感动了我，更没有意料到关于粉红椋鸟的微博和图文信息迅速引起了全社会的关注。

时间一分一秒地在等待中过去了，寻求社会各界帮助的电话一个接一个！每一秒都是那么难熬。已是25日中午12点，我在施工现场，挖掘机还在工作。同一时间，施工方的负责人姜总工的电话终于接通。

当日，国家林业和草原局发出微博，要求第一时间停工，当地野保部门展开现场调查。之后，国家林草局驻乌鲁木齐森林资源监督专员办事处督办，伊犁州林业局、新源县林业局责令施工方维持停工状

■ 喂食

■ 锻炼幼鸟的接食能力

态，在粉红椋鸟完全孵化出雏鸟并离开前不能在此施工或复工。

如此迅速的万鸟救助事件可以说书写了一篇生命的传奇故事，这些灵动的鸟儿集结了社会各界力量，更牵动了千千万万颗心，施工单位让出的这一小步可以说是咱们中国人在生态环境保护的道路上迈出的一大步！

为了粉红椋鸟，中央电视台新闻频道的记者一直坚守在尼勒克粉红椋鸟现场，直播粉红椋鸟迁飞，报道中称，7月15日，在新疆国道218线墩麻扎至那拉提高速公路第三标段190千米处的施工现场，挖掘机静静地停在工地边。一旁已渐渐长大的一群粉红椋鸟幼鸟，叽叽喳喳正跟着成鸟在碎石堆里蹦蹦跳跳，练习腿部和翅膀机能，尝试飞上蓝天。不久，它们将离开这里，迁飞南亚。

此时，我正在返程的路上，看到这则新闻，我掉泪了。上万只粉红椋鸟牵动了全社会的关注，得到中央电视台直播，这是多么不可思议的事啊，这是多么暖心的事啊！我是一名上班族，工作与野生动物和大自然根本不沾边，我只是利用假期忙里偷闲，去追寻鸟的足迹。我喜欢用我的镜头记录野生鸟类一些鲜为人知的行为和处境，认真地把这些整理出来，让更多人看到它们真实的一面，唤起我们对大自然的热爱和敬畏，慢慢消解人类对大自然那致命的无止境的欲望。

■ 粉红椋鸟与牛相伴，牛为鸟儿提供食物，鸟儿为牛做清洁，利他利己

观鸟絮语

● 高宏颖

鸟的生物钟总是那样神奇般的精准。连续 5 年的 11 月 4 日，大型涉禽就会盘旋在秦皇岛的上空。其实，从每年的 10 月下旬开始直至 11 月中旬，五湖四海的观鸟人，都会和我们志愿者一样或守候在山海关石河入海口湿地，或在北戴河鸽子窝湿地，或在昌黎七里海湿地，驻足仰望东方的天空，期盼着美丽天使的到来。

"来了，来了。快看！"排着"人"字形迎面飞来的是 7 只丹顶鹤，那轻巧的身躯犹如七仙女飘然下凡人间，而它们浑厚嘹亮的鸣唱炫示着按捺不住的愉悦；螺旋翱翔的东方白鹳，那优雅的身躯借助渤海湾的上升气流轻盈飘逸。"呀！白额雁来了，里面还有更珍稀的小白额雁。灰鹤、白枕鹤也来了，后面还有。"资深鸟友乔先生向围在身边的孩子们兴高采烈地描述着。

转眼间，金黄的树叶已覆盖大地，随之漫雪飘飘，但志愿者们丝毫感受不到凉意。

他们或冒着凛冽的风雪进山去观赏严冬中石鸡的风采，或继续在湿地与候鸟为伴。寒冬中的湿地仍不乏珍稀鸟类的身影，纵纹腹小鸮不惧严寒总是挺立在湿地的最高处，时而与你"共赏"，时而左顾右盼，十分滑稽。大鸨和灰鹤总是在原野的那端瞭望着我们。它们整个冬天都不会飞走，要在这里与我们共迎春节的到来。

经年累月，寒暑更迭，5 万千米的足迹依然乐不知返。不是我们没有别的工作，而是我们家乡的鸟实在是太多了！它们总是用不同的音节与旋律呼唤着我们；不是我们愿意风餐露宿，而是我的家乡的鸟太美了！它们总是扬起色彩缤纷的翅膀不停地炫耀；不是我们四季总愿意穿着迷彩装，而是我们家乡的鸟太珍稀了！

只要我们把这些美丽而又珍稀的鸟的影像在网上发布，总会引来无数的羡慕和问询。他们有说英语的、广东话的、上海话的，更少不了操京腔的，话题没有别的，都是想知道秦皇岛鸟况的"鸟语"。

3 月，林间、草丛开始忘却了寂静，一群又一群的黄色或绿色小精灵开始装点着柳芽萌涌的树枝。发出快速成串轻柔声音的是各种柳莺，而绣眼鸟的叫声喊喳又委婉缠绵。与林间相对应的海边同样开始热闹起来，各种鸻鹬沿着海岸、沙滩时而奔跑，时而忙碌地进食。你可不要小看它们啊，那只带着彩色脚环标志的斑尾塍鹬，它可是经过 7 天 7 夜从 1 万千米外的澳大利亚远道而来的尊贵客人。它们将在这里休整、补充，特别是要完成"初恋"，半个月到一个月开始向着它们的繁殖地继续远行。

4 月，石河入海口湿地的树林中集合的鸟类已经喧闹了起来，它们或相互追逐，或相互对唱；鸽子窝的湿地里大批白鹭在金色的晨光下或嬉戏鸣叫，或轻盈曼舞；而天马湖畔的桦树林中，黑枕黄鹂嘴里衔着满满的各种小虫或高或低，或左或右不停地穿梭着……这显然预示了盛春的到来。

秦皇岛鸟类最为集中的 5 月，可是鸟友们最为乐此不疲的月份，进入 5 月的头几天，石河入海口湿地就会有大批国内的、国际的鸟友争相赶来。他们的行程好像与美丽的鸟儿有一种特定的默契。随着种类繁多的鸟儿的接踵而至，他们会选择不同的鸟种进行观察和记录。喜欢林鸟的北京朋友对着枝头的"鸭蛋黄"咔嚓咔嚓拍个不停，不远处的几位英国鸟友正小心、紧张地趴在地上对着宝兴歌鸫捕捉着精彩瞬间。而路边汽车

■ 秦皇岛难得一见的水凤凰——水雉

里的两位广东女鸟友，一个举着望远镜不停地瞭望，另一个则紧张地在笔记本上记录着今天的收获。

当月色挂上树梢，志愿者们仍不肯休息，他们兴高采烈地聚在一起，盘点着今天的"战果"，每个人脸上充满惬意，十分自得。就在此时，守候沙滩的朋友走了过来，更是洋洋得意，对我们的"收获"不屑一顾。问其何故？原来海边来了一只中国国内多年未见真容的"小凤头燕鸥"，真是罕见啊。正在我们惊叹之时，这位鸟友接着说："不仅如此啊，刚才还有百鹬戏蚌的美景啊！"我们瞠目结舌，不知明天是看精灵靓羽的林鸟，还是追寻"百鹬

戏蚌"的美景去，难做抉择。

初秋9月的一天，对鸟友们来说那又是一个"春天"！海边白琵鹭回来了，多了两只羽毛尚未丰满的幼鸟；流苏鹬也来了，好像换上了遥远的地方"民族服装"，让我们很难辨认，显然没了春天的光彩艳丽，还好，它们家也多了两员新丁。林间，正当我们对准一个新鸟猛拍的时候，一位鸟友小声说："赶快好好拍啊，这种黄胸鹀已是全球极危物种了。"这时，我的电话铃声响起，我十分不悦地接起电话，然而听到电话的内容让我十分惊讶又充满感激：东边的油松林里来了中国的鸟界明星——褐头鸫，西边的池塘里来了太平洋的游

客——斑胸滨鹬。鸟友们总是在交流中收获着乐趣，这种乐趣会让你不知疲倦，更会让你感知自然。面对大自然的无穷魅力，我们、你们或他们辛苦并快乐着。

追忆观鸟爱鸟几年的历程，总是离不开一个无限眷恋的地方——石河入海口湿地。

石河是赋予秦皇岛市人民以生灵和精神乳汁的母亲之河，在石河入海口不远的东边是承载千古文明的长城起点——老龙头。若把誉冠母亲的渝水石河和万里巍峨的长城比喻为两条山水相依的龙脉不知妥否？但不管怎样，就是在这样的特定环境下，才造就了百鸟依鸣，才造就了无数丽羽翔鹰们的聚首。

许多志愿者的观鸟历程，每年都是从石河入海口湿地这里出发。或依长城北上，向着葱绿茂盛的森林进发，欣赏那自由翱翔的雄鹰，聆听那委婉沁心的雀鸣；或沿着涛声向西，看那百里海岸鸥燕翔集。时而，海面宁静祥和，鹬儿委婉的述说就像一曲《水边的阿迪丽娜》；时而，涛声激荡，鸥歌乍起，仿佛《命运交响曲》的昂扬节奏正在激荡着人类的心灵，我们愿在这生生不息、经久回荡的自然乐章中与鸟儿永远地交融在一起。

在秦皇岛地区，依威严的老龙头向西有三块中国最具特色的重要湿地：山海关石河入海口湿地、北戴河鸽子窝湿地和昌黎七里海湿地。这里生态链资源丰富，湿地深度错落有致，潮汐变化给不同鸟类带来了进食的机会。即使是冬天，由于有大海激情的亲吻，很少有冰封现象。因此，这三块秦皇岛地区仅存的湿地成了大型涉禽鸟类迁徙征程中的重要驿站和鹬、鸻、鸥科等湿地类鸟儿的家园。

水边的"阿迪丽娜"

● 臧宏专

我工作和生活的烟台是一座沿海城市，曲折的海岸线和众多的海岛也给我的生态摄影提供了许多便利条件。成群的水鸟如同希腊神话中的美丽少女阿迪丽娜一样，在水边伴着涛声翩翩起舞，振翅腾飞，也频频闯入我的镜头。它们是美丽的化身，是飞翔的精灵。

黄海礁坨寻白老

看到这个题目，有的朋友可能不禁要问"什么是白老？"其实，"白老"是黄嘴白鹭的别称，它还有一个名字，叫作唐白鹭。"唐"历史上泛指中国，可见黄嘴白鹭与中国的渊源很深。白鹭大多数人并不陌生，古诗词里有很多对于它的描述，唐代诗人杜牧曾留下这样的诗句："雪衣雪发青玉嘴，群捕鱼儿溪影中。惊飞远映碧山去，一树梨花落晚风。"但对黄嘴白鹭很多人了解得并不多，我知道黄嘴白鹭也是在见到了老王大哥以后。

老王大哥那时已经年近 70 了，看上去却比实际年龄年轻许多。梨红色的脸膛饱受海风的洗礼；硬朗的身板透露出北方汉子的豪爽。早年间，老王大哥做建筑生意，随着年龄增大不愿再在外奔波，

■ 沟通一下

就用自己的积蓄在岛上建了一个小宾馆，接待来岛纳凉旅游的游客。常年的耳闻目睹，老王大哥对附近海岛上的海鸟产生了深深的眷恋，并自觉加入了鸟类保护的队伍中。

坐在海边的小石桌旁，听着老王大哥的娓娓讲述，我对黄嘴白鹭这一罕见的鸟儿产生了极大的兴趣，想要见到的心情十分迫切。作为鸟类摄影爱好者，不仅要用镜头记录鸟儿的生活习性，更应该用镜头语言，倡导关爱鸟儿的社会意识，让更多的人具有爱护环境、保护生态的社会责任！老王大哥了解到我们的心境，答应第二天送我们去黄嘴白鹭生活的无人礁坨拍摄。

翌日清晨，迎着火红的太阳，我们乘着机帆船出发了。广袤的海面翻着波浪，闪耀着缕缕金光，初夏的海风轻抚面庞，令人心情舒畅，心旷神怡。接近礁坨时回浪却一个接着一个，船儿靠礁十分困难。我的朋友也是一个资深的鸟类摄影师，人称"飞毛腿"，他身手灵活，瞅准时机一个箭步登上了礁石，回浪紧接着又把船儿推出很远。几次靠礁失败后，船老大决定在附近海面上借一艘小一点的舢板，送我上坨。这一办法灵验了，小舢板开足马力，左闪右躲，顶着礁盘，终于把我们和装备有惊无险地送上了坨。

背着沉重的装备，沿着陡峭的山壁，我们一路艰难地登上了坨顶。眼前的景象真是让人震撼——这是一个狭长略带弧形的礁坨，长度有二三百米，高度有五六十米，坨顶灌木密布，郁郁葱葱。左边近百只黄嘴白鹭或站或飞，独居峭壁；右边数不清的海鸥也在忙着建设自己的小家庭。正值繁殖的季节，黄嘴白鹭的头部和

■ 驿站小憩

胸部长出了长长的蓑羽，随风飘舞，宛若仙子。黄嘴白鹭原来是沿海地区常见的夏候鸟，19世纪后期，人们为了获得这种漂亮的蓑羽，开始大量捕杀，使其濒临灭绝。为拯救这一物种，国际鸟类保护委员会将其列入世界濒危鸟类红皮书，我国也将其列为国家二级重点保护野生动物。因为有了这些强力措施，近些年来黄嘴白鹭种群有所恢复，鸟类专家也表示"谨慎的乐观"，更多的人才有机会亲眼看见这种美丽的大鸟！

我们没有急于拍摄，先悄悄坐下来静静地欣赏着眼前这壮观的景象。这些美丽的尤物，有的在蓝天白云下展翅飞舞；有的站枝远望，无忧无虑；有的来回奔忙，衔枝筑巢；有的扑展大翼，相互嬉戏；有的梳理羽毛，忙着打扮。它们千姿百态，道风仙骨，在和煦的阳光里尽显优

雅，长长的喙闪着橙黄，洁白的羽毛一尘不染。仔细观察会发现，它们的脚为黑色，趾却是黄色的，这也许就是黄嘴白鹭和其他白鹭最大的区别！不知道是因为它们天生胆小，还是因为人们捕杀造成的恐惧心理，黄嘴白鹭总是生活在离人们很远的地方，安家在悬崖峭壁，不被人们发现或许是它们生存的最大保障。一丝悲哀涌上心头，我看看身边的朋友，他也是一脸的凝重！

我们放低身姿，轻手轻脚架好相机，开始拍摄。由于带着长焦镜头，所以始终与黄嘴白鹭保持着安全距离，尽量不对它们造成干扰，使它们能自由自在地享受自己的生活。事实证明，只有这样的拍摄状态，才能获得比较真实的鸟类影像！近几年，鸟类拍摄异军突起，也出现了一些干扰鸟类生活的拍摄方式，客观上对鸟类造

成了人为的伤害，这种拍摄方式已被许多鸟友嗤之以鼻，"拍摄鸟儿是为爱"的理念越来越被鸟友们接受和推崇。带着一颗爱心去拍鸟，也是对过去杀戮鸟儿的一种心灵救赎——今天，要用我辈的爱，创造鸟儿生存的空间和种群繁荣的回归！

清脆的快门声，记录下黄嘴白鹭娇美的身姿，也敲击着我激动的心弦。我眼前的白鹭仿佛是一群翩翩起舞的白衣仙子，正在演绎一场动人的霓裳佳舞。透过长长的镜头，忽然我看到悬崖边的鸟巢里，一只小鹭正在破壳而出。它使劲蠕动着身体，奋力挣脱蛋壳的束缚，大大的脑壳，嫩黄的长喙，生命开始就注定了这是一个美鸟胚子！新的生命就是新的希望，据常年研究黄嘴白鹭的专家观测，在烟台和辽东半岛繁殖的黄嘴白鹭种群数量，已从最早发现的一百多只，上升到了千只以上，而且这还是一个保守的估计。眼前的景象，使我相信黄嘴白鹭种群繁荣并不是一件很遥远的事情，依然需要人们付出巨大的心血和努力！

太阳渐渐西沉，礁坨上回归的鸟儿越来越多了。它们鸣叫着在上空盘旋，寻找着自己的家园。美好的场景总是让人浮想联翩，"两个黄鹂鸣翠柳，一行白鹭上青天"，杜甫的诗句不由地闪现在我的脑海中。我为自己能用镜头记录下这样难得的瞬间而感到自豪。虽然一天的时间里，我们蜷缩在四面大海的坨顶上，风吹日晒，忍饥挨饿，不知流淌了多少汗水，脸上都挂满了白色汗渍。但是，我们愿意为之付出，因为我们期冀田园般的生活、人鸟和谐共处的环境，能够永远留在我们这个美丽的星球！

蛎鹬母子入画来

蛎鹬是一种画面感很强的鸟。通体黑白相间，看上去像穿着黑礼服、白衬衣。长长的嘴像一把红色的利剑，非常坚硬，觅食贝类时会将锋利的嘴直接插入贝壳内，撬开食用。

生活在海岛的蛎鹬，习惯站在礁石上，静静等待退潮。退潮后，它们在礁石或滩涂淤泥沙中搜索食物。主要以甲壳类、软体动物、蠕虫、虾、蟹、小鱼等为食。看上去蛎鹬似乎有些傻，船靠得很近时才会急急忙忙飞走，其实这种鸟儿很乖巧，有极强的奔跑和飞翔能力。蛎鹬的繁殖育雏也有些神秘，即便生活在海岛的老渔民也没几个见到过蛎鹬的巢。

资料记载，蛎鹬繁殖期在5~7月，筑巢于海滨岩石、草丛或是水中岛屿、沙石河滩。其巢非常简单，在地面略为宽阔处，由亲鸟用脚刨出一个30厘米见方、2~4厘米深的坑穴，里面垫上干草茎，有时还垫有小圆石、贝壳和其他废弃物品。一般产卵2~4枚（绝大多数情况下产卵3枚），孵化期在22~24天。根据资料描述，我们在长岛附近海域开始了寻找。功夫不负有心人，几天下来终于在一座荒无人烟的小岛上发现了蛎鹬的巢。浅浅的小坑里，3枚家鸭蛋大小、灰黄色带有黑色斑点的蛎鹬卵静静卧在那里。附近十几只蛎鹬正在海边觅食，发现有人登岛，一只蛎鹬鸣叫着在摄影师头顶上飞来飞去，这是亲鸟无疑了。更令人惊叹的是，不一会它竟落在不远处，一瘸一拐地走着，装出受伤的样子，引诱这些"入侵者"。

为了不影响鸟儿的繁殖，二十几天后我携带隐蔽帐篷，天未亮就独自登上了小岛。巢里的3枚卵只有1枚还没有孵化，孵化出的雏鸟也不见踪影。那天天气晴朗，海面上刮着5、6级的大风，在没有遮拦的小岛上，顶着大风支起帐篷，费了我好大的力气！瓦蓝的天空中，太阳散发着炽热的光，一会儿狭小的帐篷里就如蒸笼般炎热。等待焦急而漫长，终于一只蛎鹬从海面飞了回来，落在离帐篷五六十米

■ 海滩觅食

■ 刚出壳的小蛎鹬

远的地方"啊、啊"叫着，打量着这个陌生的"怪物"，同时也在试探着向这个"怪物"靠近。当它发现这个"怪物"对它没有威胁后，终于放下心来，在巢的在周围不断鸣叫着走来走去。蛎鹬雏鸟出壳后即会独立行走，而且能够马上找到自己的隐蔽处，不会待在巢里。亲鸟在附近活动，其实是在观察雏鸟的情况。临近中午，又一只蛎鹬回来了。两只亲鸟一起鸣叫着，在鸣叫声中，两只雏鸟从各自的隐蔽处走出，和亲鸟汇聚一起，慢慢向海边走去。由于周边毫无遮拦，担心它们受到惊吓，我没有走出帐篷跟随观察，只是在心里默默祝福这幸福的一家能饱享一顿丰盛的午餐！

由于生态环境的改善，海岛蛎鹬的种群数量正在不断扩大，成为海岛生态的一道美丽风景线。在中国蛎鹬被列为"三有"保护物种，爱尔兰则把蛎鹬作为国鸟，足见蛎鹬身价之高！

中华攀雀的故事

中华攀雀是一种小型飞禽，栖息于近水的苇丛和柳、桦、杨等阔叶树间。繁殖季节在每年4月下旬到7月前后，一般筑巢在靠近水边的树上。攀雀的鸟巢编织

■ 亲鸟在栖息地等待幼鸟

■ 海滩上的开心一刻

■ 编织匠　建新房
　婆新娘　做新郎
　生儿育女心无旁
　中华攀雀个个都是巧姑娘

得非常精巧，远远看去仿佛是挂在树上的一只"小靴子"。4 月的一个清晨，我在野外观鸟时看到了这只正在建造自己新房的中华攀雀，不一会儿，一只雌鸟也嗡着编织鸟巢用的树皮纤维来了，这引起了我的注意和好奇。因为在繁殖季节，一般是雄鸟把巢做得有模有样后，才能吸引到雌鸟青睐，从而结成一段美好的姻缘。而且雌鸟的主要任务是鸟巢的内部装修，基本是"两耳不闻窗外事"。这只雌鸟在雄鸟刚刚缠环就投身其中，确实是中华攀雀里的一个"好姑娘"。于是，我打定主意跟踪拍摄这对不一般的鸟"恋人"。

4 月 20 日开始，到 6 月 26 日小鸟离巢结束，两个多月的时间每天清晨 5 点左

■ 爱的呼唤

■ 同心协力

■ 编织幸福

右我都准时来到这里，静静记录着这对鸟"恋人"的劳动、生活场景，感受着它们的快乐和烦恼，遇到刮风下雨也会和它们一起着急忧伤。从春到夏，树叶慢慢由稀疏变浓密、浅绿变墨绿，它们的新房也由一根根纤维变成了美丽的"小靴子"；它们的爱情也瓜熟蒂落，一颗颗椭圆的鸟蛋变成了一只只健壮的雏鸟，两只亲鸟却显得日益消瘦和憔悴。我有幸目睹并记录了这对中华攀雀的繁育过程，深深感到养育的伟大渗透在每一个茁壮的生命里！

在近万张照片里我选择了这 16 张片子回放中华攀雀的繁育过程，但我知道即便如此也很难完美展现。现实并没有给我补救的机会——第二年春天我再来到这里时，河边这棵曾经挂着"小靴子"的大杨树已经"寿终正寝"了，树皮都被剥得所剩无几。我默默站了许久，不知道是在凭吊，还是在回味，一个美好的生态环境也许就掌握在我们每个人的手中！所以，我尝试在《中华攀雀的故事》组照中，第一幅和最后一幅分别选择一只成鸟和一只幼鸟作为主体，就是试图寓意并期望每一个轮回都是健康的、快乐的、向上的！

■ 妈妈用食物引导小鸟出巢

雪国仙子　湿地荣成

● 顾晓军

1992 年。我第一次来到山东荣成成山卫天鹅湖拍摄大天鹅，那个时候天鹅特别怕人，人与天鹅都保持在两三百米的距离，再想靠近，天鹅就会不客气地飞走。那个时期，我对天鹅的栖息习性也完全不了解，有一次我问当地的农民："请问大爷，咱这里是从哪一年才发现天鹅的？"大爷回答："你问的这个问题我也问过我爷爷。"我爷爷说："从我爷爷的爷爷记事起，每年冬天，这里就会有天鹅飞来……"

成山卫天鹅湖位于山东半岛最东端的荣成湾东北部西南侧，面积约为 48 平方千米，海湾的南、北、西三面和陆地接壤，只有东南部有一道不足百米的口子和外海相连，属于典型的沙坝潟湖体系。

据有关资料记载，大约 6000 年前，随着第四纪冰川后期的海面抬升，荣成湾初步形成，特别是成山卫一带因受到海潮冲刷和侵蚀，海湾内不断生成大量的卵石和沙子，为该地区沿岸的泥沙输移提供了重要的物源，所以，泥沙沿岸形成湿地并长年累月不断成长，沧海桑田，逐渐形成了今天的成山卫天鹅湖，湖中淤泥在沿岸堆积形成大片的湿地芦

■ 天鹅飞抵荣成湾

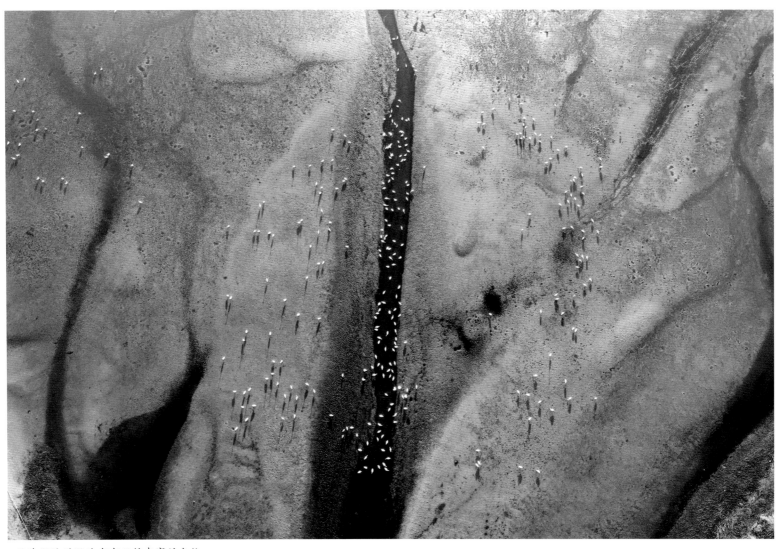

■ 滩涂湿地的泥沙中有天鹅丰富的食物

苇区，而湖中由于自然潮汐形成平衡状态的保持，水深平稳，产生了较高的生态系统生产力，湖中生长着大量的海生植物大叶藻，这大叶藻又是野生大天鹅最喜欢吃的食物，渐渐地，这里成了天鹅的自然越冬地，据说，在百年前，冬季天鹅多的时候能达到 1 万只。

大天鹅属于迁徙候鸟，荣成天鹅湖的天鹅主要是从俄罗斯西伯利亚、蒙古国、我国的内蒙古、黑龙江等地迁徙而来的，这些大天鹅每年在荣成越冬的时间可以达到 120 天左右，待来年的 3 月份，天鹅们又陆陆续续起飞北迁，回到它们北方的繁殖地。

30 多年来，我一直坚持每年十几次来天鹅湖进行生态摄影创作，从最初离天鹅的很远距离拍摄到如今的和野生大天鹅的零距离拍摄，见证了成山卫天鹅湖湿地变迁和天鹅保护，感慨万千。

成山卫天鹅湖的自然生态环境，在当地人们的关爱和维护下，其过程虽然也有曲折反复，但总体保持着较为良性的生态循环，再加上近些年天鹅自然保护区的成立，天鹅湖定点投食，现今每年来越冬的天鹅数量也基本保持在 3000 只左右，天鹅湖周围湿地也吸引着其他的水鸟栖息，它们和大天鹅构成了荣成天鹅湖比较健康的生态系统。

　　冬季的天鹅湖受海洋气候影响，这里经常下雪，特别是下大雪和暴雪的机会每年都有三四次，每当天气预报大雪来临时，我都会驱车来天鹅湖，拍摄这些雪国仙子。

　　天鹅湖的冰雪，那就是一处童话的世界，从气候的变化而言，胶东半岛每年从12月份至来年的2月份进入多雪的季节，"望飞雪、漫天舞"构成这里诗情画意的情调，大雪改变了天鹅湖湿地的景色，雪中拍摄大天鹅也是天鹅湖最靓丽的一道风景线，天鹅湖的雪花，飘飘洒洒，轻轻地落在蓝色的海湾和深色的湿地，落在天鹅的身上，在湿地荒野的衬托下雪花显得更白，悠闲的大天鹅在雪中觅食散步，若隐若现、潇洒自如，时而，远方飞来的天鹅，穿越寒空，拨开雪纱，飘然若仙，如梦如幻。

　　成山卫天鹅湖是大群天鹅栖息的大本营，荣成沿海海岸线曲折绵延，许多河岔、滩涂遍布，湾岬相连，这些都属于沿海湿地的范畴，天鹅或零散或成群的栖息在这些湿地区域，居住在本地区的老百姓对天鹅也是发自肺腑般的爱护。

　　成山卫有一位被人们称之为天鹅卫士的保护天鹅者，他的名字叫袁学顺，邻居们都叫他老袁，几十年来，老袁在自己承包的沿海滩涂中保护天鹅，冬季天鹅缺少食物时老袁自费购买玉米投食天鹅，每天早上老袁投食天鹅也为许多摄影爱好者提供了拍摄日出天鹅飞翔的机会，为了救助受伤的天鹅，老袁还成立了大天鹅保护协会，组成了保护天鹅志愿者团队，建立了天鹅伤愈恢复区，每年由他们救助放飞的天鹅几十只，当地农户在自家田地里发

■ 风雪天鹅湖

■ 冰雪朝阳，飘然起舞 宛若仙境

■ 蒹葭苍苍，天鹅故乡

现受伤天鹅时，也会在最短的时间内送到协会进行救助。

在离成山卫天鹅湖南面5千米的地方有一个叫烟墩角的村子，村子东西两侧有小溪入海口，20年前开始，许多天鹅来此处饮用溪流淡水，村民自发的用玉米等食物投食天鹅，渐渐地，这里的天鹅越来越多，人与天鹅的距离越来越近，来看天鹅的人多了，村子就发展起农家乐旅游，野生天鹅带动旅游繁荣，烟墩角天鹅村成为成功的典范。

近些年，这里建立了天鹅自然保护区，规划了保护核心区，保护区灵活运用现代管理保护思维，在保护区外围修建了慢车道和步行栈道。游客们可以在指定的区域内看天鹅，拍摄大天鹅，虽然天鹅离游客距离很近，但保护区的管理方式使人与鹅始终保持着相互尊重的安全距离。

亲近天鹅，是一种零距离的追求，从我30年前来天鹅湖时的超远距离看天鹅到今天的零距离接触大天鹅，我们经历了自己的狂妄、疏远的生命、尊重关爱和相偎相依的过程，事实证明，我们只有与其共同完美生态，与它们感同身受，生活才会永葆自然，家园才会重返美丽，当从我们心中飞去的雪国仙子重新来到我们心中的时候，当我们心中的挚爱洋溢在大天鹅忘情歌舞里的时候，诗意的栖居就会与我们永远相偎相依。

其实，亲近大天鹅，护卫我们的朋友，就是亲近我们自己，守护自己。

■ 天鹅飞原野 大地添灵动

双角犀鸟

● 薛立强

每年的 2~6 月，双角犀鸟来到云南省盈江县洪崩河犀鸟谷开始求偶、繁育。让我最为难忘的是 2020 年 6 月 23 日~7 月 5 日，等待双角犀鸟幼鸟出洞的一段时光。

2020 年 6 月 22 日，我接到云南鸟友的电话，被告知今年双角犀鸟出现了一个很怪异的现象——双角犀鸟雌鸟已经出巢 15 天了，幼鸟还没有出洞。根据已往的观察，双角犀鸟在大树的树洞里产卵、育雏，雌鸟出洞的同时或是第二天幼鸟也出洞了。听到这个消息，我马上动身来到犀鸟谷，6 月份正是云南的雨季，天像是漏了，称得上是瓢泼大雨，由于雨天持续时间长，造成山体滑坡不断发生，我们的拍摄点在悬崖边上，一旦发生泥石流滑坡，我们将会掉到悬崖下面，下面是中缅的界河，真可谓命悬一线！

我国共有 5 种犀鸟，双角犀鸟、花冠皱盔犀鸟、冠斑犀鸟、白喉犀鸟、棕颈犀鸟，均被列为国家一级重点保护野生动

■ 相亲相爱的双角犀鸟

双角犀鸟的繁殖地——盈江犀鸟谷

物。双角犀鸟雄性成鸟长着一个 30 厘米长的大嘴和一个大而宽的盔突，盔突的上面微凹，前缘形成两个角状突起，如同犀牛鼻子上的大角，又好像古代武士的头盔，非常威武，因此得名双角犀鸟。雄鸟上嘴和盔突顶部均为橙红色，嘴侧橙黄色，下嘴呈象牙白色；颊、颏和喉等部位均为黑色，后头、颈部为乳白色；背、肩、腰、胸和尾上的覆羽都是黑色，腹部及尾下的覆羽为白色；翅膀也是黑色，但翅尖为白色，还有明显的白色翅斑，极为醒目；尾羽为白色，但靠近端部有黑色的带状斑；腿灰绿色并沾有褐色，爪子几乎为黑色。雌鸟的羽色和雄鸟相似，只是盔突较小，嘴基黑色，上嘴端部及盔突顶部橙红色，嘴侧橙黄色，下嘴象牙白色或乳白色。眼睛上生有粗长的睫毛，虹膜深红色。跗蹠灰绿色沾褐，爪近黑色。犀鸟谷就能拍摄到 3 种。

2020 年 6 月 26 日像往常一样，一大早就去鸟点了，双角犀鸟每天忙碌着觅食，飞来飞去几十个来回，为它们的幼鸟带回红果子、小鸟、蜥蜴、蛇、小松鼠，让它们的幼鸟吃饱吃好，尽快长大、尽早出来。傍晚我们回到酒店，发现酒店已经没有了，被河水冲走了。在离酒店不远处，堆放着边防战士为我们抢回来的一些生活用品，大部分用品没有来得及抢回，也被大水冲走了。酒店老板蹲在地上不知所措，看到这种情景，我们既难过，也庆幸。庆幸的是：如果发生在夜间，我们在睡梦中，可能我们也被大水冲走了，想想都后怕。

经过 15 天的守候，幼鸟终于在 2020 年 7 月 6 日上午出洞了，这是双角犀鸟夫妻共同努力的结果，我们的守候也是值得的。看到它们一家 3 口，真的为双角犀鸟夫妻喝彩，一个新的生命飞到了大自然，自然界又多了一颗延续生命的种子。

这是我的拍摄历史上最难忘的一次，经历了风吹雨淋、心理摧残，面临着生死考验！当拍摄到双角犀鸟一家 3 口的时候，疲惫都烟消云散了，剩下的只有快乐和幸福的喜悦！

▓林间松鼠是双角犀鸟的美食

探访栗喉蜂虎最北繁殖地

● 吴轲朝

晋江市科任村位于深沪湾的最南端，东临台湾海峡，西是美丽的围头湾，三面临海，海岸线绵延曲折 6500 多米，属亚热带海洋性气候。这里不仅四季分明、温凉适度，而且蕴藏着丰富的生物多样性，是鸟类天然的绝佳栖息地。近三四年来，观鸟爱好者和志愿者在这里发现被誉为"中国最美丽的鸟之一"的精灵——栗喉蜂虎。

4 年前在一次野生动物保护宣传行动中，第一次邂逅，就被它的机灵可爱、色彩靓丽的身姿深深地吸引，每年都会安排时间对它观察研究、拍摄记录。栗喉蜂虎 (学名为 *Merops philippinus*) 是蜂虎科蜂虎属的鸟类，被列入《世界自然保护联盟 (IUCN) 2013 年濒危物种红色名录 ver 3.1》，无危 (LC)。栗喉蜂虎有热带鸟类羽毛艳丽的特征，因其喉部是栗红色的而得名。仔细看，它有着一条黑色的贯眼纹，头部、翅膀和背部是绿色的，绿色逐渐过渡成为金属蓝色，腹部黄绿色，尾翼是天蓝色的，飞行时翅膀下面的羽毛是橙黄色的，在灿烂的阳光下，美丽的小身躯闪烁着金属般的艳丽光泽，十分漂亮华丽。虹膜玫瑰红色，

■ 夏候鸟栗喉蜂虎在晋江市科任村的繁殖地

嘴黑色，脚暗褐色，爪黑色。它喜欢极速飞行，滑翔、急速回转、悬停……飞行技术高超，时不时发出一阵阵清脆的鸣叫声。主要生活在东南亚一带，中国只有云南的局部地区、海南岛、香港和广东、福建的部分沿海地区有分布。

栗喉蜂虎以蚱蜢、蝴蝶、苍蝇、蜜蜂、马蜂、蜻蜓、甲虫、蝉、蛾类、食虫虻等为主要食物，尤其喜欢以纹白蝶为主食。较其他蜂虎，它更喜欢在空中捕食，喜欢栖于裸露树枝，喜欢开阔原野，喜欢在岩壁是砂质土壤的土墙上筑巢，它们常常结成一大群一起筑巢，形成壮观的群巢。2018 年 5 月，我们在科任村统计到

三面岩壁上有 300 多只栗喉蜂虎，这是截至目前统计到的最多数量。通过几年来的观测，晋江科任村是目前已知的栗喉蜂虎在全球纬度最北的繁殖点，具有夏候鸟重要保护和研究意义。我们欣喜地发现，栗喉蜂虎成规模地出现，这几年都已能够定居、繁殖下来。栗喉蜂虎是金门夏天的代表鸟种之一，金门的繁殖种群数量最多，数量有时达到 3000 多只，被当地人称为"夏日的精灵"。该鸟在泉州的大量出现，反映了泉州当地有适宜的繁殖生态环境，同时也表明，闽台之间血浓于水，不仅有著名的"五缘"（地缘、血缘、文缘、商缘、法缘），还有这第六缘——鸟缘。

栗喉蜂虎一般在 4 月初首批来"踩点"，4 月中旬它们就会成群地过来，然后会以爪和长喙（嘴）为筑巢工具，自己掘洞为巢，巢洞呈隧道形，直径 6~8 厘米，洞深多在 1~1.5 米，洞末端扩大为巢，大小直径为 15~20 厘米，高约 8~10 厘米，筑巢的时间一对栗喉蜂虎近两周。栗喉蜂虎雄鸟体长在 25~30 厘米，雌鸟体长却长了点在 26~31 厘米。其间基本也是雄性鸟在筑巢为主。有的为了迷惑天敌，它们还会在旁边多挖个假洞口。在陡峭的岩壁上，已有着近 300 个大小口径不一的巢穴，这些就是栗喉蜂虎的家。

我的记录从觅食开始：筑巢完，雄性鸟基本外出觅食，为了博取雌性栗喉蜂虎的欢心，雄性蜂虎会把在外面辛苦捕捉回来的昆虫等衔在嘴里，回到巢洞前，停在树枝上等，东张西望地等待雌性蜂虎的出现。雌性蜂虎就会及时出现，接受雄性蜂虎喂食。我几年来记录拍摄到的几组栗喉蜂虎，有衔着纹白蝶、蜻蜓、食虫虻和苍蝇等。有意思的是，在 2017 年 4 月底碰到专程从上海来到科任的 3 位摄影师，他们说已来了 3 天，但还不愿意回去，还想多待一天再拍拍蜂虎。其中一位年长摄影师与我说，已经拍了 3 天了，作品不少，但还想突破一下。单一种鸟他们拍了 3 天还乐不思回，我很好奇，问他突破什么。这位老师说 3 天里他已拍到它们衔着炸蜢、蛾类、苍蝇、蜜蜂、马蜂、蜻蜓、纹白蝶和甲虫等 8 种，他听说之前有位老师来了两回，共拍到过栗喉蜂虎衔着 9 种昆虫，他也想挑战一下拍到它衔着更多种昆虫。真的有意思。我想应没有哪种鸟类像栗喉蜂虎这么有意思，容易记录，这可得益于它喜欢将外面捕抓的食物带巢边来才食用，这也给我们带来了研究它、欣赏它、记录它的乐趣，同时给我们研究栗喉蜂虎的食物链带来真实有效的数据。我清楚地记录 4~8 月随着时间的变化，它们

的食物也有些偏爱，就像 4、5 月它们刚来后面又是在繁殖和哺育，这两个月的食物昆虫最为丰富多样。栗喉蜂虎应该是在所有鸟类里食物记录最为清晰、食谱内容最具多样化，而且是食物种类最多又最为独特的。根据近几年来我们的记录，栗喉蜂虎捕食到的昆虫有 13 种之多。如果细分到单一蝴蝶种类那就更多了，有记录到它们的食物里还有喙蝶科和蛱蝶科的 10 多个种类。也有老师记录过栗喉蜂虎还与小蛇拼斗的镜头，真是勇猛的小精灵！

在求偶后几天，到 5 月中旬前后，雌鸟就主内，开始了繁殖，在巢里产蛋孵蛋，每窝正常产卵在 5~7 枚卵，白色、椭圆形的。雏鸟出壳后，亲鸟们就更加忙碌。从天亮开始到黄昏，不管刮风下雨，亲鸟都埋头苦干，次次回来都衔着昆虫。它们捕食归来总是先落在巢边枝上或者树

■ 4 月中旬栗喉蜂虎开始挖洞筑巢

梢上，观察巢穴安全情况，然后才往巢里送，怕它们的孩子们饿了，这就是动物界母爱的伟大。有次看到是雨天，栗喉蜂虎是湿湿的飞回巢，它们出去时抖了几下羽毛，又昂首飞了出去。这让我想到了唐朝诗人白居易的诗。

鸟

谁道群生性命微，一般骨肉一般皮。

劝君莫打枝头鸟，子在巢中望母归。

诗人应该是我们现代护鸟、科考志愿者的先驱，这诗是最有意义最有影响力的一首保护鸟类的宣传诗。许多主题目公园、保护区、林地里，使用最多最上口的宣传语，诗人用这首诗教育了许多人，感化了许多人来爱鸟护鸟。

直至到 7 月底，栗喉蜂虎的幼鸟才开始离巢，开始学飞行、捕食等生存技能。离巢后，雏鸟基本不再返巢了，到 9 月开始向南迁徙过冬，越冬区主要在东南亚一带、云南局部地区、海南岛等。

2016 年开始，这些栗喉蜂虎一小部分来到距科任村几千米远的深沪海底森林公园。晋江人吴东塔也是中国野生动物保护协会志愿者，他首先发现栗喉蜂虎来晋江繁殖，之后他有空就来守护这些美丽的夏候鸟，当看到有伤害鸟的行为，他立即挺身而出制止，因此竟招来人身威胁，但他依然勇敢地坚持保护小鸟们。2017 年，因鸟巢太靠近海边，而且海风及雨水过多等原因，使原来的巢无法再筑，它们便来到了科任村。

2018 年 4 月底，在科任村最多时发现了栗喉蜂虎 300 多只。但在 2019 年 4 月，我们在一次巡护中发现栗喉蜂虎的繁殖地距离村民的生活区太近，当时现场还

■ 雄鸟捕食归来呼唤雌鸟

有 3 位不知情的村民经常来繁殖地附近挖掘土方，直接影响栗喉蜂虎的巢穴范围，同时影响到它们的繁殖安全。2019 年的巢穴较前一年明显少了一半以上，保护迫在眉睫。我们立即向晋江市林业和园林绿化局、深沪镇、科任村等各级政府和部门建议，应及时划出一定范围的红线让栗喉蜂虎安全栖息繁殖。因前几年在石狮市和晋江东石曾出现过部分栗喉蜂虎繁殖地没保护好，没有得到太多关注，栗喉蜂虎就再也不去了。

我们向深沪镇与科任村主要干部说明了这些夏候鸟野生鸟类在我们泉州地区的珍稀现状与保护意义，特别是夏候鸟，除了大家普遍认识的家燕外，又多了一种物种的到来，体现了生物的多样性。而这

几年来它们都能到科任，虽然目前此处用地的情况还较为复杂，但证明了晋江科任区域的环境与气候的优良。随后，晋江市林业和园林绿化局相当重视，由洪副局长带队、动管站负责人专程与我们一起来到深沪镇人民政府，与分管的陈副镇长一起就栗喉蜂虎繁殖地的保护措施共同开会协商。并到了科任村栗喉蜂虎繁殖地现场办公，认真规划下一步的保护措施。深沪镇立即安排资金，在目前主要的两处繁殖地做好固定围栏，立保护警示牌子，然后安排村里一位护林员专门关注保护此繁殖地，同时与本属地的企业沟通共同做好繁殖地的保护工作。陈副镇长说，接下来将通过村、镇两级政府加大保护野生动物的宣传，晋江市林业和园林绿化局持续关注，协调组织各方力量来共同保护好这块繁殖地。

深沪镇、科任村用实际行动体现着"共建双百爱鸟明乡村"的参与精神！村支部陈书记说："栗喉蜂虎能来这里，说明我们村生态环境好。一定要留住这群贵客，希望每年都来我们村里安家度婚假、生鸟宝宝。它们是我们科任籍的栗喉蜂虎。"我们的努力得到了回报，眼看着这些"小精灵"的家以后更加安全，我们将为它们下阶段的繁殖期创造一个更加良好的环境，并继续跟进做好保护工作。2020年的栗喉蜂虎数量与 2019 年持平，在主要两个区域共有 100 来只。

对动物最好的保护，就是不去干扰它们的自由生活。愿你我共同携手，观赏、研究和保护野生鸟类及栖息地，使人类和鸟类和谐共处。

绿鹭钓鱼追拍记

● 邱有来

2012 年 6 月 3 日上午，我在杭州西湖孤山荷花水面拍鸟时发现绿鹭在捕捉停在荷苞上的豆娘，但由于动作很快，没有拍到照片，当时也只是想，绿鹭捕豆娘只是玩着当点心吃而已。6 月 15 日，我在孤山的荷花水面又拍到了绿鹭把叼在嘴里的豆娘放在水面当诱饵的照片，但没抓到鱼。这我才意识到，绿鹭捕捉豆娘是为了钓鱼，绿鹭可真聪明。

当天回家后我查了关于绿鹭的资料，绿鹭自己捕捉虫儿做诱饵用来钓鱼的行为还没有人发现过，也没有这样的照片和视频记录，这应该属于一个新的发现。这一发现能够充分证明鸟儿会自己借助工具进行捕食，证明了绿鹭的智商是比较高的。于是我用了 2 个多月时间去追拍绿鹭钓鱼的整个过程。绿鹭在杭州是候鸟，6 月初飞来，到 9 月下旬绿鹭飞走了，我还是没有拍到满意的照片。有的只拍到了绿鹭放诱饵和在荷叶上蹲守的照片，但没有拍到鱼来吃；有的只拍到了鱼吃诱饵和绿鹭捕鱼的照片，但没有拍到放诱饵的照片；有的好不容易拍到了整个钓鱼过程的照片，但角度不好，鸟屁股朝镜头的。

2013 年 6 月初，我又到西湖边追拍绿鹭钓鱼。6 月 12 日，我一早来到西湖景点"曲院风荷"的荷花水面拍摄，早上绿鹭几次捕鱼，有两次捕到了鱼就飞走了。11 点 40 分绿鹭又来了，嘴里还叼着豆娘，飞到一张荷叶的中间，东张西望一番后伏下身子，伸长脖子轻轻地把豆娘放到水面，然后蹲下身子，紧盯着漂浮在水面的豆娘。四五分钟过去了，

没有动静，10 分钟过去了还是没有动静，我趴在相机前看得眼都花了，可绿鹭却一动也不动。到 15 分钟的时候，绿鹭伸长脖子把要漂远的豆娘叼了回来，我以为它要换地方了，心里好一阵紧张。可绿鹭没有走，而是轻轻地又把豆娘放在面前的水面上，然后蹲在荷叶中间不动了。大约又过了 20 分钟，突然豆娘一

■ 聪明的绿鹭钓鱼，以豆娘为诱饵

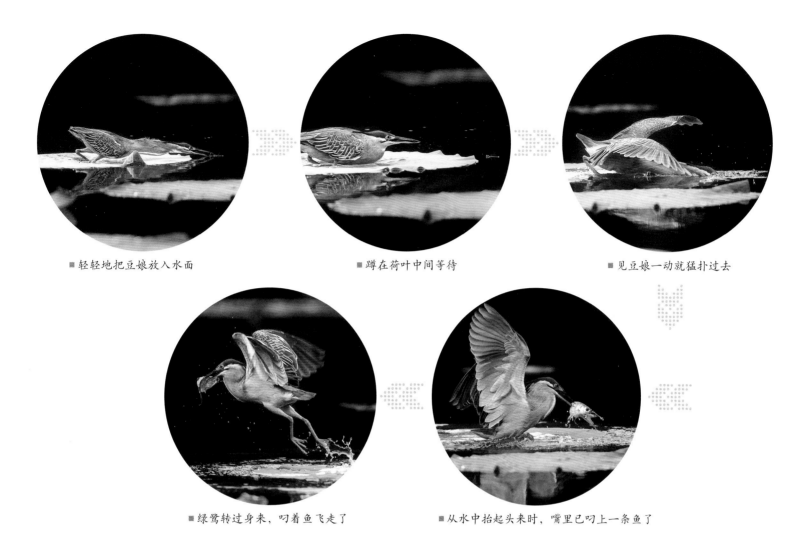

■ 轻轻地把豆娘放入水面　　　　　　　■ 蹲在荷叶中间等待　　　　　　　　　■ 见豆娘一动就猛扑过去

■ 绿鹭转过身来，叼着鱼飞走了　　　　　　　■ 从水中抬起头来时，嘴里已叼上一条鱼了

动，绿鹭向豆娘猛扑过去。当绿鹭从水中抬起头来时，一条白条鱼在不停地挣扎，绿鹭锋利的长喙已经刺穿了鱼的背部，真没想到绿鹭捕鱼不是用嘴叼鱼，而是用喙刺鱼。然后绿鹭在荷叶上慢慢转过身，双翅一张带着用喙刺到的鱼飞走了。我非常兴奋，一直按着快门不放的手指，此时才松开，1分钟左右的时间一下子就拍了几百张照片，我的640mm定焦镜头和刚买的佳能1DX也非常给力，对焦很实，也没卡壳。终于拍到了绿鹭钓鱼的全过程，而且是侧面对着我

的，整个过程动作非常清晰。

从前我们常常把能否使用工具改造自然，为自己的生存所用当作区分人与动物的标志，后来科学家发现灵长类动物也会使用工具，如黑猩猩会用小棍子钓蚂蚁吃，猕猴会用石头砸坚果等。现在我们又发现鸟类也会使用工具——绿鹭会捕捉豆娘钓鱼吃。

绿鹭体长48厘米，体重200～300克。常见于山间溪流、湖泊，栖息于灌木草丛中、滩涂及红树林。以鱼、青蛙和水生昆虫为食。分布于非洲、马达加斯加、印

度、中国、东北亚及东南亚、马来诸岛、菲律宾、新几内亚、澳大利亚。6月在中国东北及山东一带繁殖。绿鹭部分迁徙，部分为留鸟。据资料介绍，绿鹭在长江以南为留鸟，长江以北为候鸟，可不知怎么回事，在长江以南的杭州也是候鸟。

绿鹭胆小而好奇，聪明而机警。每到一处它总是东张西望、小心翼翼，然后蹲下身子，匍匐在草丛中、树干上、石头边或者荷叶中央。好奇往往与聪明相伴，绿鹭也是这样，有时它看到红蜻蜓也会盯上半天，有时一只蜻蜓从它身边飞过，它

■ 西湖荷塘中的绿鹭

也会紧张得竖起全身的羽毛。以前我看中央电视台的《动物世界》时，常常惊叹狮子和豹子的聪明，它们会在草丛中匍匐前行靠近猎物，然后发动突然袭击。现在知道绿鹭也懂得这个道理，要伏下身子，不能让鱼看到自己。

绿鹭喜欢独往独来，是个机会主义者。它常常孤独地站在水边，伺机捕食。这一点它像翠鸟，有自己的领地，平时都在自己的领地里捕食，除了繁殖期，它与伴侣一起筑巢，一起繁殖后代，一起养育子女。一旦子女长大，它们就各奔东西，各自回到自己的领地生活，子女则自己寻找领地生活。在自己的领地上，它们不会让其他绿鹭进入，不管是以前的伴侣，还是子女或父母，只要发现就会毫不留情地把它们驱逐出去。所以两只绿鹭在一起的照片很少，除非是繁殖期或者正在驱逐打架。这与大多数鹭鸟不一样，白鹭、灰鹭、牛背鹭等都喜欢群居，喜欢一起捕食，绿鹭则喜欢孤独。但现在的情况也有所变化，在西湖常看到两只绿鹭在同一片水域捕食，相安无事，当然，这与水域比较大有关。西湖鱼多，水面又大，即使在一起捕鱼也不影响它们的捕食和生存。

绿鹭比较羞怯，白天除了捕食，它总是偷偷地躲在隐蔽的地方，一声不响地缩着脖子站在岸边树木或灌木的低枝上，如无惊动，很少移动地方，即使有危险，也多先伸长脖子瞭望，然后慢慢鼓动双翅，飞到不远的另一处树木丛中。

绿鹭的耐心让人佩服，它常常能在一个地方久立不动等待鱼的出现，少则四五分钟，长则20分钟甚至半个小时。我们最长一次拍摄它的时间是等了40分钟，它就这样一动不动地趴在荷叶中央，我们也只好趴在相机前瞄着它，不敢离开，弄得我们腰酸肩疼、眼花手僵。

聪明加耐心是成功的保证，绿鹭则两者兼具，所以它捕食的成功率比较高。

■ 以莲叶为坪，绿鹭起飞

美丽的倩影　无奈的伤感

● 郭文忠

2020 年的春天，对于大连和金普新区的广大爱鸟人士和鸟类摄影爱好者来说是极其难忘的，迁徙而来的 60 多只反嘴鹬停留在金普新区西海湿地，这是从未有过的现象，这群反嘴鹬的到来给这片湿地带来了更多的生机，给爱鸟、观鸟、拍鸟人士带来了欢乐。我与金普新区野鸟保护协会蒋秘书长等会员，在观察它们的同时，用镜头记录了反嘴鹬觅食、交配、打架以及在空中翱翔的倩影。但由于湿地栖息环境的突然改变，我们仅陪伴这群鸟儿走过一段美丽的开始，却没能陪伴它们等到迁徙结束，这给我们留下了许多无奈和伤感。

大连处于全球 8 大重要鸟类迁徙通道第五通道——东亚—澳大利西亚迁徙路线中段，每年春秋两季都会有 250 余种、数百万只候鸟经大连南北迁徙，大连金普新区在每年鸟类迁徙季节有不少候鸟飞临停留，反嘴鹬就是其中之一。

反嘴鹬（学名为 *Recurvirostra avosetta*，又名反嘴鸻）为涉禽，属鸻形目反嘴鹬科反嘴鹬属，因其独特上翘的嘴型而得名。反嘴鹬主要分布在欧洲西部至东亚，繁殖于俄罗斯外贝加尔地区北部，常生活在湿地和靠近海湾碱性湖里，习惯在浅水的区

▇ 由于反嘴鹬的喙上翘，觅食时下颌常贴在水面上

■ 水中起飞

域驻留觅食。它们体长40～45厘米，身体白黑色，翼展76～80厘米，细长蓝色的腿（腿的长度7.5～8.5厘米），前额、头顶、肩羽为有光泽的黑色。鸣叫声清晰似笛，喙长而尖细，前端大幅度向上翘。反嘴鹬善游泳，用它们长而上翘的嘴，不停地在浅水泥滩的表面来回扫动寻找食物，主要以小型甲壳类、水生昆虫、蠕虫和软体动物等小型无脊椎动物为食，也常在地表或水表面啄食，或者边游泳边觅食，有时将上半身完全潜入水中，只露出尾部觅食。反嘴鹬喜欢群居，它们在迁徙过程中和在越冬期均形成大群生活，繁殖期间的活动都是成对成双进行的。

2019年之前，在金普新区周边湿地见过反嘴鹬为数不多的身影，我在周边海域和湿地遇到过几次，每次也就是几只，而且观察距离都比较远，只能通过望远镜观察，没有拍下较为清晰的图片。而2020年4月5日，金普新区野鸟保护协会成员孙师傅打来电话，说在西海湿地一个300平方米的水塘中，来了60多只反嘴鹬，我驱车到达湿地，用望远镜数了一下，竟达67只，我又到旁边的池塘看了一下，里面有一些白骨顶、黑翅长脚鹬和小䴙䴘在水中游弋觅食，春季湿地鸟儿的增多，与金普新区野鸟保护协会的努力是分不开的。西海湿地的北侧有个面积较大的生活垃圾填埋场，2017年之前，整个区的生活垃圾都投放到这个垃圾场，垃圾场越填越高，日晒雨淋，大量腐败有害的液体渗入湿地，湿地的水质恶化了，鸟儿们都离开了，垃圾场散发的有味、有害气体弥漫到周边的居民区。针对这种情况，金普新区野鸟保护协会的蒋永贵秘书长向区环保部门反映了情况，并在区《开放先导报》上报道了垃圾场污染环境的情况。这一举措，督促了政府部门加快改善垃圾场环境的力度。从2017年起，政府部门关闭了垃圾场，随着垃圾场的关闭，湿地生态环境得到了恢复，这是湿地鸟儿数量增多的主要原因。

那段时间我隔三岔五往西海湿地跑，每次去我先用望远镜观察一番，然后用相机对反嘴鹬拍照记录，发现反嘴鹬每天都有集群和分散进食时间，分散进食时都是成双成对的，两只鸟始终保持较近的距离。反嘴鹬有时群飞，也有成对飞翔，很少单只飞翔，进入繁殖期的一对鸟不论是在空中飞翔还是在水中觅食、戏水都形影不离。4月15日的一次观察记录中，给我印象最深的是在交配时，雌鸟要先有表示，可能是向雄鸟示爱吧（动作是两腿站在浅水里，头和脖颈向前下方伸直保持不动），此时雄鸟若有想法，就会围绕雌鸟转来转去，同时开始用嘴沾水梳理羽毛，雌鸟保持一种姿势站在那里等待，雄鸟继续梳理羽毛，1~2分钟后，待雄鸟嘴部沾水频率突然加快时，交配即将开始。雄鸟跳到雌鸟背上，张开翅膀，边交配边用翅膀调节平衡，几秒钟交配结束，紧接着是交配后的1~2秒钟的缠绵。观察中也发现，反嘴鹬也不是每次交配都能完成。有时候雌鸟站在那里，做好了等待交配的姿势，可雄鸟却无动于衷，不予理会，交配也只能等待下一次了。反嘴鹬在交配期，雄鸟对雌鸟格外爱护，不让其他雄鸟接近伴侣，只要有其他雄鸟靠近雌鸟，雄鸟就会主动出击大打出手，直到把来者赶走为止。

交配之后，每对夫妻就开始为下一步的繁育工作做准备。4月15日，发现一对反嘴鹬在池塘中间凸起露出水面的泥滩上有做窝的迹象，资料里提到反嘴鹬繁殖于俄罗斯外贝加尔地区北部，没听说过在大连附近有繁殖的记录，我用长镜头观察发现，一对反嘴鹬在泥滩上把芦苇秆衔来衔去的，好像是在做窝，但后来观察那个窝没有做成，可能是筑巢位置选得不合适，离水面较近，被水浪给冲走了。5月2日，我和蒋永贵秘书长、孙师傅再次去湿地观察，在望远镜里看到一只反嘴鹬在一个物体上趴着不动，猜测是不是大鸟在孵卵，等过了一段时间大鸟离窝出去觅食，从望远镜里果真看到鸟窝里面有两只鸟蛋，我不太相信自己的眼睛，便叫来蒋永贵秘书长和孙师傅看看，果然窝里有两枚鸟蛋。我们3人穿上水靴又走近了看看，真的是

两枚蛋，大家真的是太高兴了。同时，发现鸟窝距离水面太近了，一旦下雨鸟窝就有被淹没的可能。于是，我们3人决定把鸟巢垫高20厘米（根据2016年在西海湿地垫高一个长脚鹬鸟巢的经验，鸟巢垫高后大鸟弃巢的可能性不大），我们先撤离鸟窝，好让大鸟回窝保持鸟蛋的温度，同时我们寻找加高鸟巢的物资，等大鸟再次离开鸟巢时快速地完成鸟巢垫高任务。鸟巢顺利垫高了，我们又撤到远处，等待大鸟回巢（我们用摄像机记录了大鸟回巢过程），直至我们看到大鸟回巢后我们才放心地离开湿地，期待着这对反嘴鹬能够孵化成功，期待着小反嘴鹬顺利地出现在我们的视野里。天有不测风云，第二天开始下雨，我们没太在意，认为我们已经把鸟巢垫高20厘米，即使下雨也应该没有问题。可是第三天的雨量增大了，我们就让住在湿地附近的徐师傅过去看看，结果发现池塘里的水涨了半米深，鸟巢被淹没了，所有的反嘴鹬也不见了。当我们听到这一消息后，心情非常沮丧，真切地感受到了鸟儿繁衍生息的不易。从小鸟到成鸟要经历九死一生，在每次的迁徙途中也是九死一生。它们很顽强，可以翻山涉水、远渡重洋、抵御风暴到达它们的栖息地；但它们又很脆弱，自然环境的改变或人为因素都会改变它们的命运。

池塘涨水、反嘴鹬飞走之后，我们与湿地的管理人员分析了池塘排水不畅的原因，并及时解决了池塘排水不畅的问题，但愿2021年的春天能够再次看到大批反嘴鹬和其他野鸟的到来，给这片湿地带来应有的生机，使这片湿地成为野鸟的乐园，让爱鸟、观鸟的人们看到更多鸟儿美丽的倩影，不再有无奈与伤感。

■ 反嘴鹬夕阳下的倩影

鸳鸯：痴情还是薄情

● 冉景丞

　　鸳鸯，比家鸭小一些。雄鸟称为鸳，羽色绚丽，最内两枚三级飞羽成扇形而竖立，像高高竖起的帆，又称帆羽；眼棕色，外围有黄白色环；嘴红棕色。雌鸟称为鸯，比雄鸟稍小，背部苍褐色，腹部纯白。它们栖息于内陆湖泊和溪流中。春季和冬季，主要以青草、草叶、树叶、草根、草子、苔藓等植物性食物为食，也吃玉米、稻谷等农作物和忍冬、橡子等植物的果实与种子；繁殖季节则主要以动物性食物为主，如蚂蚁、石蝇、螽斯、蝗虫、蚊子、甲虫等昆虫，也吃蜥蚣、虾、蜗牛、蜘蛛以及小型鱼类和蛙等。

　　每年3月末4月初鸳鸯陆续从南方迁飞到东北繁殖，9月末10月初又南迁。在贵州、台湾等地，亦有部分鸳鸯不迁徙而成为留鸟。繁殖期主要栖息于山地、森林、河流、湖泊、水塘、芦苇沼泽和稻田地中，冬季多栖息于大的开阔湖泊、江河和沼泽地带。一般生活在针阔混交林及附近的溪流、沼泽、芦苇塘和湖泊等处，喜欢成群活动，一般有20多只集群，有时也同其他野鸭混在一起。善游泳和潜水，在地上善行走，除在水上活动外，也常到陆地上活动和觅食。性机警，遇人或其他惊扰立即起飞，并发出一种尖细的"哦儿"声。每天在晨雾尚未散尽的时候，就从夜晚栖息的丛林中飞出来，聚集在水塘边，在有树荫或芦苇丛的水面上漂浮、觅食，然后再飞到树林中去觅食，一两个小时后，又先后回到河滩或水塘附近的树枝或岩石上休息。

　　关于鸳鸯的传说很多，特别是古诗词中，总是把鸳鸯当作用情专一的比喻，把它作为"守情鸟"，表示对爱情坚贞不渝。杜甫诗云："为报鸳旧情，鸂鶒在一枝"；李白曾发出过"常嫌玳瑁孤，犹羡鸳鸯偶"的感慨。孟郊以诗赞曰："梧桐相待老，鸳鸯会双死。"白居易在《长恨

▣ 鸳鸯双双嬉戏于水中

歌》中则有"在天愿作比翼鸟，在地愿为连理枝"的名句。卢照邻的《长安古意》中有"得成比目何辞死，愿作鸳鸯不羡仙。"意思是说只要能和心爱的人厮守在一起，就是死了也心甘情愿。最早的诗集《诗经》中也有云："鸳鸯于飞，毕之罗之。君子万年，福禄宜之。鸳鸯在梁，戢其左翼。君子万年，宜其遐福。"描绘了一对五彩缤纷的鸳鸯，拍动着羽毛绚丽的翅膀，双双飞翔在辽阔的天空，雌雄相伴，两情相依，情有独钟，心有所许；在遭到捕猎的危险时刻，仍然成双成对，忠贞不渝；在芳草萋萋的小坝上，一对鸳鸯相依相偎，红艳的嘴巴插入左边的翅膀，闭目养神，恬静悠闲。

在日用品、纺织品、工艺品中也常见鸳鸯的倩影，如鸳鸯被、鸳鸯枕等。有些女子结婚以前，爱绣鸳鸯送给恋人，希望他像鸳一样永不变心。宋代词人曹组《鸳鸯诗》："苹洲花屿接江湖，头白成双得自如。春晚有时描一对，日长消尽绣工夫。"元好问的"鸳鸯绣出从君看，莫把金针度与人"也是描绘绣鸳鸯的场景。当然还有古诗十九首中的："文彩双鸳鸯，裁为合欢被。"刘希夷《晚春》诗云："寒尽鸳鸯被，春生玳瑁床。"骆宾王《从军中行路难》诗云："雁门迢递尺书稀，鸳被相思双带缓。"《古今注》说："鸳鸯，水鸟，凫类，雌雄未尝分离，人得其一，则一者相思死，故谓之匹鸟。"《康熙字典》也称："鸳鸯雌雄未尝分离，人得其一则一必思而死，故谓匹鸟。"曹植用"中有孤鸳鸯，哀鸣求匹俦"来对鸳鸯深表同情。《淮安府志》中记载：成化六年十月间，盐城一渔夫戈一雄鸳，剖割置釜中煮之。其雌者随棹飞鸣不去，渔夫方启釜，即投

■ 鸳鸯的比翼，往往给人以忠贞的错觉

沸汤中死。这些大概便是以鸳鸯喻恩爱夫妻、视鸳鸯为守情鸟的重要原因。

据科学家观察，鸳鸯繁殖于山地森林中，于3月末至4月初迁到繁殖地。随着天气逐渐变暖，鸳鸯才逐渐分散并成对进入营巢地。4月下旬开始出现交配行为，一直持续到5月中旬。交配活动开始前雌雄双双游泳于水中，雄鸭频频向雌鸭曲颈点头，浸嘴于水中，同时竖直头部艳丽的冠羽，然后伸直颈部，头不时地左右摆动，随后雌雄并肩徐徐游泳于水面，并不时将嘴浸入水中，游过一段时间后，雌鸟疾速向前，雄鸟紧跟其后，同时不断地翘起尾部，紧接着跃伏于雌鸭背上，用嘴衔着雌鸭的头羽进行交尾。交尾时间每次约2秒，可连续进行4~5次。

科学家们还发现，雌雄鸳鸯在繁殖、交配期间，确实是情深意长，形影不离。但是交配结束后雄鸳鸯便与雌鸳鸯分道扬镳，忙着去另寻新欢。孵化和抚育后代的重任，全由雌鸳鸯承担。科学家们做过一

个实验，捕捉成双成对的鸳鸯中的一只后，不管是雄是雌，另一半并未守情终身或殉情而死，而是不甘寂寞，不久便另寻新欢。由此可见，鸳鸯实际上并非守情鸟，谈不上白头偕老，倒是不折不扣的薄情夫妻。它用一身的华丽隐藏了花心的事实，骗了人们几千年。

■ 对鸳鸯，还需重新认识

三进恩格尔河

● 王　顺

恩格尔河位于锡林郭勒盟东苏旗（苏尼特左旗）南130千米浑善达克沙地边缘，这里山清水秀，鸟语花香，绿树郁郁葱葱。早就听人们说，那里是最佳的旅游去处，只因没有机会迟迟未能如愿。也许是酷爱野生动物摄影的缘故，我心中一直在琢磨着一个问题，既然恩格尔河环境这么好，肯定有好多野生动物在这里安家落户，因为野生动物能否得以生存繁殖，是衡量一个地区环境好坏的明显标志。无巧不成书，那天朋友从锡林郭勒盟东苏旗恩格尔河旅游回来，毫不掩饰地告诉我："真好，水有30多米深，鲤鱼30多斤重。在河里游泳又用河里的水煮鱼，借着月光喝大酒，吃大肉，听鸟叫，唱歌、跳舞、回归大自然的感觉，你是绝对想象不到的。你要是去了，一定能出好作品。嗯，对了，还有丹顶鹤。"说心里话，他说那些吃呀喝呀的我并没往心里去，全当是对当事人的尊重耐着性子往下听，而当他说到丹顶鹤，我一下子来了精神。这次我倒反问他了，我越问他，他越支吾，急得我真是不知说什么才好，最后让我以一顿酒宴定音。他说这是吊我胃口，因为他知道我想拍照，而我也知道自己的镜头里还没有进过丹顶鹤！

一进恩格尔河

6月初，草原上水草丰美，鲜花烂漫，是人们外出游玩的好季节。周五，我结束大队组织的政治学习已是下午5点多了，我拿上摄影包，带好相机以及帐篷，吃喝的东西，就出发了。我无须同家人打招呼（因为这已是常态），驱车直奔200千米外的东苏旗，心想今晚就宿东苏旗，明早出发，直奔恩格尔河。搞摄影的都知道，真正的力作大多出自一早一晚的半个小时时间里，更有拍风光高手，佳作出自太阳落山前后的半小时之内。

我独自一人驾车，从锡林浩特途径阿巴嘎旗，途中难免走走停停，尽管我是专门拍野生动物的，但还是经不住车窗外美景的诱惑，好的风光也不放过。快到东苏旗的时候，太阳将要落山，一群羊映入我的眼帘。羊群依山傍水，似饮水状，河水在晚霞的映衬下呈红色，羊身上有一圈逆光的轮廓，真是太美了！我迅速将车开到离羊最近的地方，凭着我的直觉，这是拍摄的最佳位置，选好角度，调好光圈"咔嚓""咔嚓"拍下了那天的最初之作。路灯亮起来的时候，我驱车进入东苏旗，找到了住处，就不用在野外宿营了。

晚上，我找到了我多年的好朋友，东苏旗公安局治安大队的陈旭，让他明天当向导。第二天5点，天刚蒙蒙亮，我们没吃早饭就出发了。因为是自然路，车速快不起来，又颠得厉害，我们只能慢行。大约走了两个小时的路程，陈旭告诉我，再翻两座山就到了。连续3年的干旱，草原上已经今非昔比了，草场退化，走了近100千米的路，连个蒙古包也没看到，原来成群的牛羊现在少得可怜，那种凄凉感着实让人难受。东苏旗是锡林郭勒大草原有名的旗县，过去人们一提起它，就联想到北京"东来顺"的涮羊肉，因为那里的羊吃的是沙葱（一种中药），所以羊肉鲜嫩，没有膻味儿。现在看来再想恢复到它的本来面目，短时间内是很难了。人们啊，只知道破坏，不懂得保护，一旦失去了才知道它的宝贵，那可就晚了。

11时左右，我们终于看到恩格尔河，在山的高处，远眺恩格尔河，河床呈东西走向，弯弯曲曲，好似姑娘的围巾，在晨风里飘扬。河的西头有一个湖泊，水面上似有人、有船，繁星似的各种鸟儿数不胜数。牛羊点缀在河的两岸，南边紧靠浑善达克沙地，榆树、沙丘相互辉映在湖面上，河边长满芦苇，河边有10亩大的一片杨树林，植被相当丰富，好一幅世外桃源的画卷。我只顾欣赏、惊叹，忘记自己手中的相机。突然陈旭和我说："老王，你快看。"顺着他手指的方向望去，前面500米左右的河床边，有两只灰鹤正悠闲自在地漫步觅食，我支好三脚架，调好光圈，对好焦，开始拍，由远及近地拍摄，生怕它们跑掉。拍着拍着，前面不远处又出现了两只，而且姿势相当优美，像一对恩爱夫妻。我赶快抓住这一有利时机，拍下了它们的多姿情景。而且越拍越感到可拍的素材太多了，这里不但有灰鹤、赤麻鸭等，还有各种水鸟，种类繁多连我自己也说不清，叫不出来名，真是不虚此行。

下午1时许，同伴陈旭找到正在恩格尔河水保站工作的朋友杨崇宝。杨崇宝是位部队复员军人，自己非常爱好野生动物，有好多的鸟种名他都能叫出来，而且对这些鸟的习性、生活规律观察得比较详细，他的介绍让我们大开眼界。如果人人都能像杨崇宝一样爱护鸟类，保护家园，珍惜野生动物生命，该有多好啊！

整整一个下午，杨崇宝带着我们在恩格尔河周围丹顶鹤经常活动的地方寻找、拍照，可累苦他了。晚上，我们在水保站吃饭，席间，水保站主任老袁和我说："老王，你把杯中的酒喝了，我告诉你个好消息。"反正酒量自认还算可以，我说："行。"当我喝完酒，他告诉我，在他们院里就住了一窝"鸿雁"。我是个急性子，马上就要去看，他们也理解我的心情，就带上我蹑手蹑脚地来到了"鸿雁"所住的地方，在一间被废弃的破土房的西北角，有一对"鸿雁"正在抱窝，怕惊动它们，我们看了一眼就又回去喝酒了。我

■ 恩格尔草地上觅食的蓑羽鹤

了解一般牧区老乡把赤麻鸭习惯叫"鸿雁"，其实这是别名，学名叫赤麻鸭。入乡随俗，我们就叫它"鸿雁"吧，但在"鸿雁"上必须加引号。他们给我讲起了这窝"鸿雁"的故事。春天，水保站的同志来恩格尔河上班，发现院里的破土房里住了一窝"鸿雁"，而且下了蛋，已有6枚。大家说好了谁也不去干扰它们，并对外保密，为防止小孩淘气偷蛋，他们专门买了把铁锁把门锁上。这样，"鸿雁"就在这"最危险的地方，也是最安全的地方"安家落户了，并由6枚卵发展到现在的11枚卵。水保站的同志们轮流看护，绝对不允许人为破坏。今天要不是看在我是个爱好野生动物摄影的人，绝不会告诉我的。那一夜，我的心情特别好，一系列"鸿雁"的故事在我心中酝酿着，安然入睡……

第二天，我守株待兔先拍"鸿雁"抱窝，因为"鸿雁"是在暗处，不用闪光灯

不行，用闪光灯担心"鸿雁"受到惊吓，怕它们飞走不回来，最后我还是决定不用闪光灯，用大光圈，干扣。尽管这样谨慎、小心，还是惊动了它们。刚按了第一下快门，"鸿雁"就发现了我，展翅从窗户上飞走了，整整一个上午也没有回来。是我打扰了它们平静的生活，后来他们告诉我"鸿雁"得晚上才回来，因为它怕人们发现它的窝巢，故意不在这一带活动，躲得远远的，希望不引起人们的注意。因为第二天是周一，我还得上班，所以要回市里。临别时，我和水保站的同志们约定，过几天我一定来，我要把"鸿雁"拍成系列。所以等"鸿雁"一出壳马上告诉我。

再进恩格尔河

难熬的10天过去了，恩格尔河那里一点消息也没有，难道是他们忘了，还是没有车出不来？好不容易有这么一窝"鸿

雁"在原地等着我，无论如何我也要把它拍成功。我开始筹划拍摄课题，就像老师给学生的命题作文一样，从单个的特写，到群体的迁徙；从地上的觅食，到空中的飞翔；从爱巢中的孵化，到新生命的诞生；从"鸿雁"妈妈们的辛劳，到孩子们成长的全部过程……我越想越兴奋，整个身心陶醉在即将到来的"命题作文"中。

我把上次拍摄的照片进行了整理，对那些照片的构图、色彩、用光以及野生动物的个性特点进行了对比，把自己满意的照片归为一类，不满意的干脆删掉，并在满意的照片中寻找差距，为再次补拍做准备。快一个月了，我估计"鸿雁"应该产蛋到期，开始孵化了，我推算一般家禽孵化期平均在 21 天左右，野生动物估算也应该差不多吧。

又是一个周末的下午，我还是独自一人驾车来到东苏旗，这次我没有去找同

伴陈旭，因为人家是从事警察工作的，好不容易过个礼拜天，也应该陪陪家人，我不好意思再麻烦人家了，况且上一次的路线我走过，已经是轻车熟路了。

第二天，我从东苏旗直奔恩格尔河，中午顺利到达，找到杨崇宝。他告诉我"鸿雁"还没有孵化出来，所不同的是"鸿雁"明显在窝里孵化的时间长了，估计到了最后"冲刺"阶段。他还告诉我，鸿雁孵化期间有几个小孩知道了，趁大人们外出干活时，孩子们用弹弓打鸟，他们对这些孩子进行了批评教育，并加强了对雁巢的看护。

下午，我和杨崇宝补拍完"鸿雁"的照片，就在恩格尔河附近拍摄别的素材去了。拍着拍着，我们发现在恩格尔河的湖面上有一艘渔船，几个人在芦苇里不知干什么。我们迅速靠近，结果是几个渔民拿着一个盛水的铁桶，在芦苇丛中找水鸟

蛋，并把水鸟蛋打碎，已装了半桶蛋清蛋黄了。我问："你们在干什么呢？"其中一个家伙说："回去炒着吃。"这一下子可把我气坏了，我当即从他们手中抢过水桶，把他们的"战利品"全部倒进湖水里，还不解恨，顺手把水桶砸得扁扁的丢进湖里。对他们说："你们知道不知道，这是犯法！《野生动物保护法》已经颁布多长时间了，你们还这样干，简直是卑鄙可耻。以后你们再要这么干，我到派出所告你们去。"说完，我从兜里掏出 50 块钱扔到地上说："去！把钱拿上！买鸡蛋炒着吃去吧！"

整整一个下午我的心情都不能平静，就连拍照的心情也没有了。杨崇宝告诉我，这个地方穷，封闭，每年在这个季节都有人划船在湖里掏鸟蛋，有的人炒着吃，有的人煮着吃，还有的要腌上一大缸吃。吃完还大肆宣扬怎么好吃，闹得村里人跟着起哄。野生动物保护意识太差了。我想，这也确实是个问题，光凭两个人的意识提高是不行的，必须让所有人意识都得到提高才行。

下午 5 点左右，我召集水管站（恩格尔河唯一的政府派出机构）的同志们开了个短会。我说，这个地方穷是事实，人们的环保意识差也是事实，这就需要我们这些政府机关干部身体力行，大力进行宣传教育才是。如果恩格尔河的环境保护好了，野生鸟类成群到这里安家落户，必然会吸引更多的鸟类前来繁衍生息。就拿你们这里的丹顶鹤（后来考证叫白枕鹤）来说，全世界仅存 2000 只左右，属国家一级保护动物，而你们这里就有两只，如果保护得好，繁殖得快，发展到十几只，那该有多好！再加上你们这里有蓑羽鹤、灰

■ 鸿雁的繁殖地

■恩格尔河——鸭子们的乐园

鹤等，会吸引更多的鸟类爱好者前来观鸟、拍照、旅游，到时候你们这个"与世隔绝"的小山村就热闹了……简短的几句话，大家听后若有所思，我想他们是悟出了其中的道理，我也感到轻松了许多，心里也不像上午那样憋得慌了。

二进恩格尔河就这样在平静、气愤、不息的心境中暂告一段落。

三进恩格尔河

7月29日，我接到杨崇宝从恩格尔河打来的电话，当时，大队正组织全队民警对醉酒驾车的严重违章行为进行突击性夜查，行动历时3个小时，对醉酒驾车的严重违章行为进行了治安拘留，社会反响特别强烈。第二天上午，我们根据上级的安排和相关的法律程序进行处理。下午，我和锡林郭勒日报社记者毛凤鸣带上早已准备好了的照相、摄像器材就急匆匆地上路了。

这一天，我是在极度兴奋和喜悦的心情中度过的。这一次，我是有备而来，绝对保证万无一失。路上，我和小毛策划着如何拍，拍什么镜头，最好把大鸟喂小鸟食物的镜头拿下。如果条件、环境不允许的话，我们准备怎么做模具，盖掩体，总之，就像完成老师给学生下达的命题作文一样仔细、认真。

傍晚，我们就住宿在距恩格尔还有70千米的查干诺尔苏木。第二天上午9时许，我们如约来到恩格尔河，早已等待的杨崇宝见我就说："来晚了。"我说："怎么搞的？"他说："已经出壳第三天了，谁知第一天没事，第二天就少了六只，我以为是被人偷跑了，第三天上午，我把剩下的七只抓到屋里小心喂养，晚上又怕饿死就把它们装到一个大纸箱里，还在纸箱里放上了菜叶、馒头、水等食物，小心翼翼地把它们放回去了。夜里12点，我们在屋里听到有大'鸿雁'的叫声，心想是有人在破坏，谁知大'鸿雁'嘴里正叼着一只小'鸿雁'从窗户飞出，落在地上。另一只大'鸿雁'背上爬满了小'鸿雁'，见有人惊动，那只大的就平平稳稳驮着小的飞走了。我长这么大还是第一次见到，真让人不可思议。等我们回过神来进屋再看纸箱里的小'鸿雁'时，一个都不见了，而纸箱也没有倒，放的菜叶等食物吃光了。我想，大'鸿雁'是怎么进入纸箱的，又怎么出去的，真是让人琢磨不透。所有这些就发生在昨天晚上，要不是我亲眼看到，你一定以为我在骗你呢。"

原来如此，当我们再进到那间土坯房的时候，像他所说的那样，孵过卵的雁窝上轻轻地铺着一层雁绒，旁边有几个空蛋壳，我想大自然养育了万物生灵，各种生灵自有它们生存的本能，这也许就是生物界优胜劣汰的自然规律吧！

知道了事情的原委，我虽然有些失落，但对杨崇宝的认真负责的态度感到欣慰，为了不耽误时间，我们决定到河边、湖边去看一下"鸿雁"是如何带着小"鸿雁"在河中练习基本功的。

在恩格尔河上游的湖水中，只见两只大"鸿雁"正在湖中漫游，它们中间夹着10多只小"鸿雁"正在嬉水，好似幸福的一家人。它们有的一字排列，有的三三两两围在一起玩耍，也有的单枪匹马离开鸟群独自闯荡，但不多时，雁妈妈就会过去把它们叫回来。我们边观赏边探讨，也不忘拍些照片，甚至不顾疲惫和涉水带来的麻烦，想尽一切办法靠近它们。可现实却是你往东走，它们就往西游，你南来，它北往，就是不让你靠近。好不容易四边均安排上了人，把它们圈在水中间，大"鸿雁"一声鸣叫，小的就全部钻入水中，平静的水面好似一面镜子，什么也看不见了。而这时的大"鸿雁"就在头顶来回飞翔，叫个不停，不时还俯冲下来用嘴啄你，甚至还往你身上拉屎，与你为敌。

湖边坐着一位老人，见我们这些城里来的人拿着些叫不上名的新式装备，在水中为了几只野"鸿雁"而忙碌，也不说什么，只是坐在那里，边抽烟边看着我们瞎折腾，时而还发出几声干笑。

折腾了一阵儿，累了。我们几个上岸，穿好衣服，来到老人跟前，拿出我们早备好的面包、榨菜、火腿肠还有啤酒等，就在湖边共进午餐。虽然没有拍到"鸿雁"，全当作一次野游罢了。老人见我们兴奋的样子，好似勾起了他童年的情景，眯着眼，边喝酒边笑，也陶醉在这幸福欢乐的时光里。当老人知道我们不是来打猎，而是像电影里来拍照的时候，带着几分醉意，打开了他的话匣子。他说，"鸿雁"是草原上典型的鸟类，它们一般是春天来，夏天完成交配、孵化，秋天携儿带女南下，属候鸟类。它们属一夫一妻制，如果一方遇难，另一方终身不再嫁娶，所以被人们视为对爱情最忠贞不渝的，是美好婚姻的象征。草原上人们又称它们为神鸟，认为它们的到来，会给人们带来吉祥和幸福，所以人们不能伤害它们，还要保护他们。"鸿雁"的警惕性很高，当人离它几百米远的地方就开始叫，而且很快就会飞走。它们发出的叫声洪亮，个头比一

般的野鸭大一至两倍。它们的巢窝一般构筑在山崖或树洞。每窝"鸿雁"产蛋一般在十几枚左右，遇到外界的影响，就把产的蛋丢在外边。听了老人的一席话，真是胜读十年书啊。像这些知识，我无论如何在书本里是学不到的。

三进恩格尔河已经过去一段时间了，如今，每当我想起往事的时候，就想再去一次恩格尔河，去完成我的心愿。虽然行程两千余千米，磨破了我的汽车轮胎，耗费了不少汽油，也用去了不少钱，有人说不值得，但我认为这件事磨炼了我的意志，教会了我人生的许多道理。只要你认准事理，不管遇到什么艰难险阻，也要把它做到底，做彻底，这样的人生才充实，才有意义！尽管从最初的拍"丹顶鹤"到后来的拍"鸿雁"是发生了变化，但我想，在我们的人生旅途中，没有一件事是一帆风顺的，每一次成功的背后，都是经历了几度曲折，几度坎坷的。

朋友，你说对吗？

■ 恩格尔河湿地并不常见的丹顶鹤

雀鹰会

● 李 娟

2020年10月中旬的一天，我作为一名备选见习观察员有幸参加了大连市野生动物保护协会秋季候鸟迁徙六号观测点的观察活动。这不是一次简单的观察活动，拍拍照片，看看热闹就行了，而是要在观察中详细准确地用眼、用脑、用心、用影像资料去记录每一只迁徙路过此地的候鸟。第一次参加这样的活动，我既兴奋又紧张，一只两只三只五只我还数得过来，成帮结队就数不过来了，好在身边有老师指导我。

你见过这阵势吗？漫天遍野，呼啦啦在你面前落下一片红，哗啦啦飞起一阵风，瞬间消失得无影无踪。不多一会儿，噼里啪啦像下饺子一样，在你眼前落下一片黄，呼啦啦飞起一股烟，飘飘忽忽隐入树林间。还没等你反应过来，嗖来飞去，飞去嗖来，一片绿又落在了你的眼前……红的是燕雀，黄的是黄腹山雀，绿的是暗绿绣眼鸟和红胁绣眼鸟。据大连野保协会谷会长介绍，2020年秋季候鸟迁徙中的燕雀、黄腹山雀、暗绿绣眼鸟都创下了六号观测点自2004年建点至今16年来的观测历史记录。其中暗绿绣眼鸟就记录到380只，谷会长说这是从未

有过的现象。暗绿绣眼鸟主要分布在我国南方地区，而且绝大多数地区为留鸟，是十分常见的鸟类。以往大连没有记录，直到2008年秋季才首次发现十余只混于红胁绣眼鸟迁徙群中。此后每年在秋季观察中都有发现，但最多的时候也只有二三十只，今秋却令人意外。目前有一种说法，就是"南鸟北迁现象"与地球气候变化有关。那么暗绿绣眼鸟在北方地区的骤增是否也与地球气候变化有关呢？如果真是因地球气候变化而使得迁徙种群扩大，则是对人类的严重警告。谷会长叹息地说。

我和谷会长说话间，眼前的鸟儿一溜烟似的全飞走了，就连树上落的，还没来得及下来喝水沐浴的鸟儿也跟着一起飞走了，顿时观测点一片寂静。怎么回事，我茫茫然不知道发生了什么事情。"别动，不要出声，看前面的树上，雀鹰来了"，我身边一位有着二三十年观鸟经验的老师压低嗓音对我说，他是专程从外地赶来观察候鸟迁徙的。顺着老师的目光，我轻轻地把头转了过去，透过观察口向前方望去，果真是两只雀鹰一前一后地伫立在一棵大树上，这有点出乎我们的意料。

鹰是隼形目猛禽的典型代表，种类

■ 桩上休憩

很多，在我国最常见的有苍鹰、雀鹰和赤腹鹰3种。雀鹰体形比苍鹰稍小，成鸟上体青灰色，尾羽较长，有十分明显的深褐色横斑，很容易识别。从鹰的习性上来说，鹰都是独来独往，个体生活为主，除繁殖期外，很少能看到两只在一起而且和睦相处的鹰。难道真的是世道变了，人类

■ 双雄共浴

的和谐共处深深地影响了动物们？真有点不可思议。最让我们不可思议的（也可以说是目瞪口呆的）还在后面呢，我们简直不敢相信眼前发生的一切。一只雀鹰悄无声息地飞落下来，在小溪水面的一个横杆上站了一下，用警觉的目光四处张望了一下，然后大大方方地跳进水中开始扑棱着翅膀欢快地洗澡。不一会儿，另一只也飞落下来，站在溪水里面的一个树桩上，翅膀一扇一扇地看着正在洗澡的那只鹰，我们既担心又希望它们能打起来，因为那样拍摄的画面才精彩。然而让我们非常失望，它们不仅没有打起来，反而非常友好、和睦地一起共浴，时不时地两只鹰还会互相用翅膀为对方遮挡一下。共浴时它们之间还有一点距离的，可是后来它们竟然凑到了一起，那表情那神态真的好像是一对夫妻，但那不可能的，因为它们都是雄性。我们一边观察一边不停地按动着手中的快门，真真切切地把这一罕见的现象用影像资料记录下来。

两只沐浴后的雀鹰刚刚飞走，又一只雀鹰飞了过来，一点招呼都不打，直接飞到水边开始大口大口地喝水，它可能是刚刚从很远的地方飞过来，看它喝水的样子一定是渴坏了。它没有洗澡，可能是太累了，需要休息一下，喝完水就飞进树林中休息去了。我们还没有缓过神来，眼前的水中又溅起了一片水花，甚至都没看清雀鹰是从哪里飞过来的，还不等我们按下快门它已经飞得不见踪影。刚要喘口气，我们在观察窗口突然看见一个影子从树林里飞了出来，直接飞到我们的眼前，谷会长的镜头一下子"爆框"，镜头里只有一个雀鹰大头像，好在我和外地老师带的是变焦镜头没有"爆框"。这也太不可思议了，在短短的40分钟内竟然有5只雀鹰飞抵这里，那位外地观鸟大师连连称奇，说是观鸟30多年从来没有看到过这种情况啊！我就更是开眼了。谷会长则笑笑说，在大连五鹰同时抵达的现象并非首例，2010年秋季就出现过5只雀鹰同时落在一棵黑松上，但是两只雀鹰洗"鸳鸯浴"却是绝无仅有的。两位老师都说我非常幸运，千载难逢的机会让我碰上了。是啊，多么罕见的"雀鹰会"！为这我还专门写了一篇文章《双雄共浴——雀鹰》配图发表在《鸟网》上，获得图文精华评价，引起很大的反响。很多鸟友纷纷给谷会长打电话或者微信咨询，要来大连拍摄雀鹰，还问谷会长怎么收费，都被谷会长一一回绝。候鸟观察非同一般的鸟类拍摄，不要求图片是否有艺术性或是美感，只要求真实记录。同时，候鸟观察记录，不允许诱拍和对观察点（站）环境做改变。

在随后的几次观察值守中，雀鹰几乎每天都来打卡，有半个月时间占据着六号观测点不离开，严重影响了2020年秋季候鸟观测质量，于是候鸟观测员开始对它们进行"劝导"让它们离开这里。谷会长还悄悄地告诉它们，老虎滩那里有很多白头鹎又肥又大，这里的燕雀、黄雀、小鹀们都太瘦了，抓一两个都不够解馋的，斑鸫、红尾鸫肉肥，可是它们非常警觉的，知道雀鹰在这里早就躲得远远的了。一连半个月都不走，真的成了外来霸主（继《双雄共浴——雀鹰》之后，我又写了一篇《外来霸主》发表在《鸟网》上），长期居住在这里的大地主喜鹊、二地主红嘴蓝鹊、三地主灰喜鹊不干了，开始联合起来对雀鹰进行围追堵截似的驱赶。谁想到雀鹰和它们玩起了游击战，你追我躲，你退我进，而且更加肆无忌惮地把家族中的老老少少男男女女都带到了这里，使得今秋是雀鹰来得最多的一年，共13只，创下了自2004年开展候鸟观察记录以来之最。这些雀鹰还把六号观测点当成了自家后花园、大食堂和洗浴中心。想来就来，想走就走，饿了抓起一只燕雀或者黄雀就走，渴了来喝几口水，累了便来洗个澡，你说气人不气人，难怪三大地主群起而攻之。

雀鹰是国家二级重点保护野生动物，也是大连地区秋冬季最常见的猛禽之一，雀鹰在大连为旅鸟和冬候鸟，也有记录显示在大连北部山区有繁殖，可能是夏候鸟或者留鸟。

大连市野生动物保护协会六号候鸟观测点是最容易观察到雀鹰的地点之一，观测点建立至今，每年都能记录到雀鹰。今秋不同之处就是雀鹰比往年到达的时间早，13只数量也创下观测点建立以来之最，而且驻停时间也超过往年。这是一个不寻常的现象，被谷会长称为"今秋雀鹰现象"。今秋雀鹰数量多，一是今年候鸟总数少于历年同期平均数，如燕雀、黄雀等雀鹰的主要食物。食物匮乏使它们过于集中到候鸟迁徙途中的"补水站"；二是经查气象资料，2020年远东地区和我国北方地区没有发生灾难性天气，使得在这些地方的雀鹰繁殖成功率高于有灾难性天气的年份；三是可能雀鹰迁徙途中的某处补食地环境改变，使得它们集中到大连地区。这个原因如果成立，也可解释为什么雀鹰今年抵达的时间早于往年10多天了。

在今秋候鸟迁徙见习观察中，我不仅认识了很多过去未曾见过，或见过也不知其名的鸟儿。从陌生到熟悉，更加深深地爱上鸟儿观察和鸟儿拍摄活动。

见习观察中，我和老观察员们还学到了如何区分鸟儿的性别，区分成鸟、亚成鸟和雏鸟。就拿雀鹰来说，雄鸟头颈部及胸斑为棕红或酱红色，雌鸟为黑灰色。雀鹰亚成体胸斑区别于成鸟为斑块状而非横纹。还有野外观察到的雀鹰雄鸟体形大于雌鸟。雀鹰擅长从高处飞落捕捉准备落地的小型鸟类，而且大多捕捉到后不落地便直接飞走。仅少数时候捉到后落地，这种现象多发生在雀鹰捕捉后抓握不牢，落地是为了重新抓牢猎物。冬季雀鹰也在飞行中捕捉猎物，但在飞行中掠食的成功率很低，几乎为零。成鸟和亚成鸟掠食的成功率也是不同的，几乎所有的亚成体雀鹰都很笨拙，一般雀鹰成鸟掠食的成功率可达50%，有的甚至达80%。亚成体雀鹰掠食的成功率最多只有30%，有时仅为10%，但掠食成功率低不等于无法生存，它既然能活着就有生存的办法。

雀鹰观察距离之近(只有10米左右)，在国内找不到第二个这样的观测点，难怪喜欢猛禽的老师都想来大连拍摄。

■ 发现猎物

营口的"天鹅湖"

● 刘 杰

辽宁营口地处渤海湾北部，坐落于东亚—澳大利西亚这条重要的候鸟迁徙通道上。这里海边的淤泥质滩涂，蕴藏着鸟类所需的丰富食物，小蟹及贝类、螺类等软体水生生物就藏在淤泥之中。每年春秋两季，有数十万只候鸟途经这里，在这里补充能量，恢复体力，地理位置在生态环境中极为重要。在市区西部海边有一片被铁丝网围住即将被开发的芦苇丛生的湿地，中间有6000平方米左右的无名水域。2020年11月上旬，迎来了国家二级保护动物小天鹅的一家。

小天鹅为鸭科天鹅属的大型水禽，体长110～130厘米，体重4～7千克，雌鸟略小。它与大天鹅在体形上非常相似，同样是长长的脖颈，纯白的羽毛，黑色的脚和蹼，只是身体稍小一些，颈部和嘴比大天鹅略短。最容易区分它们的方法是比较嘴基部的黄斑大小，大天鹅嘴基的黄斑延伸到鼻孔以下，而小天鹅黄斑仅限于嘴基的两侧，沿嘴缘不延伸到鼻孔以下。小天鹅的头顶至枕部常略沾有棕黄色，虹膜为棕色，嘴端为黑色。它的鸣声清脆，有似"叩，叩"的哨声，而不像大天鹅像喇叭一样的叫声，在这里难得见到小天鹅的种群，更觉得珍贵。

以前由于这里有茂密的芦苇遮挡，比较安全，所以每年除冬季外，会有很多迁徙的候鸟在此栖息、停留、繁衍。曾经记录和拍摄到的有白琵鹭、苍鹭、白鹭、夜鹭及大天鹅、赤麻鸭、翘鼻麻鸭、绿头鸭、斑嘴鸭、红头潜鸭、白秋沙鸭、鹊鸭、针尾鸭、白骨顶鸡等多种游禽，以及黑尾塍鹬、大杓鹬、蛎鹬、反嘴鹬、黑翅长脚鹬、红脚鹬、环颈鸻、金眶鸻等多种鸻鹬类候鸟及多种鸥类。这次来营口的是小天鹅一家6口，有4只羽毛还没有变成白色的灰色幼鸟。幼鸟的体型已经和它们的父母不相上下，喙的中部还是淡红色。从发现它们到来我便对它们开始了观察记录，由于这片水域面积比较小，进入这里必须是在天亮前，或上午天鹅不在的时候，身穿迷彩服装，隐蔽地一寸一寸地慢慢靠近，避免惊扰到湖中的水鸟。拍摄位置选择在靠近路边的芦苇丛中，不能到拍摄效果更好的水塘中部，以

■ 迎风踏浪奋力起飞的小天鹅

免影响到小天鹅及水鸟们的正常活动。器材的架设必须十分的缓慢，轻且不能有大的动作，以免惊扰到它们。之后便是将器材和自己用伪装网伪装起来，活动要轻之又轻，慢之又慢。

在等待小天鹅靠近时，刚开始听到身边的芦苇有沙沙的响动以为是蛇或其他动物，让我心里一惊，接着有震旦鸦雀鸣叫着欢快地从眼前的芦苇丛跳过，让我长长地松了一口气；不时有小䴙䴘从眼前的水中突然冒出，看到我时又一头潜入水底悄悄游走，想拍摄却对不上焦，给我带来了阵阵的惊喜和遗憾。小天鹅家族每天在这片水域觅食、嬉戏，主要以水生植物的根、茎、叶和种子等为食，也吃少量的软体动物、螺类、水生昆虫等小型水生动物，常常看到它们的头从水下上来嘴上还挂着细细的水草。它们的生活很有规律，非常洁净，每天中午还会全家一起来洗浴，以保证羽毛的清洁。洗浴前全家会用翅膀使劲地拍打水面，驱赶在身边觅食的其他水鸟，然后尽情地戏水，溅起阵阵水花。洗浴要进行20分钟左右，然后开始梳理羽毛、休息，这个过程比较长，大概进行1个小时。之后，排好队，离开洗浴的地方，又开始了觅食的过程。小天鹅很有礼貌，排队游动的时候见到其他水鸟会点头打招呼，样子十分乖巧可爱。它们会轮流将头潜到水下，取食水下的水草等水生植物。由于这里离路边很近，如果有人靠近，鸭类会首先鸣叫预警，然后成群地飞走，这也让小天鹅们觉得不安，它们会将脖子一伸一伸地低声鸣叫，然后迅速集结到一起，小天鹅妈妈在中间，由小天鹅爸爸断后，负责保护，向水面的下风口游去，然后一起扇动翅膀，双脚快速地在水面奔跑，迎风起飞，暂时离开这片水域，向远处的海面飞去。这里便失去了水鸟们带来的祥和与温馨与喧闹，只剩远处的几只白骨顶鸡在苇丛边孤单的游动。

虽然我穿了棉衣在这里观察记录，但11月份的天气已经开始寒冷，身体、手和脚特别是膝盖在水边时间长了还是感觉很不舒服，在这个时候可以稍微活动和放松一下。从小天鹅们离开到返回，大概需要4个小时的时间，它们会在空中盘旋观察，确保周围安全后才会降落。降落时会伸长翅膀，伸长双腿，张开脚蹼，滑翔降落，落到水面后会抖落身上的水珠，再次观察四周没有危险后，便又开始了水中的觅食。由于这里将要被开发利用，这片水域靠近路边的芦苇被割掉，铺上了绿色的塑料网，没有了植物遮挡，所以白色的天鹅在这里很容易被发现。从发现小天鹅的到来至2020年11月中下旬天气突然降温结冰离开，它们在这里停留了11天（个人考察记录）。这也是我近些年观察到的小天鹅在营口停留的最长时间。

小天鹅及众多水鸟飞来这里，说明这片湿地水域是迁徙候鸟非常重要的栖息地，亟待保护和恢复原貌。如果保留下这片美丽的湿地，让众多的水鸟在这里栖息和停留，让更多人在家乡观赏到美丽的天鹅，让更多的人知道营口有一个美丽的"天鹅湖"，让更多游人亲身体验湿地生趣，该是多么好啊！

■ 小天鹅夫妇护幼前行

甜蜜之旅

● 郭玉民

2015 年的初夏，黑龙江北岸，好天气让蚊子们羞愧得不再张狂。因为夜里没有干扰，早上起床时好梦竟然忘得一干二净。又是一个阳光明媚的日子！

推开木屋的门，沁人心脾的新鲜空气扑面而来，清爽之外尚有淡淡的甜意。6 月初，是北方山林最好的时节，小路边的蒲公英为了争宠，竟然把叶子们都竖在一丛丛小叶章的缝隙间，这个时节太阳偏偏更是关照那些土得掉渣的"苫房草（小叶章的别称）"们。翻白蚊子草在这里虽名不见经传，但很广布。它们在树林下、河床边、塔头甸子上随处可见。地榆悄悄地伸出了第一组柔弱的叶片，像站不稳的孩子，在微风中前仰后合；伞形目的独活已经显露出特有的霸气，大模大样地疯长着。第一朵萱草花（黄花菜）已经羞涩地开放两天了，还没见后来者附和。它开始嗔怪躲在花苞里的姐妹们，"封建""保守""没有时代感"！

不忍亵渎清澈的小河，我们还是把水提到了木屋边的厨房，开始早上的洗漱。对于用惯了煤气和自来水的人们，担水劈柴是 20 世纪的活计，可在这里既是劳作又是休闲，就如同这里的山水相依般

▨ 尼克莱的家和我们的交通工具

自然。大家争相出手，一会儿就把所有盛水的容器弄得"沟满壕平"。

早餐在几棵白桦树下进行。主食是"奶油煮面条"，我不知是俄罗斯特有的风味，还是嫁接的，反正吃饭在这里太不重要，重要的是完成我们的既定工作——白头鹤繁殖栖息地模型验证。

这里的主人尼克莱以养蜂为主要经济来源。上次拜访时，我们还买了他两大罐椴树蜜，甜蜜了好久，至今难忘！因为今年的椴树有些颓废，山荆子的花便被蜜蜂们蹂躏得破落不堪。据尼克莱说，椴树蜜还得几天才能下来。

草爬子（蛛形纲，蜱螨目有害生物）

那些骇人的故事，今年在低海拔地区已和大家告别，队员们至少三天没有撞到那些倒霉鬼了。

带上当日的用品，我们便离开了营地。这里是黑龙江流域的核心地带，目前隶属于俄罗斯犹太自治州。与黑龙江同江等地隔江相望。看着这千里沃野，心境纷繁，青山只会明今古，绿水何曾洗是非！

路边罂粟的近亲，开着黄花的白屈菜，引来了大大小小的昆虫。它们中有面相丑陋长着大鼻子的象甲、有处事谦卑却贪食的蚜虫、有靓丽飘逸的珠灰蝶、有山里少见的红头苍蝇，还有半翅目小有臭气的椿象。不知是成了瘾，还是为了获得食物资源，这些君子们此来彼往，忙得不亦乐乎。

山林间银莲花等毛茛科早春植物正在渐渐谢幕。蕨菜（很多种蕨的泛称）也告别稚嫩，伸开了巴掌。我们盘中的山野菜便少了这个大宗类别。不过接下来的柳蒿芽足可以保证我们的蔬菜供给。

微卑的点地梅，我行我素地经营着1～2毫米大小的花朵们。林下蓄势待开的有弯萼楼斗菜、刺玫蔷薇和野芍药等。这是个不需等待的季节，任何怠慢都可能导致终生遗憾。所以，花儿们在争奇

■ 白头鹤的巢址环境

斗艳中已经把果实的雏形准备好，只等叶子们汲取日月之精华，继续铸就饱含密码的种子。种子的使命不言而喻。当然，对于那些宿根植物，下个春天之所以还是勃勃生机，叶子的功劳不可小觑。就是这个短暂夏季的积累为未来储存了资本、蓄积了能量。

夕阳西下，棒槌鸟（东方角鸮，叫声如"王干哥，李武"）开始絮絮叨叨地讲述着那陈年故事。大杜鹃还是不放心自

己寄养在义亲家的宝贝们，虽然月亮已经挂上树梢，它们仍旧在"布谷，布谷"地进行着胎教，告诉它们的子孙，要世世代代把这种寄生生活延续下去。夜鹰开始鸣唱，和许多人描述的完全不同，它的音律并不美妙多变，但单音节连续不断的"dou，dou，dou"声也不招人烦。倒是苍眉蝗莺的午夜鸣唱更惹人喜爱，有韵律、有节奏。

我很想把这种快乐传递给更多的人，邀他们一起体验自然、欣赏自然、呵护自然！我好累，好兴奋，又好期待明天的朝阳！

红喉歌鸲在河边的柳树上唱着晨曲，释放着它心中难以抑制的快乐。鸭妈妈高声地呼唤着顽皮的孩子，告诫小家伙们，河里的狗鱼很可怕……

又是一个催人舒展筋骨的早上。

装甲车已经备好，行李用品以及几

■ 白头鹤的巢和卵

■ 白头鹤幼鸟

天的食物也都装进了车舱。告别了养蜂老人，我们继续去寻找白头鹤。

白头鹤，国家一级重点保护野生动物，森林湿地的旗舰物种，它是我的同乡，是我的牵挂，更是我的对象。说来话长，我出生在黑龙江绥棱林业局。那里是小兴安岭的一部分，后来通过我们的研究工作，人们也了解到有些白头鹤在那里出生。在蓝天白云之下，我们共享着小兴安岭的青山绿水。说是同乡一点儿都不为过。既然有乡亲，牵挂是必然的。牵挂它们的兴衰、牵挂它们的未来。这些年来，我几乎把能投入的时间都给了我的研究对象，简称"我的对象——白头鹤"。渐渐地，我们变得相似了，黑衣白头的我，与那些生灵愈加"雷同"。

此次俄罗斯之行，主要是为了了解白头鹤在俄罗斯巴斯达克自然保护区的分布情况，同时验证我们数学模型的预测结果。

安德烈，巴斯达克自然保护区唯一的鸟类学家，年龄不大，祖上留有牧场、庄园等家财。他无兴趣管理，交给了家人。自己投身于特别喜爱的保护区鸟类研究工作。他对保护区的山山水水了解之透无人能比。二十几年如一日，倾心工作于这片乐土。对于他，少有的烦恼之一就是：在保护区年年能看到白头鹤带领尚不能飞行的幼鸟活动，仅在 10 年前巧遇一个鹤巢，此后无论是刻意搜寻，还是日常巡护都没能再发现鹤巢。更让他纠结的是，一对白头鹤，18 年来，在繁殖季节一直活动在同一个不大的区域内，几经寻找都不见其巢。

带着几分怀疑眼神的安德烈，在装甲车上架着高倍望远镜努力搜索着。这是我们昨夜根据模型预测结果和保护区的地理状况设计的寻找路线。直到夕阳西下，我们一无所获。

我们在事先观察好的一片白桦林里安下营来，因为没有收获，大家的情绪都不高，加上疲劳，晚餐后便各自回帐篷睡下了。篝火的噼啪声渐渐稀疏，这里的夜幽静而短暂。

天蒙蒙亮，一阵鹤鸣如号角般把我们唤醒，我们各自从帐篷中探出头来，兴奋地彼此摆手示意，生怕把鹤给惊走。原来我们竟把帐篷安置在了白头鹤的庭院里，昨夜的火光一定让它们紧张了好久。

我们悄悄穿戴好，蹚着露水，循声而去。没出 10 分钟，老付，我的伙伴儿，大声喊起来："在这儿，在这儿！"虽然是汉语，但每个人似乎都听懂了。我们从不同方向奔过去，大家兴奋地彼此用自己的母语说着什么，不知是心有灵犀还是场景所致，似乎都深谙对方的语意。我拿起鹤蛋放在眼睑，感到温热犹在，拍了照片及录像，记录了巢参数，便催促大家赶紧离开。两枚卵尚无叩节（小鸟出壳前用卵齿啄壳）声。巢很典型，但外径不大，仅80 厘米（白头鹤巢平均 90 厘米）。

不容洗漱，更不能在这里准备早餐，我们收好帐篷，装好备品，爬上装甲车，"仓皇"离开了这对儿白头鹤的领地。

根据经验，这附近不会再有其他白头鹤巢。它们巢的间距多在 3 千米以上。不知不觉已经是上午 10 点。沿路找了一处岛状林，简单休息并完成早午餐（野外工作常将两顿饭合在一起）任务。"席间"大家彼此展示着拍照的片段，继续传递着 10 年来这里再次发现白头鹤繁殖巢的快乐。

饭后顾不上休息，继续沿设计路线前行……

伴随着大杓鹬狂躁的抗议鸣叫以及装甲车隆隆的发动机声，我们行进在美丽富饶的江东大地。一家家黑喉石䳭把林间大块的空地均匀地分割成各自的领地，快乐地经营着。本该在夜间活动的短耳鸮不知是被我们惊起还是繁殖季忙碌得无暇休息，跌跌撞撞地飞来飞去。蜂鹰偶尔从上空略过，警惕地监视着我们的一举一动。鹊鹞在空旷的塔头甸子上低飞着，谁也猜不透它们在找什么。燕隼蹲在甜杨枯干的树梢上，正在拆解刚刚捕获的鹡鸰。

下午时分，安德烈指挥司机驶离计划路线，我很不解。正掂量着发问，装甲车已停在了一个高地，安德烈掏出手机，我明白了，他是要找个有信号的地方打个电话。眉飞色舞的安德烈，边通话边情不自禁地用左手指来画去，似乎在讲述一个迷人的故事。其他人下车在附近找些去年秋季结实还未掉落的野果补充并享受着。这里的每一个生境斑块都那么浩然大气、每个视野都那么赏心悦目、每一个落脚点都如绝佳的园林小品令人心醉。我们忘我地工作着、欣赏着、快乐和幸福着。

俄罗斯人很注重休息，按工作时间，这几天是打破了常规的。因为有了突破性的收获，当日收工便早了许多。入乡随俗，我们也开始把情绪舒缓下来。篝火边，在现代化的照明工具手机的辅助下，品着中国茶，轻松完成了外业记录的整理。当晚的梦自然少不了白头鹤和它的孩子们。

早晨的阳光把灌丛间鸣唱的巨嘴柳莺的倩影投射在帐篷上，懒懒地躺在睡袋里的我，乜斜两眼，等待着其他帐篷里的动静……不知不觉中又睡着了。好香的回笼觉！再次醒来，早餐已经备好，牛奶、面包、蜂蜜、小点心、火腿、煎鸡蛋。在野外，这样的早餐丰盛得有些奢侈。饭后，为了表现一下，我把中国的工夫茶也搬上了简易餐桌。因为只带了5只小茶杯，善于化解问题的老付主动用保温杯喝茶。粗放的俄罗斯朋友，哪里享受得起慢条斯理的中国工夫茶，没喝几杯，觉得不过瘾，纷纷拿出自己的茶缸子来接茶。谢尔盖干脆要了两勺茶叶自己去品了。

枝头上，灰头鸫不停地鸣唱着，似乎在催促我们赶紧出发。晚上还要回到这个营地，我们只带了必要的设备，便开始了又一天的工作。还没到中午，安德烈就和我说，"得回营地了"。我问："为什么？"他带着狡黠的笑容给了我一个啼笑皆非的答案："今天是星期六！""好吧！"我不情愿地同意了。

快到了，隐约感到有"咔咔"的声音从营地传来，我赶紧示意大家："有情况。"我猜想这荒郊野外的，肯定不是有人来。要么是熊来抄家了，要么是野猪来找食物。总之，我们摊上事儿了。我最担心的是我那可怜的笔记本电脑。要是被熊给踩踏了、被野猪给嚼了可就毁了我这段时间的工作了，没有备份！

安德烈看着我紧张的样子，似乎看透了我的心境。他笑眯眯地说："郭先生，有朋友来看你了。"听了安德烈的话，我越发紧张了。

又一辆装甲车！接近营地时我才看清。舒了一口气，可是又疑惑起来，是谁这么准确地找到我们的营地？不可能是巧遇！

原来，加里宁·尤里局长昨天接到安

■ 收集鹤巢上的羽毛等生物样本

德烈的报喜电话后决定，今天率领7名管理人员前来祝贺！为了让我们安心工作，还送来了一批给养和燃油。刚刚听到的咔咔声，是他们收集处理篝火用薪柴发出的。

我们以中国小兴安岭白头鹤繁殖巢生境参数为基础，应用数学模型对整个东北亚地区进行了预测。预测结果显示，俄罗斯的犹太自治州至少有300对自然白头鹤繁殖。巴斯达克自然保护区是重点分布

区。我们的工作在保护区持续了两周多，最终找到了3个白头鹤繁殖巢，还在几处见到繁殖对。这是俄罗斯巴斯达克保护区有史以来，白头鹤研究的最大突破。此次合作研究证实了我们的模型预测是比较准确的，可以用来指导野外工作。

迷人的景色，伴随着我心里的歌声：甜蜜蜜，你笑得多甜蜜……

是啊，这些天虽然很辛苦，但这些天来我们笑得很甜蜜。

说南道北聊极地

● 张德志

每当提起南极或北极，多数人会联想到寒冷的世界，想到冰天雪地中的企鹅、海豹、北极熊等动物，亦有人会提到极光、极昼、极夜等字眼，两个极地特有的动物和自然现象，确实令人向往。

从 2016 年到 2020 年，我相继到访了南极和北极，可以说，感受良多，收获满满！

地球上 66 度 34 分的纬线环绕所形成的圈，在南半球叫南极圈，在北半球叫北极圈。极圈以内地区叫极地。极地中心点为极点。极点是地球上没有方向性的两个点：站在南极点上，360 度向哪里走都是北方，没有东、西、南三个方向；站在北极点同理，没有东、西、北的方向，只有南方一个方向。

地球在椭圆形轨道绕太阳公转的同时，还以地轴为中心自转。由于地球的地轴和公转轨道平面不是垂直的，具有 23.5 度的倾斜角，便出现了有相当一段时间两极之中有一极是总朝向太阳，太阳一直在地平线以上，因此全是白天，这种现象便是极昼；另一个极则总是背向太阳，太阳一直在地平线以下，因此全是黑夜，这种现象被称为极夜。纬度越高距离极点越近

■ 南极冰川坍塌消融现象日趋严重

的地方极昼或极夜的时间越长，最长时间可达 6 个月，反之越短，最短只有一天。

极光是由地球磁层或太阳的高能带电粒子流运动撞击高层大气分子或原子激发而产生的，一般呈带状、弧状、幕状、放射状等变化着的形态，在南北两极同时发生，但是，人眼只能在处于极夜时期的极地附近地带才能够看到。

南极与北极相距约 2 万千米，中国位于北半球，距离南极点 1 万多千米，距离北极点较近，约为 5000 千米。去南极不但路程遥远，而且从阿根廷乘船前往，需经过令人心悸的德雷克海峡。德雷克海峡一年 365 天，平均每天风浪在八级以上，浪高在 10～20 米，被人称为"杀人的西风带""暴风走廊""魔鬼海峡"，晕船的滋味可想而知，确实遭罪！

2016 年 11 月我们去往南极半岛时很幸运，那一时期风浪不算大，加上经验丰富的船长晚餐后要求我们都吃了防止晕船的药，然后停止一切活动统统上床休息，

■ 生活在南极地区的企鹅家族

一觉醒来，不知不觉已经顺利通过德雷克海峡驶入了南极半岛峡湾。回来时可就没那么幸运了，有的人吐得一塌糊涂，每个人都遭了不少罪。2017 年 7 月去北极则轻松多了，路程近了一半，全程不但没有狂风巨浪，而且有目不暇接的一路风景，当科考船驶入斯瓦尔巴群岛的峡湾时更是风平浪静！去往北极的行程可谓观光之旅，逍遥自在！

南北两极最壮丽的风景非冰莫属，伟岸的冰川、无垠的冰盖、多姿的冰山、漂浮的海冰遍布在南极洲和北冰洋格陵兰岛，构成了一幅又一幅壮美的冰雪风景。这也是南北两极共有的亮点。

南极和北极虽然都是极地，却有着诸多的不同点。

■ 南极巴布亚企鹅或白眉企鹅

一是地貌和主体不同。

南极是海洋包围着的陆地，这块陆地是地球上七大洲之一的南极洲，也是南极的主体。总面积 1424.5 万平方千米，其中大陆面积 1239.3 万平方千米，由山地、高原和盆地组成。东西两部分之间有一沉陷地带，从罗斯海一直延伸到威德尔海。大陆平均海拔 2350 米，最高点玛丽·伯德地的文森山海拔 5140 米。大陆几乎全部被冰雪覆盖，冰层平均厚度 1880 米，最厚达 4000 米以上，是地球上海拔最高、风力最大、冰雪最多、气温最低的大陆。

北极则是陆地包围着海洋，这片海洋是地球上四大洋之一的北冰洋，也是北极的主体。总面积为 1475 万平方千米。北冰洋的特点是深度最浅，大致以法拉姆海峡—白令海峡为界分为东北极陆架和西北极陆架，东北极陆架宽广且平坦；西北极陆架狭窄，岛屿众多。北冰洋表面的绝大部分终年被海冰覆盖，海冰平均厚

3 米，冬季覆盖海洋总面积的 73%，夏季覆盖 53%。据科学考证北冰洋中央的海冰已持续存在 300 万年，属永久性海冰，所以，北冰洋是地球上唯一最小最浅又最寒冷的白色海洋。

二是气温和季节不同。

在一般人的印象中南方比较暖和，北方比较寒冷，可是南极却比北极更加寒冷。南极寒季最低温度基本在 -80 摄氏度左右，据说俄罗斯考察队曾记录到 -94.2 摄氏度。内陆高原平均气温为 -52 摄氏度左右，全洲年平均气温为 -25 摄氏度。因此，南极没有四季之分，只有暖季与寒季。每年 11 月至 3 月有 5 个月的时间为暖季；4 月至 10 月有 7 个月的时间为寒季。

北极虽然温度也很低，最低温度为 -65 摄氏度左右。但是，北极由于大范围是海洋，海水储热比陆地好，所以气温要比南极高出 20 摄氏度之多。因此，北极有四季之分。每年从 11 月起直到次年 4 月，长达 6 个月时间为冬季；5、6 月为春季；7、8 月为夏季；9、10 月为秋季。最寒冷的 1 月份平均气温 -20～-40 摄氏度，最温暖的夏季的平均气温 0 摄氏度左右。我们在北极斯瓦尔巴群岛考察时，温度最高已经达到 8 摄氏度。

三是极圈的归属不同。

南极洲和北冰洋不属于任何国家，每个国家都可以出于和平目的进入极地进行科学考察活动。但是两个极地外围的极圈却不一样。南极圈是印度洋、大西洋和太平洋的水域，仅有的南极半岛气温低下，几乎没有植物，更无人类居住，一直属于国际公海海域。

北极圈则由大陆岛屿组成，并有俄罗斯、美国、加拿大、丹麦、冰岛、挪威、瑞典、芬兰 8 个国家分别拥有北极圈内的领土或岛屿。其中归属加拿大、美国、丹麦、俄罗斯地区的西起亚洲大陆白令海峡沿岸，东至格陵兰岛海岸的广大区域，还有因纽特人在其上繁衍生息。目前总人口已超过 10 万。

■ 冰山上孤独的鸟儿

南极洲的生物大部分分布在南极半岛、沿海地带的岛屿地。南极拥有全球最为独特的生态系统。这里的陆上生物很少，只有蜱、螨、尖尾虫和蠓。螨也叫无翅南极蝇，是南极大陆最大的陆地动物，体长仅 2.5 ~ 3 毫米，靠食苔藓和地衣及其他碎屑生活。但是，海洋里却充满了生机，有海藻、珊瑚、海星和海绵，还有许许多多叫作磷虾的微小生物，磷虾为南极洲众多的鱼类、海鸟、海豹以及鲸等动物的食物来源。

南极的鸟类有 80 多种。

我在南极拍摄记录到的鸟类包括信天翁、舯海燕、蓝眼鸬鹚、黑背鸥、鞘嘴鸥、贼鸥、燕鸥、剪嘴鸥、暴风鹱、巨鹱、阿德利企鹅、巴布亚企鹅、帽带企鹅

等十几种。还拍摄到了食蟹海豹、豹海豹、罗斯海豹、威德尔海豹。虎鲸、座头鲸、抹香鲸等大型海洋哺乳动物。

最有代表性和象征南极的动物是不会飞的鸟——企鹅。

企鹅是鸟纲企鹅科所有物种的通称，是一种最古老的游禽。全球的企鹅共有18种，大多数分布和生活在南半球。南极洲生存的有 7 种，分别是帝企鹅、阿德利企鹅、金图企鹅（又名巴布亚企鹅）、帽带企鹅（又名南极企鹅）、王企鹅（又名国王企鹅）、跳岩企鹅和洪堡企鹅。据鸟类学家长期观察和估算，南极地区现有企鹅近 1.2 亿只，占全球企鹅总数的87%，占南极海鸟总数的90%。数量最多的是阿德利企鹅，约有5000万只，数量

最少的是帝企鹅，约 57 万只。

企鹅的栖息地因种类和分布区域的不同而异，帝企鹅喜欢在冰架和海冰上栖息；阿德利企鹅和金图企鹅既可以在海冰上，又可以在无冰区的露岩上生活，并常用石块筑巢。

每只企鹅每天平均能吃 0.75 千克食物。企鹅作为捕食者在南极地区食物链中起着重要作用。企鹅的天敌是海狮、海豹、鲸鱼等，它虽然不会飞，却是游泳健将，每小时可游 20 ~ 30 千米。也是鸟类的潜水冠军，有科学考证，企鹅曾有潜入水中 18 分钟和潜入水下 265 米的纪录。因此它们不仅是地球上最耐寒的鸟，也是水下潜泳最深、游泳速度最快的鸟。

北极横跨欧洲、亚洲和北美洲，动

■北极冰川也日渐消融

物们可以在冬天迁徙到温暖的地区。大多数北极动物生活在苔原地带，形成了苔原生态系统。在北极考察的半个月时间拍摄记录了欧绒鸭、王绒鸭、厚嘴海雀、海鹦、海雀、三趾鸥、北极鸥、北极贼鸥、北极燕鸥等几十种鸟类。

2017 年 7 月 25 日网上有发文《美丽的象牙鸥正在从北极消失》，就在发文的当天我十分幸运地拍摄到了一只难得一见的象牙鸥！它通体洁白，嵌着曙红色喙和黑色的眼睛给人以圣洁之美，真是漂亮！另外，还拍摄记录了白鲸、环斑海豹、港海豹、髯海豹、海象、北极熊、北极狐、北极驯鹿等大型动物。

最有代表性和象征北极的动物是北极熊，又名白熊。北极熊是世界上体形最大的陆地肉食性动物。成年北极熊直立起来高达 2.8 米，雄性北极熊体重为 300～800 千克，雌性为 150～400 千克；在冬季来临前它们努力进食积累大量脂肪，个别体重可达 800 千克以上。北极熊奔跑的时速可达 40 千米，还能在水中以 10 千米时速游 97 千米远。它们主要捕食各种海豹，也捕食海象、白鲸、海鸟、鱼类、小型哺乳动物等，有时也会啃食腐肉。在夏季它们偶尔也会吃点浆果或者植物的根茎。北极熊平时生活比较懒散，善于守株待兔式捕猎。每年的 3～5 月是北极熊恋爱的季节，发情期约为 3 天，那时非常活跃，雄性也有通过搏斗赢得雌性芳

心的习性。雄性只管交配，对哺育儿女毫无责任心，雌性北极熊自然担负起养育儿女保护孩子安全的任务。

到了严冬，北极熊会寻找避风的地方卧地而睡，可以长时间不吃东西，将呼吸频率降低，进入局部休眠状态，一旦遇到紧急情况可立即惊醒，应付变故。这种半休眠习性不仅出现在冬季，食物短缺的夏季也会发生。北极熊寿命为 25～30 年。

此次在北极拍摄记录到 5 只北极熊，其中 4 只成年大熊，1 只幼年小熊。看上去它们生活尚可，体态还算健康。在北冰洋上考察期间每次靠近冰川时都能遇到冰川坍塌的场面，那真是惊天动地，震耳欲聋！由于地球气候转暖，两极冰川崩塌消融，冰盖日益缩小的事实不容置疑。

国际北极熊组织官方谈及北极熊面临的危机时说："如果人类不采取行动应对气候变化，到 21 世纪中期，我们可能会看到北极熊数量急剧下降。"

2011 年，国际北极熊组织决定将每年的 2 月 27 日设为"国际北极熊日"，号召全人类重视保护北极熊，防止该物种灭绝。

在北极，令人肃然起敬的却并非北极熊，而是北极燕鸥。

北极燕鸥在北极繁殖，却要到南极去越冬，每年在两极之间往返一次，行程数万千米，被称为"最强迁徙者"。

■ 数以万计的厚嘴崖海鸦在峭壁上繁殖

■ "冰舰"上的三趾鸥

北极燕鸥体长不过30厘米，小巧玲珑，却矫健有力，顽强又敏捷。当北极的冬季来临时，北极燕鸥便出发开始长途迁徙。一路向南飞行，越过赤道，绕地球半周，来到南极洲，在这儿享受南半球的夏季。

北极燕鸥不仅有非凡的飞行能力，而且争强好斗，勇猛无比。尽管它们内部邻里之间经常争吵不休，大打出手，但一遇外敌入侵，会立刻抛却前嫌，一致对外，进行集体防御。北极狐非常喜欢偷吃北极燕鸥的蛋和幼鸟，但在强大的阵营面前，也得三思而后行，就连北极熊也怕它们三分。不仅如此，它们还有非常顽强的生命力。人们对北极燕鸥进行跟踪研究发现，它们的寿命在33年以上。

南极大陆可以说草木不生，北极却具有较丰富的植物资源，如果说南极是黑白世界，那么北极则是彩色世界。

北极地区有100多种开花植物，2000多种地衣，500多种苔藓。

北极的植物大多靠根茎扩展进行无性繁殖。夏季的北极苔原郁郁葱葱，生机盎然，具有代表性的石南科、杨柳科、莎科、禾本科、毛茛科、十字花科和蔷薇科等植物的花朵争相绽放，尤其在冰雪环境中怒放的花朵更有意境。

南北两极的自然景观，生态趣闻说不尽、道不完。当我立足在北纬80度的北冰洋上放眼望去，感慨万分……

人类对南北两极进行科学考察是非常必要的。通过考察人类不仅能够及时了解地球气候变化、生物起源、自然资源储

■ 北极斯瓦尔巴群岛上的北极熊母女

备等情况，更能唤起人类保护大自然的责任心和紧迫感。

南北两极对很多人来说遥不可及，但作为与动物共同拥有地球的人类，其生产、生活和社会发展都与它们的命运息息相关。据科学分析，人类砍伐森林、挖掘煤炭、开采石油、倾倒垃圾、排放温室气体、严重破坏自然生态环境，是导致地球气候转暖的重要因素。所以，每个人都应该从我做起，敬畏自然，保护自然、维护生物多样性、恢复生态健康，为人类赖以生存的地球家园奉献绵薄之力。

■ 每年的 7 月份，在北极斯瓦尔巴群岛上可以看到烂漫的山花，图为绽放的仙女木

不平凡的北极熊考察

● 陈建伟

北极熊是北极圈生态系统的指示物种，科学研究证明，全球极端高温和降水增多是全球气候变暖的结果，北极熊无疑是受威胁最大的物种之一。气候变暖导致冰山融化、海平面上升、陆地面积减少，仅浮冰的减少就直接影响北极熊的觅食和生存，这种趋势继续下去，北极熊或将走向灭绝。

为了解全球气候变暖的大趋势，了解北极熊在此背景下的生存状况，我多次到北极圈附近和近北极地区进行科学考察，进驻有中国唯一北极考察站——黄河站的斯瓦尔巴群岛、美国阿拉斯加最北端的巴罗角附近及加拿大的丘吉尔等地。我亲眼看见了北极冰块的崩塌、冰山的减少，也看到了雪地上用雪"洗澡"、随意溜达的带着孩子的北极熊母亲；看到了北极熊小宝贝在母亲身上吃奶、撒娇的温馨场面；看到了两只小北极熊打斗玩耍的有趣情景；更看到了在浮冰洞旁边守候猎物无望后带着孩子慢慢离去的北极熊身影；孤零零站在浮冰块上四处张望的母子；饿得消瘦的北极熊母亲和无助的孩子；鲸鱼尸骨边寻找食物的北极熊群……

作为生态摄影的倡导者和实践者，科学考察中笨重的摄影装备是任何时候都必须随身携带的。考察拍了不少生态摄影照片，最能够称为北极熊"美图"的镜头却是在危险状况下拍摄的。

第一险是生命之险。这一天，天还不亮，多日没有收获的我们照常赶早出去寻找北极熊，雪地上行走了两个多小时后，前面的侦察员报告发现北极熊。我们异常兴奋，即刻赶过去，这是一只北极熊母亲带着两只小崽在雪地里面边走边耍。一会儿，母熊停下来休息，两只小熊在母熊身上爬上爬下，多么温馨的场面啊！马上，领队就用靴子在雪地上划了一条不能逾越的线，我们立即在线后支起三脚架开始了拍摄。过了一段时间后，我们没想到的是母熊一骨碌起身并径直向我们走来。哈哈，好镜头！大家赶快抓住这个难得的机会，快门声响个不停。

与此同时，母熊带着小熊离我们却越来越近了，100米、70米、50米、45米、40米，怎么办？这个突如其来的状况让我们全都愣住了，如果母熊认定我们对它的孩子造成了威胁，是来报复的（要知道，这里多次发生过北极熊伤人的事件），那我们可就惨了，要想逃是逃不掉的。在这

■ 无奈的北极熊似在仰天长叹

■ 北极之光

■ 农历中国春节这一天，北极熊妈妈带着幼儿出仓

关键的时刻，对天的枪声响了，母熊先是一愣，接着就停住了，愣了愣神后又继续往前走，枪声再一次响起，母熊终于停下不再往前走了，然后，掉过身慢慢一步一回头走远了。我们终于舒了一口气，紧张的气氛终于缓和下来，好险哪！领队舒了口气告诉我们，刚才母熊离我们最近距离已经到了30米，非常近、非常危险！今天这种情况太意外了，我们感慨异常，今天这组照片拍得实在是太险了！

第二险是环境之险。有一天考察途中，我们看到远远的一堆稀疏的树丛中，有一只北极熊母亲带着一只孩子正在休息。母亲卧在雪地上，孩子一会儿爬到母亲背上，一会儿钻到母亲怀里。如获至宝的我们在一旁静静地观察着，时不时让照相机快门轻轻地唱一唱歌。

没有想到的是，开始起风了，风带着雪漫天飞舞，气温也越来越低了。北极熊母亲把身体转过来，屁股对着大风来的方向，把头深深地埋进了两只盘起来的前腿中。小北极熊也早就躲进妈妈怀里一动不动。风越刮越大，3、4级，5、6级，7、8级！北极熊身上长有一层厚厚的毛，曲缩起来的身体像一座流线型的小丘，任风肆虐。不远处的我们可就惨了，走了舍不得，留下来又不知何时是个头？

不平凡的北极熊考察　　**207**

■ 雪中安眠

■ 精心哺育

■ 护佑幼崽

风越刮越紧了，雪花不再纷纷扬扬，被大风撕碎成细细的雪末横扫过来，无孔不入。在场的人赶快再次地收紧了衣扣、袖扣，在雪地上不停地跺脚、换脚。这时候，环境温度已经快到零下 40 摄氏度，体感温度已经超过了零下 50 摄氏度！我数次跑过南极和北极，从来也没有经历过如此寒冷的气候环境。幸好我穿着在当地租的加厚的专用整体防寒服，要不非冻成冰棍不可。

北极熊能够缩成一团，我们不能缩起来，更不能到车上躲起来，我们是干什么来了？观察和拍摄是不能断的，我一直坚守在相机旁。眼看着风刮来的雪末已经开始在北极熊身上逐渐堆积起来了，从下到上，几乎逐渐覆盖了北极熊的全身，我们仍在守候。熬过了 3 个多小时，看看北极熊身上的积雪，你就可以想象当时我们身上的状况和如此坚守有多么不容易了！

不知等了多长时间，北极熊终于醒了，使劲伸长了脖子，接着开始左右晃动使劲抖落身上的积雪，"嗒嗒嗒嗒"照相机没有一点耽误地响了起来。精彩的瞬间终于定格在相机存储卡里，我们终于成功了！这个成功多么的不容易啊！我们看了一下时间，为了这组照片，我们足足在这个如此凶险恶劣的环境里等待了 4 个小时！这时我才发现，按相机快门的右手食指已经发黑，失去了知觉。

回到营地后，指头有幸慢慢缓了过来，逐渐变得红润，只是相机快门的那个小圆纽已经深深地将自己的形状烙进了我的食指第一个指面上，之后不久就生成了一个晶亮的大水泡。领队告诉我，"没有想到，今天气候变化得实在太厉害太糟糕了，你这还算幸运的，前几次有人因此冻掉了手指！"

野生动物的科学考察从来就没有平坦轻松的道路可走，在我几十年的科考经历中，北极熊考察给我留下的印象一生难忘。

在印度寻访孟加拉虎

● 徐征泽

我对虎一直情有独钟，因为它是丛林百兽之王，地球上无可争议的最强大猫科动物，丛林食物链的顶级掠食者。不仅如此，太多关于虎的故事和传说无时无刻不吸引着我去追寻、了解这些神秘的大猫。终于，在策划、期待了1年之后，我来到了拥有全世界一半数量野生虎的千年文明古国——印度。在当地司机和公园向导的协助下，我们驱车在三大国家公园里找寻、拍摄孟加拉虎。运气不错，总共8天的时间里，我一共拍摄到了13头虎，这对于第一次拍摄虎的我来说应该是一个很好的成绩了。

找虎是一门技术活

找虎并不是一件容易的事，在100多平方千米的土地上也就生存着10～20只虎，白天的大部分时间都在树林里躲避高温，行驶在路上的我们自然很难发现它们的踪影。而且虎除了交配或者带有幼虎的情况以外，一般都是独行侠，拥有自己的领地和捕猎区域，所以能看到、拍到就不错了，对于动作、光影、眼神、环境等真是不敢奢求。我和司机、向导打趣说道："看虎就像是一场足球比赛，最平常的得

■ 原味的虎视眈眈

■ 丛林之王的气势

分就是0、1、2，想要半天里看到4只以上基本是不可能的。"

虽说在印度国家公园丛林里找虎很大部分要看运气，但对于向导和司机来说，更重要的是对于虎习性和领地信息的熟知，以及能够眼观六路、耳听八方，利用细微的信息追踪发现虎，所以找虎绝对是一门技术活。一般来说，动物向导进入国家公园门口之前往往会和公园管理者简单沟通，大致了解前一天见到虎的区域，这些专业向导和司机对于这一片土地自然是了如指掌的，所以能够第一时间判断寻

找的大致方向。上路之后的工作就是一路不断寻找路上的虎足迹，而向导就可以根据这些足迹判断其行进方向，甚至可以判断出这是哪一只虎。

有时还需要大自然朋友的帮忙。树上的长尾叶猴和猕猴以及树林中的斑鹿、水鹿和孔雀都是我们的帮手，因为它们会在看到虎的第一时间发出警报声，刺耳且很有穿透力，几千米之外也可以听到。这可是关乎这些动物生死存亡的大事，所以世代相传的独特警告声是向导们最好的情报来源。我们就按照这个方式顺利发现了

这只名叫"D28"的雄性孟加拉虎，"情报员"是沼泽里的一群水鹿，还没等虎靠近，它们早就稀里哗啦地闪得远远的。不过，当时"D28"并非想要捕猎，只是趁着日落前的凉爽天气随便散散步。它并没有朝着水鹿聚集的沼泽进发，而是朝着我们的方向走来，沿途还游过一条小河。这一次，虎离我们如此之近，很难相信几米之外漫步行走的就是百兽之王，一只统治这片领土的雄性孟加拉虎。我们的车一路不紧不慢地跟随着它，直到天色已黑，才与它不舍地分别。

在接触虎的过程中，我心里一直有一个疑惑：我们乘坐的敞篷车几乎没有什么防护措施，要是虎兽性大发扑上来怎么办？随行的向导杰加特（Jagat）回答了我：这些野生虎大多在国家公园里面生活了很长时间，对敞篷车这类科研和观赏工具早已司空见惯，再加上这里的人们没有对它们构成伤害，久而久之，它们也就习惯了车辆和人类的存在。印度国家公园的管理人员对虎的习性更为熟悉，他们也都不怕虎的攻击，巡逻时很多都是步行或骑脚踏车。想想也是，我在印度国家公园8天的时间里，没见过虎主动靠近车子，也没听说过有虎攻击车辆的事情发生。

Tiger Show！骑象拍虎

虽然名字叫作"Tiger Show"（老虎秀），但是事实上却完全没有作秀的成分，也没有表演性质，而是世代相传下来介于虎、象和人类之间微妙关系的最好展示。早在几个世纪之前，就有印度当地人骑着象在丛林里穿梭，获取树木资源，从那个时候开始，虎就开始接触到这些驯化的象和象背上的人类，并慢慢习惯他们的靠近。如今游客骑在象背上，深入丛林观赏虎已经成为很受欢迎的观虎项目，虽然观虎过程只有短短几分钟，但是这将是一生难忘的经历。

在印度境内有不少国家公园开展Tiger Show项目，比较有名的是班达迦国家公园和卡纳国家公园。每天早上6点多开始，象夫骑着象分散在丛林里开始分头寻找虎的踪迹。凭借着他们对这片土地和对虎的了解，他们会很快在特定领地找到适合游客观赏的虎。所谓"适合观赏拍摄"是有严格条件限制的，首先，选择的是成年虎，而不是带有幼虎的母虎，否则很容易对幼虎产生不利影响；其次，一般选择正在休息的虎，而不是正在巡视领地或者准备捕猎的虎，一旦虎开始休息，哪怕被3~4只象围着观看也不会有太大影响，毕竟对于虎来说，它们已经完全习惯了这种王者待遇；最后，虎休息的地方不能在丛林深处，一般距离道路不能超过150米，否则来来回回对于象是很大的负担，而且整个观虎时间过长。有些情况还需要请出公园管理副总监来现场确定是否适合观赏。尽管条件多多，但骑着象还是能够深入丛林，所以每天上午基本都有Tiger Show上演。

我在班达迦国家公园尝试了几次骑象拍摄虎，收获颇大。每次得到管理者有关Tiger Show的地点信息之后，我们驱车前往，在支付了每次600卢比（人民币90元左右）的费用之后，就可以带着相机爬上象背，开始刺激的Tiger Show。上了象背，一下子有一种一览众山小的感受，我们随着象缓慢扎实的步伐和象夫熟练的指挥慢步向前。在丛林里穿行对于象来说轻而易举，而对于象背上的游客来说就有些挑战了，既要避开随时"迎面袭来"的树枝或者竹子，还要护好相机抓牢铁护栏。

不少人对于如此的Tiger Show有疑义，认为这对于虎休息会有影响。对此，我特地采访了多名自然向导。他们的反馈几乎一致，那就是对于虎的影响并不大，因为并没有影响它们捕猎或者其他行为，而且它们从小就已经适应了人类、车辆和象的存在，条件反射地理解这3个物体不会对它们造成伤害。更为关键的是，Tiger Show能够提供游客近距离观赏虎的机会，尤其是对于那些在国家公园停留时间不多的游客来说，毕竟驱车找虎并非易事，运气的成分很大，所以这对于很多游客都是得偿心愿的好事。而对于野生动物摄影师来说，能够近距离拍摄、追踪虎也是难得的机会。而且这笔收入也可以为国家公园建设维护提供必要的资金。

缓冲区的重要意义

几天看虎下来，我从不同动物向导的口中多次听到同一个单词：缓冲区（buffering area），可见这个缓冲区的意义非同寻常。在和专业资深动物向导Jagat的采访沟通中，我了解到所谓缓冲区就是在现有被认定为国家公园或者虎项目保护区之外的周围丛林地带，这对于虎这一独特物种的繁衍稳定是至关重要的。因为每一只虎都有自己固定的领地和狩猎范围，所以当成长到1岁多的年轻虎要离开母虎独自生活的时候，往往被迫远离现有虎领地，以避免与统治虎的冲突。有时候母虎也会带着年轻的小虎们来到国家公园围栏之外另寻领地。如果此时在国家公园围栏外住的是当地村民，那人兽冲突在所难免，虎很有可能会袭击村里的牲畜，进而可能会遭到人类陷阱和猎杀报复。但是如果在现有国家公园区域外另有一大片原始丛林，那这些年轻虎就可以生存下来，如此虎群数量才会得到长足增长。

这里不得不提到印度孟加拉虎在过去1个多世纪来的悲惨命运。19世纪初期，大约有4万只虎栖息在印度，1972年之前，毫无限制的猎杀以及土地争夺导致大量虎丧生。据2010年数据统计，印度野外仅剩下可怜的1706只。印度政府在1970年颁布禁止猎杀虎的法律，1973年首个保护虎的生态项目成立，开始保护恢复虎生存环境。从一开始9个保护区到之后的25个，并有其他66个相关保护区域，如今所有保护区占虎生存面积的40%。失去生存环境是虎如今面对的最大危机，且是长久的威胁，这远远比盗猎和虎交易所带来的损害大得多。森林面积减少，食物减少，村落区域扩大，公路、水坝、电缆信号塔等人类设施遍布，使得虎生存面积锐减，因此导致的虎猎杀村落牲畜，甚至咬死人的恶性事件时有发生。

为了解决这一问题，印度政府与世界自然基金会（WWF）等众多动物保护组织，利用补偿资金将国家公园内和附近的居民迁移到远离虎的区域生活，以确保国家公园和周围缓冲区域内的原始树林不受到人类生活干扰。砍哈国家公园在20世纪50年代成立时的核心区域为940平方千米，之后陆续开辟了超过1000平方千米的周围缓冲区保护带。同样，1995年班达迦国家公园也将周围4个区域共计1000余平方千米土地共同并入如今的虎保护区。虽然迁移村民涉及大量资金，但却是最理想的方法。

除此之外，提供给国家公园管理者大量车辆、无线电、监控设施、制服等，同时参与对于如何开展生态可持续旅游进行专业培训。良好的管理安保机制减少了非法盗猎案件的数量，而生态旅游给当地居民带来了可观的收入和工作机会，使他们从心底珍视虎。2010年统计数字显示，3.5万名印度游客和1.8万名外国游客来到班达迦国家公园看虎，越来越多的旅游收入和工作机会让当地村民认识到野生动物资源的重要性。

无论如何，这些自然保护区和国家公园都是一个巨大的生态体系，几百至几千平方千米的区域里生活着几十种哺乳动物、超过300种鸟类、无数的爬行动物、昆虫和植物，还有周边的人类。所有生物在同一片有限的土地上生存、冲突、妥协、进化。而虎则是其中的王者，所有动物中的旗舰物种，其生存、灭亡的意义远超一个物种给生态环境所带来的影响。希望它们的生存环境能够不断改善，希望这些百兽之王依旧统治着那片丛林。

■ 用70mm镜头就可以拍摄孟加拉虎

■ 白天正午高温时分，老虎也喜欢趴在河流中纳凉

航拍火烈鸟

● 王建国

大自然的美丽，让人心荡神驰。大自然的神奇，让人叹为观止。生活在美丽的大自然中的火烈鸟，无疑让人愉悦与向往。看到这些美得让人窒息的自然生灵，

整个身心都将融入其中。

据相关资料显示：火烈鸟，亦称红鹳。体型大小似鹳，雄性较雌性稍大，通身为洁白泛红的羽毛，翅膀上有黑色部

分，覆羽深红，诸色相衬。火烈鸟脖子长，常呈 S 形弯曲。世界上共有 600 万只火烈鸟，主要分布在印度和非洲、南美洲中部。火烈鸟分为大火烈鸟、智利火烈

▓ 镶嵌在翡翠岛上的火烈鸟

鸟、小火烈鸟、美洲火烈鸟、安第斯火烈鸟和詹姆斯火烈鸟 6 种。

马加迪湖是非洲肯尼亚最南端的内陆湖泊之一。属于肯尼亚的裂谷区。在肯尼亚首都内罗毕的西南方约 80 千米，由断层陷落形成。南北长约 48 千米，东西宽约 14 千米。面积依雨季或旱季变化，通常是 900 到 300 平方千米。

2019 年 2 月 8 日，我有幸在马加迪湖有了第一次航拍经历。为我们驾驶直升机航拍的飞行员，是个参加过伊拉克战争的老飞行员，有各种经历的驾驶经验，我们两个人都信心满满的。经导游提醒，我提前两个小时吃了晕机药，结果非常顺利地航拍了一个小时，没吃晕机药的人却只能遗憾了，由于他呕吐飞行员不得不降落在湖边作短暂休整。接下来的三次航拍充满了刺激。

直升机只有前后两个拍摄机位，与飞行员约定，当机身倾斜 30～40 度时飞行员通过耳麦发出哒哒哒声音，提示我们两个人可以拍摄。尽管座位上的安全带已经十字交叉捆住身体，心里难免还是有点紧张。

拍摄中，看到火烈鸟翩翩起舞的动作，大自然的风，成了一种无法解释的韵律，火烈鸟似乎伴着那优美的旋律，正在

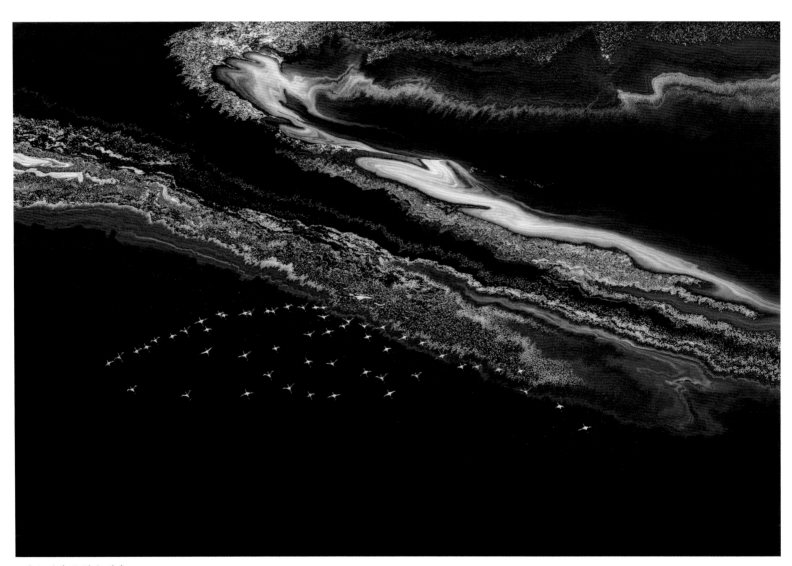

■ 马加迪湖上的火烈鸟

▧ 栖息在天然画卷中的火烈鸟

▧ 爱的圆舞曲

绘就一幅幅天然的画卷。特别是看到非洲马加迪湖湖底常年沉积的矿物质翻起，让湖面呈现出的如油画般美丽的盐花图案，让人拍案叫奇！

为了控制拍摄画面中的火烈鸟数量，经验丰富的飞行员调整飞行速度把数千只火烈鸟群切开，选择满意的火烈鸟群追踪拍摄。当我们跟踪拍摄一定时间后飞行员说：火烈鸟们该休息了。我们只好眼睁睁地等待。

火烈鸟真是天生的舞蹈家。看到火烈鸟的那一刻，或许就有人想到了热情似火的吉卜赛舞蹈《弗拉明戈》。其实，火烈鸟的舞姿，是任何一个舞蹈家都无法企及的。火烈鸟虽然是群居，但它们大多一生中只有一个伴侣，所以它也象征着忠贞不渝的爱情。通过对火烈鸟的这些习性的了解，我越来越对这个物种感到神奇与敬佩。自从有了这次拍摄经历后，我便对火烈鸟产生了浓厚的兴趣。后来，从网上得知，中国的一些地方也来了火烈鸟，我去进行了追拍。虽然这些来到异乡的火烈鸟不及在其原生地那么自然，数量也不壮观，但它们在异国他乡却也生活得非常快乐！

愿我镜头中的火烈鸟，给读者带来快乐，让大家了解神奇大自然中的这一神奇物种。

各国国家公园观野生猴

● 徐征泽

一转眼又到了猴年。这猴子可不一般，是灵长类动物的俗称，不仅是与我们人类最接近的动物，也是大自然中最聪明的动物之一，甚至可以轻松地使用工具来觅食，智商绝对碾压其他森林动物。我们中国人对于猴子的感情也不一般，妇孺皆知的美猴王孙悟空就是大众对于猴子的综合印象，也是为数不多由动物化身为英雄的代表。

猴子分布在世界各地，在很多国家可以很轻松地观赏到不同种类的猴子。在这金猴迎春之际，我就把之前在不同国家所拍摄到的一些猴子照片与大家分享，一起携猴贺新年。

■ 马来西亚沙巴州丹侬谷保护区热带雨林

马来西亚沙巴红猩猩（Orang-utan）

把红猩猩比作濒危"贵族"，一点也不过分。这些主要分布在印尼和马来西亚的大型灵长类动物可以灵活运用其四肢，可以轻松地在树上悬荡，优雅而自信地在树冠层生活栖息，绝不用跳跃，即使来到了地面上也可以四肢并用地行走。但是红猩猩在野外的生殖成功率很低，平均每4年才产1崽，而且幼崽死亡率高达40%，所以目前红猩猩是世界濒危动物之

一。红猩猩主要生活在海拔1500米左右的原始森林或者次生林的树冠层，单独或成对生活，白天活动，以野果、树叶、种子、昆虫、鸟卵及其他小动物为食。雄性一般体长可以达到1.5米，体重约75千克，就好像人类一样，所以红猩猩的英文"Orang-utan"在当地马来语中的意思就是"林中野人"。

马来西亚的沙巴州，看红猩猩肯定是最大的亮点。在东沙巴山打根的西必洛

红猩猩保护中心，可以看到这些可爱的家伙。整个保护区为半开放式，所以在这里看到定时来觅食的红猩猩就有可能是野生的。如果想要看到纯野生的红猩猩，那也不是什么难事，只要驱车离开山打根，来到五六个小时车程外的丹侬谷即可实现。

丹侬谷是一片古老神奇的原始低地热带雨林，面积4万多公顷的保护区里有着极其丰富的野生动植物资源，包括上百种哺乳动物、300多种鸟类，以及其他爬

行动物和昆虫等，还有濒危的红猩猩、婆罗洲侏儒象等。徒步行进中观赏雨林中的动植物是件有趣的事，虽然茂密的树冠将丛林遮得严严实实，不过地面还是有很多奇特的植物和昆虫。而我的主要目标就是沙巴洲的王牌濒危动物——红猩猩。在野外观赏拍摄红猩猩绝对不是一件容易的事情，需要根据声音以及对于它们栖息习性的了解，来判断如何在一大片茂密昏暗的雨林中找到它们。一路上我紧紧跟在自然向导身后，艰难地在雨林深处徒步前行，耳边只能听到四周的鸟鸣声以及我们双脚在泥路上发出的声响。

突然自然向导示意我停下，一指前方约20米高的树冠层，竟然是一只雄性红猩猩正在笃定地进食。当时我真是难以抑制心中的兴奋，终于在原始雨林中找到了濒危物种红猩猩，赶紧举起相机拍摄。自然向导告诉我，这是一只成年雄性红猩猩，平时独自生活，领地范围很大，也很自由，每天吃到哪里就在哪里休息。红猩猩对于我们的到来并没有特别吃惊，而是自顾自地摘食嫩叶。成年的雄性红猩猩两颊生出"颊胝"，老年时脸呈圆盘形，看上去很和善的样子。镜头中，红猩猩突然对着我做了一个怪脸，好像和我打招呼似的，随后就消失在树林中。

说到在雨林里可能遇到的危险，向导很风趣地说，在雨林里徒步行走，最危险的不是猎食动物，也不是凶猛的爬行动物，而是红猩猩。因为红猩猩终日在树冠活动，每隔几天就要搭建一个新的窝，所以总是会折断树枝、树叶，在树顶弄一个很舒服的窝。但是对于底下徒步的人来说，高空坠物就很危险了，万一被树干砸到，绝对是可怕的。

泰国考艾国家公园的白掌长臂猿（White-handed Gibbon）

白掌长臂猿是栖息于热带、亚热带雨林中的濒危灵长类动物，常年栖息于树冠层，以嫩枝芽、树叶、果实、昆虫、鸟卵为食。白掌长臂猿也是典型的一夫一妻制，但以集小型群体生活，每个群体领域范围大约为54公顷。白掌长臂猿体长42~64厘米，后肢长10~15厘米，体重5~7千克，无尾。有黑褐色和棕黄色两种色型，雌雄两性都有。最显著特征自然是其手、脚为白色，故称白掌长臂猿。此外，自眉的边缘经面颊到下颌有一圈白毛形成的圆环，把脸部勾勒得十分醒目。

白掌长臂猿主要分布于印度尼西亚、老挝、马来西亚、缅甸、泰国、中国等地，最容易观赏到的地方就是位于泰国曼谷北部2~3小时车程的考艾国家公园，这里也是世界自然遗产地。一大早我跟随着自然向导进入国家公园保护区的热带雨林，这里并没有大型猎食动物，所以进入森林是寻找长臂猿的最佳方式。清晨长臂猿家族开始了它们相互之间的沟通交流，抑或是声张领地的对唱。只听到它们抑扬顿挫、尖锐刺耳的吼叫声，穿透力极强，却完全不知道如何透过密林发现它们的踪迹。

追踪着吼叫声徒步一个多小时后，终于在头顶树冠层见到了神秘的它们。距离很远，用500mm长焦镜头才把它们的影像记录下来。它们依旧活跃在早上的"歌会"中，完全看不到地面上的我们。最关键的是当它们移动起来，就可以很明显地看到它们"四肢戴了手套脚套"一般，白色的，毛茸茸的，非常的显眼，感觉很

■ 白掌长臂猿一家

可爱。它们栖息在树干上，一会儿吼叫几声，一会儿又相互依偎在一起捉虱子，还可以看到其中一个母亲怀中抱着的宝宝，小宝宝也是手脚"穿戴"着白色的手套和袜子。

基本上，去考艾国家公园就可以看到白掌长臂猿的踪迹，一般行程建议2~3天，这样可以确保有机会拍摄到，而且有机会可以观赏到其他野生动物。

哥斯达黎加的蜘蛛猴（Spider Monkey）

蜘蛛猴属于悬猴科，它们的身体和四肢都很细长，在树上活动时，远远望去就像一只巨大的蜘蛛，故得此名。一般来说它们的体长35~66厘米，但是尾巴基本在60~90厘米，超过体长。它们生活在中南美洲的热带雨林里，主要食物是树

叶和果实，群居。白天主要分散在雨林里各自觅食，只有到了晚上才一起聚集睡觉。蜘蛛猴的头又圆又小，毛多且密，没有拇指，能直立行走。

来到中美洲的哥斯达黎加，在位于北部的托托盖若自然保护区就能见到蜘蛛猴。这片保护区是标准的热带雨林，类似于亚马孙，在雨林中蜿蜒着一条河流，而游客也主要通过乘坐游船在河道里探索大自然。在河边的树上往往可以看到蜘蛛猴的踪迹，相对其他野生动物来说，它们并不神秘，动作幅度也很大，所以很容易被发现。蜘蛛猴在树上移动的速度非常快，毕竟它们除灵活的四肢之外，还有一条粗长的尾巴帮忙，多了一只"手"。它们很喜欢到河边觅食，因为在河两岸往往有一些嫩叶或者植物的果实。

看它们在河边进食不得不佩服它们的技巧，就好像拍电影吊威亚一样，它们的尾巴牢牢地吊在背后的树干上，很长也很稳固，使得它们可以轻松地腾出双手觅食，双脚还可以掌握平衡，游刃有余。据说蜘蛛猴的长尾巴除了固定身体以外，还有一个奇特的功能：散热，就好像狗利用舌头散热一样，蜘蛛猴是靠它的尾巴来调节体温的。

马达加斯加的环尾狐猴
（ Ring-tailed Lemur ）

说到马达加斯加的环尾狐猴，第一反应就是动画电影《马达加斯加》里面的朱立安国王，正是这家伙，还记得吗？电影里那个很有领导才能，喜欢跳舞唱歌的家伙。

狐猴是生活在与大陆隔绝的世界第四大岛马达加斯加岛的一个特别物种。由于6000万年前，马达加斯加岛与非洲大陆分离，成为被时间遗忘的孤岛。岛上没有大型猛兽（千万别被动画电影《马达加斯加》误导，马达加斯加没有狮子，没有长颈鹿，没有企鹅），自然条件得天独厚，因此狐猴得以在这片世外桃源繁衍生息，而在其他地方都已经灭绝。要知道，狐猴可是从后恐龙时期生活至今的活化石。不过正因为没有天敌，所以狐猴在发展进化上还是属于原始灵长类。

环尾狐猴体长30～45厘米，尾长为40～50厘米，体重约2千克。头比例较小，但是耳边长有很多绒毛，好像是狐狸，所以我们叫它狐猴，当然它还是猴子。毛色主要是浅灰色，有一些白色和黑色的部分，最典型特征的就是其黑白环的

■ 背着两个宝宝的环尾狐猴妈妈依旧行动自如

长尾巴，普遍有11～12个黑白圆环图案，这是独一无二的，也是和其他狐猴类主要区分的特征。与其他灵长类动物不同，环尾狐猴主要的栖息地并非是森林，而是疏林裸岩地带，主要分布在马达加斯加南部和西部。它们一般以群居为主，以树叶、花、果实以及昆虫等为食。

跟随着自然向导进入保护区寻找它们的踪迹，事实上很容易，它们数量众多，基本寻觅着就可以发现它们。白天是它们主要活动的时间，除了觅食以外，群体之间相互的沟通交流是最主要的行为。一群环尾狐猴聚集在一起，相互梳理皮毛，或者依偎在一起，这是太正常不过的行为。而且它们性情很温和，对于游客的靠近拍摄一般没有特别的敌意。近距离观

■ 蜘蛛猴的长尾巴起到了很好的固定身躯作用

察，可以发现它们的后肢明显比前肢长很多，所以在攀爬、奔跑和跳跃的时候都可以轻松完成，也很适合在较干旱的疏林岩石地带栖息。

我看到好几只带着宝宝的环尾狐猴妈妈路过，小家伙明显对于我们更好奇，打量着我们。它们在妈妈背上很稳固，即使在行进过程中，小家伙也会牢牢地抓住妈妈的后背。

■ 狒狒之间时常发生争斗

■ 舐犊情深的黑白疣猴

肯尼亚的狒狒（Baboon）

狒狒主要分布在非洲热带雨林、稀树草原、半荒漠地区以及高山地区，个别种类也见于阿拉伯半岛。它们主要在地面活动和觅食，是标准的杂食性动物，食物从树叶、果实到昆虫、鸟类，甚至还会捕获小型哺乳动物，比如犬羚等，那尖而长的犬齿就是它们捕猎进食的利器。一般狒狒体长60～120厘米，雄性狒狒体形要明显大于雌性，最重的狒狒可以达到60千克。狒狒一般头部粗长，四肢等长，短而粗，利于地面爬行活动，臀部有色彩鲜艳的胼胝。狒狒也是仅次于猩猩的第二大灵长类动物。

在东非肯尼亚或者坦桑尼亚观赏狒狒是很容易的，基本上在国家公园都可以看到它们的踪影，甚至有时候在道路上也可以看到它们集体出来觅食，看着就让人发笑。不过真别小看这些猴子，其凶狠程度可是很厉害的，甚至一群狒狒可以和狮子对峙。它们的天敌是花豹，所以晚上它们会栖息在山洞里或者树干上，避免被花豹偷袭。

在纳库鲁湖国家公园同样可以近距离观赏到这些狒狒的行为。如今的它们早已习惯了游客和车辆，就在国家公园的道路两旁活动。在狒狒群体中有着严格的等级制度，首领自然是凶猛健壮且体形较大的雄狒狒，而雌狒狒主要职责就是带孩子。它们也有明显的领地意识，一旦有其他狒狒入侵，相互之间的打斗绝对是惊天动地的。

一旦自己的孩子没有活下来，雌狒狒就会去抢群里其他母亲的孩子来养。我就在马赛马拉拍摄过这样一个场景，一个母亲凑在另外一个狒狒母亲旁边，一有机会就拼命拽扯小狒狒的手脚，试图把小家伙抢到自己的怀里。

肯尼亚的东非黑白疣猴（Eastern Black-and-white Colobus）

东非黑白疣猴是栖息于东非的一种濒危而又非常漂亮的猴子，体长50～70厘米，毛色多为黑白相间，身体两侧长着斗篷一样的白色长毛，从肩膀向下延伸到整个背部，看上去就散发着贵族的气息，也因此遭到猎杀。它们的拇指已经退化成一个小疣，所以得名疣猴。主要生活在东非的热带丛林里，或者接近草原的树林中，主要以植物的嫩芽、叶子、野果等为食。一般以群居为主，也被誉为"东非的美猴王"。

我第一次看到东非黑白疣猴的样子其实不是在野外，而是在肯尼亚的一家英式酒店里，也不是活体，而是皮毛。因为东非黑白疣猴的皮毛非常漂亮柔顺，所以在20世纪初期，很多都遭到当时来此的欧洲人猎杀，几乎灭种。如今这些猴子已被列为世界十大濒危物种之一，被有效地保护起来。

在肯尼亚的纳库鲁湖国家公园，我终于看到了真正野生的东非黑白疣猴。就在湖边高大的黄热树顶部，母猴带着小猴正在觅食，稳稳地坐在树干上。一般东非黑白疣猴只在树冠层活动，不会来到地面。在低处仰望这些疣猴，黑白两色分明，完全可以从一片丛林中辨别出来，尤其明显的是长长的尾巴，在中下端呈明显的白色，犹如道士的拂尘一般。身体两侧的白色长毛也很显著，很难想象在大自然中能够保持如此"顺滑干净"的毛发，要知道在纳库鲁湖国家公园可是以多雨而闻名。它们的脸颊也很有特色，头顶部有黑色发冠，脸四周一圈白色绒毛，而脸中间则又是黑色绒毛，就好像戴了一个面具。

相比东非常见的黑长尾猴，东非黑白疣猴的数量很少，也只能在保护区才得以见到。

南极岛民

● 郎晓光

由于气候极其严寒，冰川广布，营养物质缺乏，再加上没有土壤，致使南极洲相较北极而言，野生动植物的种资源也少很多，但那些生活在南极的生灵，在恶劣的天气中练就了一身的本领。

庞大的企鹅家族

企鹅是一种最古老的游禽，经过数千万年暴风雪的磨炼，企鹅全身的羽毛已变成重叠、密接的鳞片状。这种特殊的羽衣，不但海水难以浸透，就是气温在零下，也休想攻破它保温的防线。从外观看，各种企鹅都很可爱，形态差不多。南极企鹅喜欢群栖，一群有几百只、几千只、上万只、最多者甚至达10万~20万只。

在南极大陆的冰架上，或在南极周围海面的海冰上，经常可以看到成群结队的企鹅聚集在一起。有时，它们排着整齐的队伍，面朝一个方向齐步走，像一支训练有素的仪仗队。

阿德利企鹅是一种在南极最常见的企鹅，在企鹅家族中属中、小型种类。阿德利企鹅喜欢群居，一块营巢的可能多达10万只企鹅，若石子不能满足阿德利企

■ 蓝眼鸬鹚——繁衍中的情与爱

鹅筑巢需求，雄企鹅常偷取其他企鹅筑巢的石子，送到雌企鹅脚下。有时也会在雪中尽情舒展身姿，仿佛要献上一曲《冰雪王国》。

王企鹅虽然步行左右摇摆很笨拙，但遇到敌害时，可以将腹部贴于冰面，以双翅快速滑雪，后肢蹬行，滑行速度很快。王企鹅是群居性动物，饮食和居住都由很多个体聚集在一起。每当恶劣的天气来临，它们会挤在一起，防风御寒，以获得最大的保护。

帝企鹅和王企鹅很像，它们都身披黑白分明的大礼服，喙部赤橙色，脖子底下有一片橙黄色羽毛，向下逐渐变淡。不同之处在于，帝企鹅身材比王企鹅大，耳部是黄色的。在恶劣天气里，帝企鹅也会像王企鹅一样挤在一起互相保护和取暖。

巴布亚企鹅又称金图企鹅是继帝企鹅和王企鹅之后体形最大的企鹅物种，眼角处有一个红色的三角形，显得眉清目秀。因其模样憨态有趣，有如绅士一般，十分可爱，因而俗称"绅士企鹅"。金图企鹅是企鹅家族中最快速的泳手，游泳的时速可达 36 千米／小时，但非常胆小，当人们靠近它时，它就会很快地逃走。

食物链顶层的鲸

鲸，俗名鲸鱼，但实际上不是鱼，而是海洋里的哺乳动物。云集到南极的鲸有十几种之多，它们可分两大类：一类属须鲸类，另一类属齿鲸类。鲸虽然是庞然大物，但并不是都吃鱼类，除少数齿鲸外，其他鲸连小鱼也不吃，而主要以磷虾为食。除少数鲸性情凶猛，有伤人行为之外，多数鲸性情比较温和。

抹香鲸的头部不成比例的重而大，

■ 南极虎鲸

具有动物界中最大的脑，而尾部却显得既轻又小，这使得抹香鲸的身躯好似一只大蝌蚪。它的鼻孔位于这个巨大的长方体顶部左前方的两侧。奇特的是，抹香鲸虽有两个鼻孔，但只有左侧鼻孔畅通，用来呼吸，而右侧的鼻孔则天生阻塞，这使抹香鲸在浮出水面呼吸时，总是身躯偏右，水雾柱以约 45 度角向左前方喷出。

座头鲸虽然不是世界上体形最大的鲸类，却也是海洋中当之无愧的庞然大物，体型肥大而臃肿，即便这样，座头鲸每年迁徙路程长达 25000 千米，使它们成为哺乳动物中最好的旅行者之一。它们夏天生活在凉爽的高纬度水域，在热带或亚热带水域交配繁衍，在南极地区只是季节性出现。座头鲸虽然体形庞大，但性情温顺，不会随意伤害人类。

南极小须鲸是最细小的须鲸之一。在须鲸属中，只有小鳁鲸比它们细小。小

须鲸通常成组捕食，一个捕食小组包括 2～4 头个体，小组成员行动比较自由，相较于开放水域，它们在封闭领地聚集似乎更多一些。

虎鲸是一种大型齿鲸，嘴巴细长，牙齿锋利，性情凶猛，属食肉动物，善于进攻猎物，是企鹅、海豹等动物的天敌。虎鲸是一种高度社会化的动物，组成的家族是动物界中最稳定的家族。如果说座头鲸是鲸类中的"歌唱家"，白鲸是海中"金丝雀"，那么虎鲸就是鲸类中的"语言大师"，它能发出 62 种不同的声音，而且这些声音有着不同的含义。

海豹，海豹，傻傻分不清楚

南极是盛产海豹的地区。据不完全统计，全世界有海豹 34 种，约 3500 万头，南极地区虽然只有 6 种海豹，但数量却有 3200 万头，占世界海豹总数的 90%，产

■ 和平相处的海狮和企鹅

■ 威德尔氏海豹

潜水第二深的动物。

食蟹海豹种名来自希腊语，即"蟹"加"吃"，人们错误地认为蟹是其食物。食蟹海豹主要分布于南极大陆周围浮冰上，呈环极性分布。和企鹅不同，食蟹海豹喜独栖，在冰上行动迅速，是鳍脚类中数量最多的一种。

豹海豹，又称豹形海豹或豹斑海豹。在南极地区体形是仅次于象海豹的第二大海豹。以前鳍状肢游泳，以颚触摸东西，巨大的犬牙使其可以捕食小海豹、企鹅和其他鸟类。它们在南极处于食物链的上层，胆大且好奇心强，虎鲸是它唯一的天敌。豹海豹主要栖息于南极附近的海洋或粗糙的冰面及岛屿上。

飞鸟翱翔的天地

南极地区是名副其实的飞鸟翱翔的天地。这些海鸟主要分布在南极大陆的沿岸及岛屿上，以磷虾等海洋生物为食，估计每年要吃掉 1500 万～2000 万吨海洋生物。除了极少数的鸟类，大部分都有定期迁徙的习性，它们夏季到南极地区筑巢、繁殖，冬季则回到温带，甚至亚热带地区栖息和更换羽毛。

南极贼鸥是一种比较凶狠的鸟类，羽毛多呈黑色，一旦发现有外敌入侵，多会不顾性命地与其进行殊死搏斗。贼鸥也经常趁其他动物不注意的时候偷走其食物，因此也被列入了南极动物的"黑名单"。

鞘嘴鸥是仅分布在南极的鸟类，也是一种具有攻击性的鸟类，常可见到白鞘嘴鸥贼头贼脑地巡视企鹅巢穴，偷取企鹅父母喂养小企鹅掉下的碎屑，也会吃掉企鹅一时大意遗下的企鹅蛋，甚至主动攻击

量居世界第一位。

威德尔氏海豹，又称"僧海豹"，是一种极古老的生物，因而有"活化石"之称，它们曾被记载于亚里士多德的书中，也是哥伦布在"新大陆"最先看到的海豹。威德尔氏海豹出没于海冰区，并能在海冰下度过漫长黑暗的寒冬。它靠锋利的牙齿，啃冰钻洞，伸出头来，进行呼吸，或钻出冰洞，独自栖息，少见有成群现象。相对于一般的海豹，威德尔氏海豹较为温顺，而且牙齿没有吃蟹的其他海豹尖锐。

在 30 种鳍脚目动物中，最大的是南象海豹，它生活在南极附近的岛屿上。南象海豹形状奇特，有一个能伸缩的鼻子，当它兴奋或发怒时，鼻子就会膨胀起来，并发出很响亮的声音，故名为"象海豹"。南象海豹是动物界的"潜水亚军"，最深可潜至 2300 米的深海，是仅次于抹香鲸

■ 斑胁草雁一家

孤身的雏鸟。

不毛之地的植物

　　遍地鲜花的草地让人们赏心悦目，但是在南极，动物很常见，植物却很少见，南极洲不但没有遍地的野草鲜花，就连开花植物也是不多见的。经植物学家考察，发现南极洲仅有 850 多种植物，且多数为低等植物，只有 3 种开花植物属于高等植物。在低等植物中，地衣有 350 多种，苔藓 370 多种，藻类 130 多种。植物的品种和数量，不仅不能与其他大陆相比，就是同北极地区相比也相差其远。南极植物对南极环境有一定的适应能力，生命周期和花期长，属多年生，曾有人试图将它们从南极半岛移植到英国的哈利站，但没有成功。

　　南极大陆的绿洲和时有冰雪覆盖的露岩区，甚至在内陆离南极点只有几个纬度的岩石表面上，都有地衣的踪影。其形态各异，有的像金丝菊，有的像松针，有的像海石花……它们的叶面和躯干上长有黑色斑点，整枝的颜色有灰白色、褐色、古铜色等。虽然地衣只是两种弱小生命的联合体，看上去相貌平平，却具有极为顽强的生命力。科学家们认为，南极那些直径已经长到 13 厘米的地衣可能是地球上现存的最为古老的生物！

　　藻类广泛分布在南极绿洲的陆原地面、岩石表面、石缝、冰雪以及时令性溪流或水塘中，特别是企鹅栖息地流出的溪水，由于含有丰富的氮、磷营养盐，可供藻类进行光合作用，同时经历一系列物理和化学变化，藻类生长异常繁茂。

　　南极的色彩简单而单一，南极的生命顽强而多姿。

科曼多尔群岛科考纪实

● 高云飞

俄罗斯科曼多尔群岛 Komandor Islands，也译为指挥官群岛；英语作 Commander Islands，俄语作 Командорск。

科曼多尔群岛由 4 个岛屿组成。位于白令海西南部，属俄罗斯最东部的堪察加州，在行政上，它们是俄罗斯堪察加州阿留申地区的一部分。西距堪察加半岛约 180 千米。该群岛及其最大的岛屿均以 1741 年死于此地的俄国航海家、探险队指挥白令（Vitus Bering）的头衔命名。白令海和白令海峡也以其名字命名。其中最大的白令岛有他的坟墓。科曼多尔群岛是俄罗斯和阿留申文化融合的地方。

科曼多尔群岛总面积 1848 平方千米。最西端的白令岛长约 88 千米，宽 40 千米，岛上斯泰勒（Stellera）山海拔 751 米，尼科利斯科耶村（Nikolskoye）是当地最大的居民点。梅德内（Medny）岛为第二大岛，长约 56 千米，宽 6 千米。群岛的另外两个岛屿是托波尔科夫（Toporkov）岛和崎岖的阿雷罗克（Ary Rock）岛。该地

■ 白令岛上的无人港湾

■ 角海鹦的亲昵

区属于海洋性气候，气候寒冷，8 月平均气温仅 10 摄氏度，2 月平均气温 −4 摄氏度，年降水量约 500 毫米。

科曼多尔群岛保护区的总面积为 3648679 公顷，其中 2177398 公顷为海洋缓冲区。陆地范围包括白令岛的大部分、梅德内岛，以及 13 个较小的岛屿和岩石。保护区于 1993 年建立，旨在保护指挥官群岛、白令海和北太平洋周围海洋水域的多样化生态系统。

2005 年，这些岛屿被列入联合国教科文组织世界遗产临时清单。岛上大部分地区植被类型为草甸和山地苔原，局部河谷区生长有低矮的柳丛、花楸和桦树。沿岸有丰富的藻类。保护区与世隔绝，白令海和太平洋大陆架极高的孕育生命能力，使得保护区具有丰富的生物多样性。这里成为 100 多万只海鸟、几十万只北海

狗、数千只北海狮、港海豹和斑海豹的避难所，还有大量的海獭、大约 21 种鲸类、北极狐的两个稀有的地方特有亚种，以及许多濒临灭绝或受到威胁的候鸟，如大天鹅、小绒鸭和虎头海雕。此外，它还是亚洲和北美洲动植物之间地理分布上独一无二的跳板。在保护区周围 50 千米的缓冲区内，完全禁止捕鱼。保护区还有另外一个明确目的就是促进科曼多尔群岛上有人居住与尼科利斯科耶村（Nikolskoye）生态和文化上的可持续发展。截至 2007 年，该村落约有 750 人。

2018 年 8 月 25 日至 8 月 31 日，我与包括俄罗斯的科学家、考古学家、记者在内的一行 6 人，乘坐科考船对科曼多尔保护区进行了科学考察。除了在回程中经历了由台风带来的狂风巨浪外，整个考察过程非常顺利，收获颇丰。

大概 300 年前，白令岛的附近海域生活着一种珍稀的巨型海牛，被称为"白令海牛"，又叫"斯泰勒海牛"。仅仅在被欧洲人科学发现的 27 年之后，白令海牛，这种体长超过 8 米，体重可达 10 吨的巨兽就从地球上永远消失了。谁能想到，这种海洋哺乳动物的灭绝竟与一场意外的海难密切相关。

1741 年 11 月，维托斯·白令率领的探险队在返航途中遭遇风暴，船只"圣彼得号"在一座无人岛上触礁遇难，近百名船员被困于这个与世隔绝的小岛上。这个小岛的纬度接近北极圈，时值严冬，气候酷寒。很多船员在饥寒交迫和坏血病的折磨中相继死去，指挥官维托斯·白令也在当年的 12 月去世了。此后，随船的德国博物学家威廉·斯泰勒担负起指挥官的责任，他带领其他船员一边寻找食物和御寒

■ 北海狮和北海狗的繁殖地

物资以求熬过冬季，一边设法用圣彼得号的船体残骸建成新船。

船员们在近海发现了海獭、海狗、白令鸬鹚等动物，其中一种全身黑褐色，体形巨大的海牛是所有人都未曾见过的。这种海牛的皮肤就像干枯的老树皮，那隆起的、浑圆的背部就像翻覆的船底。它以柔韧的海草为食，嘴里没有牙齿。斯泰勒在航海日志中记录到："那种海牛的体长超过 7 米，腰围超过 6 米。估计岛的周围

大概有 2000 头。在海岸全线，特别是河流的入海口，海草茂盛的地方四季都能见到它们。捕获一头海牛大约能得到 3 吨的脂肪和肉。"

对于几十名被困孤岛的海员来说，海牛肉无疑是食物来源之一。除了肉食，海牛的脂肪还可以用作灯油照明，奶水能够直接饮用或者制成黄油。海牛皮还被制成衣服、鞋子、皮带，甚至船只的防护层。可以说，这些人能够度过寒冬，以至于后来成功逃出小岛，一定程度上得益于白令海牛的存在。

次年 8 月，船员们乘坐建好的新船顺利返回出发的港口，白令海牛和其他动物的故事口耳相传，迅速流传开来。出于对肉、脂肪和毛皮的需求，无数猎人和毛皮商人涌向白令岛及其周边海域，疯狂的偷

猎开始了。对于猎人来说，要捕获白令海牛并不困难。这种海牛行动迟缓，似乎不会潜水，对人类没有戒心。面对鱼枪、鱼叉，它们没有有效的自卫方法。更可悲的是，它们有聚集成群救助受伤同伴的习性。这种习性往往被猎人利用，进而引发成群的屠杀。一些猎人杀死白令海牛后，由于搬运不便，索性把海牛的尸体扔在海中，等待波浪和潮汐推其上岸。众多的海牛尸体被白白浪费，成了海草的养料。

1768 年，斯泰勒的旧同僚伊万·波波夫前往白令岛，返航后报告称："大海牛还剩下两三头，都杀了。"——这就是关于白令海牛这一物种最后的记录。虽然此后多次有人声称见到了像是白令海牛的动物，但人们始终没有找到确切的证据。

曾有观点认为，白令岛周边的海獭

▨ 成年北海狮在海中自由出入

遭到滥捕，数量大幅下降，是白令海牛灭绝的主要原因。因为海獭的主食是海胆，而海胆又以藻类为食。失去天敌后，海胆数量骤增，大量藻类被海胆吃掉，导致白令海牛遭受饥饿之苦。但新的研究表明，对于白令海牛这种在科学发现之初就已经数量稀少的动物来说，人为捕杀确实是造成其快速灭绝的最主要原因。至1768年，被科学发现仅27年后，白令海牛宣告灭绝。

虽然返航途中没有安排考察，我们的返航还是用了3天。期间遇到台风，经历狂风巨浪的科考船有惊无险的返回了母港。

历时7天的考察活动，我们登陆了指挥官群岛的两个主要岛屿和若干岛礁。记录了鸟类、海洋哺乳动物、洄游鲑鱼、植物等。由于时间较短，没有更细致地考察各物种种群数量和生存环境，希望有机会再次深入研究记录。

▨ 堪察加半岛上的棕熊

野生之麋

● 丁玉华

麋鹿，因面似马面，角似鹿角，蹄似牛蹄，尾似驴尾，俗称"四不像"。麋鹿曾是中国特有的珍稀动物，它起源于长江、黄河中游平原沼泽湿地，至今约有300万年的历史。3000多年前是麋鹿发展的鼎盛时期，后因人类滥捕滥杀、开垦麋鹿栖息地、自然气候变化等原因，导致野生种群走向衰落，于180年前在野外灭绝。

人工圈养麋鹿始于2000多年前，时至清朝末年，仅在北京南海子皇家猎苑豢养有200～300头。1865年，法国传教士阿芒·大卫神父爬墙窥视到一群麋鹿，并

■ 今日储君 来日王者
（本篇图片除署名外，均为冯江摄影）

用 20 两纹银换得麋鹿的一个头骨两张皮，运往法国，经法国博物学家米勒·爱德华兹鉴定为麋鹿属达氏种。随后 30 年间，海外多国向清朝政府明索暗取了部分活体麋鹿，饲养在他们的动物园。1894 年北京市永定河发生洪灾，一些麋鹿从洪水冲垮的围墙缺口走出，被饥民捕杀果腹。猎苑中仅剩的少部分麋鹿，也于 1900 年被八国联军劫杀一空，至此麋鹿在本土销声匿迹。

1894~1901 年，英国第 11 世贝福特公爵花重金购买了世界仅有的 18 头麋鹿，放养在他的乌邦寺庄园喜获成功。1918 年，第一次世界大战结束时，乌邦寺麋鹿锐减 50%。第二次世界大战开始时，乌邦寺庄园主第 12 世贝福特公爵把他拥有的麋鹿，开始向其他动物园、公园输送。截至 2021 年，世界有麋鹿约 11000 头，分布于世界 25 个国家的 219 个饲养点，它们都是乌邦寺那 18 头麋鹿的后裔。

1949 年后，阔别故乡半个多世纪的麋鹿首次回归祖国。1956 年 4 月 29 日，一对麋鹿从英国伦敦运抵北京，放养在北京动物园。1973 年，又有一对麋鹿从英国乌邦寺运抵北京动物园。1980 年，哈尔滨动物园通过动物交换，从加拿大获得一对麋鹿。1985 年，英国乌邦寺赠送 22 头麋鹿给中国，其中 20 头放养在北京南海子麋鹿苑，2 头送往上海西郊动物园。1986 年，世界自然基金会（WWF）赠送 39 头麋鹿给中国，建立了江苏省大丰麋鹿自然保护区。1987 年，英国乌邦寺又送 18 头麋鹿给北京南海子麋鹿苑。麋鹿重引入的宗旨是在本土建立稳定种群，在野生麋鹿原生地恢复其野生种群。时至 2021 年 7 月，中国有麋鹿 10092 头，分

■ 鹿鸣盛世 托起今天的太阳

■ 鹭鹿相依缘草甸（孙华金摄）

布在 23 个省、市的 83 个自然保护区、动物园、公园；恢复野生麋鹿 4368 头，建立了大丰、石首、盐城、洞庭湖、鄱阳湖 5 个野生麋鹿种群，形成了长江、沿海野生麋鹿自然生态廊道。

1986 年 5 月 27 日，我骑着自行车沿黄海海堤来到江苏省大丰麋鹿自然保护区，从事麋鹿的研究保护及管理工作，一干就是 35 年。麋鹿引种扩群、半散放饲养、放归自然及野生种群的恢复等工作都让我记忆犹新。35 年的工作让我对野生麋鹿繁衍生息、演替脉络、有效发展都如数家珍。对野生麋鹿从容斗狗、寻找新食源、草丛御寒隐蔽等特殊行为的发现如获至宝。

呦呦鹿鸣，食野之苹。游憩荒野，仰望繁星。片片芦苇草滩镶嵌在广袤无垠的黄海滩涂湿地，苔草立苗而生，芦苇随风荡漾，为野生麋鹿提供了栖息场所和美味佳肴；密布的互花米草，解决了野生麋鹿越冬隐蔽御寒和可食植物匮乏的重大难题。千百成群的野生麋鹿同在蓝天下，与牙獐、野兔共嬉戏，与鸟雀相伴生。野生麋鹿经过 10 多年的圈养，再驯化，行为再塑，不断重塑它们的祖先在野外繁衍生息的有趣行为。这些工作都令我怡情悦性，感慨万千。

神奇的生命密码使野生麋鹿寻找到了抵御天敌的历史记忆。20 世纪初，科学家们做了一个麋鹿斗天敌的试验：先将狗、狼、狮子、老虎 4 种动物的叫声录制好，然后在距离麋鹿群 100～150 米处播放。鹿群听到狗和狼的叫声后，抬起头看看而已；播放狮子叫声，鹿群无任何反应；当播放老虎叫声时，鹿群则从远处遇沟越沟、逢水涉水、奔跑而至，在距老虎

■ 引导幼崽走出沼泽

声源约 20 米处，一字排开。雄鹿站在第一排，它们两眼怒瞪，角都对着声源方向；第二排为雌鹿，它们眶下腺开裂，直视声源，拭目以待；第三排是当年出生的小麋鹿，均做好抵御准备。试验结果说明麋鹿为调集力量、保存幼崽，抵御捕食者袭击的基因遗传至今，现在仍保存在族群的记忆中。

水、食物、隐蔽物是野生麋鹿生存不可或缺的三要素。2003 年 10 月 26 日，江苏大丰麋鹿国家级自然保护区将 18 头麋鹿放归黄海滩涂。麋鹿回归大自然的第三天，就找到了滩涂上的淡水源，解决了它们在野外的日常饮用水难题。放归野外两个月后，正是水冷草枯时节，滩涂上的可食青绿植物稀少，巡护人员忧心忡忡。通过野外观察，发现野生放归的麋鹿在大片的互花米草丛下采食互花米草幼苗。然后，我对互花米草的营养成分进行分析，并对麋鹿食物适口性观察研究，从而发现互花米草所含营养物质指标高于芦苇，其适口性优于白茅草，这些新发现消除了野生麋鹿在黄海滩涂上越冬食物紧缺的忧虑。2004 年年初，正逢多年未遇的寒流，最低气温达到零下 13 摄氏度，北风呼啸，

■ 清晨对话

野生麋鹿为避寒保温，有的迎风站立，寒风顺着被毛刮过；有的走进互花米草丛中，将高高的互花米草折倒，然后就躺卧在上面，隔断了地面寒气的侵袭。

格斗选王，优胜劣汰是野生麋鹿群管理的行为表现。每年5月下旬，野生麋鹿进入格斗选王阶段。雄鹿选王是两头一组，自由组合，它们选择实力相当者为对手。各组格斗的获胜者又重新组合，像极了乒乓球淘汰赛，最后在决赛中的获胜者就是鹿王。鹿王上任后，会聚集所有雌鹿，在雌鹿群外围走一圈，留下气味，划定界线，然后在鹿群中走来串去，边走边叫，不允许其他成年雄鹿进入鹿群，同时也不让群内成年雌鹿出线。如有雌鹿出线，鹿王就会使出征服雌鹿的4个绝招：一是

鸣叫，劝告雌鹿归群，不要出走；二是雌鹿如果拒不听从，鹿王就两眼怒瞪，向它发出警告；三是若雌鹿还是想走，鹿王就会用角顶击它，对它进行惩罚；四是如果雌鹿执意要走，此时鹿王就在雌鹿后面追，当雌鹿被追赶得筋疲力尽时，也只好丢弃出走的念头，回到鹿群中，从此再也不敢"出轨"。在发情期，所有成年雌鹿都是鹿王的"嫔妃"，鹿王可以将自己的优质基因遗传给后代。过了发情期，麋鹿又形成雌雄混合群，大家都能和谐相处。

麋鹿是九个半月怀胎的大型单胎哺乳动物，每年3~5月是麋鹿的产崽期，其哺乳期为3个月。哺乳期中，麋鹿只给自己的孩子喂奶。在特殊情况下，我发现麋鹿妈妈发扬博爱精神，同时给两头小鹿

哺乳，还见过同时允许三头小鹿吮奶的情况，从而推翻了麋鹿仅给自己孩子哺乳之说，创下了麋鹿哺乳行为的新记录。

同性恋是动物一种隐私性的异常行为。对麋鹿而言，近几年随着同性恋行为的出现，突破了过去麋鹿发情期那相对平静的行为模式，丰富了发情行为内容。在麋鹿世界里，我观察到麋鹿雄性同性恋、雌性同性恋、成体同性恋、亚成体同性恋和幼体同性恋等独特的行为。麋鹿同性恋行为表现打破了隐私概念的界限，记录了它们不分环境、不分年龄，群内群外、陆地上、浅水滩，光裸地、树林里都曾出现他们激情似火的调情爬跨身影。

年复一年的冬季换角长茸，是麋鹿生理机能的正常行为。在野外，我发现野生麋鹿脱角行为也有打破常规现象，分别在夏季和冬季出现脱角长茸行为。有的麋鹿夏季脱角长茸后，到冬季再次脱角长茸；有的夏季两侧脱角长茸；有的一侧脱角长茸，从而出现了一年两次脱角长茸新现象。麋鹿为枝形角，近年来我们观察发现有麋鹿长出掌形角。远古至今，麋鹿都为双角兽，但近10多年来，却出现有麋鹿长出三支角，其中有一头麋鹿连续两年，在同一部位生长出同形状、同长度的角。

生态位是动物生存的多维空间，不同种类动物其生态位也不尽相同。麋鹿属低海拔动物，正常生活在海拔300米以下高度的平原沼泽湿地。21世纪初，麋鹿被人为迁移到海拔高度1500米和最低气温在零下30摄氏度的丘陵山区，如今它们在那里繁衍生息已有10多年。麋鹿遇有山间两米多高悬崖陡壁，可一跃而上；遇有丘陵陡坡，也会选择斜走而上。麋鹿

生态位的攀升、排险克难的智慧、逢凶化吉的技能，寻找新生存空间的技巧都是遵循"物竞天择，适者生存"的自然规律。

动物活动可分为昼行性、夜行性、晨昏性和无节律性，人们通常看到麋鹿都是白昼活动行为。其实不然，我在野外观察还发现麋鹿晨昏采食，运动频率较高，夜间也有活动。在黑夜里，若用手电筒或灯光突然照射，就能看到麋鹿的一双眼睛像两颗闪闪发光的宝石，说明它们的眼球在夜间具有聚光性，能看到一定范围内的物体，这也为它们夜间采食、运动等提供了必备条件。自然状态下，麋鹿换角、交配、生产等行为活动多数也在夜间进行。麋鹿夜间活动行为的发现，也印证了"天下之理不易穷，而物不易格"的古训。

野生之麋世界，宽阔旷野。野生麋鹿社群，和谐严谨。野生麋鹿行为，丰富多彩。野生麋鹿生活，充满阳光。庞大的野生麋鹿世界，是美好的，充满了知识的源泉，它给了人类许多幻想与展望的空间。正如哲人所说：人不可能两次踏入同一条河流。潜心野生麋鹿研究的智者，每次走进野生之麋的世界都会有新的收获。

■ 麋鹿在长江故道漫步

蓦然相遇

● 葛玉修

　　野生动物一般行动敏捷，远离人类，要拍到它、拍好它，对于我这个既没有大块时间，又没有代步工具的业余爱好者来说是十分困难的。但这并没有阻止我拍摄野生动物的脚步。多年来，我手中的镜头一直聚焦于青海湖、三江源、可可西里的野生动物，特别是在观察拍摄普氏原羚（中华对角羚）的过程中，付出了不少艰辛。

　　1997年11月下旬，我与青海湖自然保护区管理局的荣国成冒着严寒一同到布哈河口拍天鹅。汽车行进中，几个黄点从车前面飞驰而过，"普氏原羚！"荣国成兴奋地喊道。顺着他的手指方向望去，7只褐黄色动物排成一线跳跃狂奔，屁股上的一团白色在枯黄色的草地上分外醒目，犹如盛开的白莲花。直到一年后我才知道，那团白色就是普氏原羚受到惊吓时屁股上乍起的白毛，意在向同伴报警。我盯着普氏原羚，眼睛都不敢眨，急忙举起相机，迅速将70~300毫米的变焦镜头推至300毫米一端，跟踪拍摄。将普氏原羚那美丽身影定格在胶片上。激动中，我奔跑包抄，试图靠近，在零下25摄氏度的低温下，汗水湿透了内衣竟浑然不觉。拍摄后回到车里，我才感到有些气喘、脊背发凉。回去自己冲洗胶卷，兴奋地看到了普氏原羚跃然胶片之上。由于小精灵奔跑速度极快，加之我使用的镜头太短，图像较小且清晰度不高，但毕竟拍到了它！一张看似偶然，实则内心早已定位的"普氏原羚"终于"定格"在我的胶片上，成了中国的第一张普氏原羚照片，也是世界的第一张普氏原羚照片。这张照片，在后来的岁月中，不断被各种媒体报道。

　　在随后的几年中，我边拍摄青海湖的野生鸟类，边寻觅普氏原羚。有时偶尔见到，但我的300毫米镜头对远在几百米以外的动物无能为力，因而再也没按动快

■ 青海湖东岸共和县倒淌河镇的普氏原羚（中华对角羚）

门。我既为拍不到普氏原羚的照片而懊恼，更为这个种群变得如此稀少而叹息。于是，我从更基础的工作做起，加紧收集普氏原羚的资料，以了解其活动规律。我在与周围人们的交谈中发现，除业内人士外，很少有人知道"普氏原羚"这个名字，更不知道它是仅生存于青海湖周边地区的珍稀动物。所以，心里百感交集，心情极为沉重。拍摄的失败和挫折没有打消我继续拍摄的劲头，反而激起我更强烈的拍摄欲望。越是稀少的东西越珍贵，越是珍贵的东西越需要保护。于是，我下定决心，要拍到普氏原羚清晰的照片，用更多拍到的第一手资料，让更多的人了解这个物种，向社会呼吁保护这些可怜的动物，一种强烈的责任感油然而生。

"一个好汉三个帮"，一个人的力量是有限的，要有同盟者。2002 年 12 月，被大雪覆盖的隆冬季节，我和时任青海湖自然保护区管理局的张局长、摄影爱好者邢合顺商量之后，开始了对普氏原羚的系统考察和拍摄活动。

一个周六的早上，我们一起乘坐一辆北京吉普向青海湖驶去。车上，我们边吃着干粮，边研究行动的实施方案。公路一路畅通，100 多千米的路我们走了不到两个小时。将近 10 点的时候，我们到达了位于青海湖东的普氏原羚栖息地。

远远看去，一道一道的网围栏排列在这片临湖荒地里。从新修的环湖公路边，我们的车好不容易找到一个地方拐进了滩地。崎岖不平的地面上，北京吉普像海里的一叶小舟上下翻腾，在颠簸的车里，我们两眼睁大，搜寻着普氏原羚的影子。

行驶两千米远，坐在驾驶室里的张局长首先发现了前面的一群羚羊。顺着他手指的方向，800 多米以外 7 只普氏原羚出现在我的眼前。这时，它们也发现了我们，开始向沙漠地带走去。可能是因为距离还远，它们没有感到太大威胁，此时仍然不失从容。

我们下了车，提着相机快速向普氏原羚靠近。刚移动不足百米，普氏原羚已经从疾走变成了奔跑，很快离我们远去。我无奈地按下了快门，在我的 300 毫米的镜头里，普氏原羚只是芝麻大的一个小点。

我们继续在草地里搜寻，希望还能看到成群的普氏原羚，哪怕一两只也好。可是直到太阳西去，天色渐渐地黑了下去，再也没有见到一只羚羊。夜色里，我们的车驶向鸟岛准备过夜。第二天，我们计划考察拍摄鸟岛附近的普氏原羚种群。

凌晨 5 点，我们起床爬上了汽车，天上还是满天的星斗。我蜷坐在车里，任凭汽车滑向夜色茫茫的沙海。在沙漠深处的晨曦中，我们又一次看到了它们。这里的普氏原羚比湖东的更加敏感，我们见到的都是快似闪电的身影。

一天之中，我们多次和它们碰面，却没有一次可以靠近机警的它们。虽然我们耗尽体力，在循环往复的接近—拍摄—脱离—追踪的过程中拍下了一个又一个镜头，但是由于距离均在四五百米开外，镜头中的影像还是太小。

蹲坑守候

我们深切地体会到，面对机警敏感的普氏原羚，如不采取特别措施，想拍到清晰的照片几乎不可能。怎样才能拍到清晰的羚羊照片？"蹲坑！"回来以后，我们总结了多次拍摄的经验教训，感到只有这样，才有可能拍到理想的普氏原羚图片。

但是，蹲坑的艰苦，也是我们能想象出来的，尤其是在这个海拔 3200 多米的隆冬季节。我心里也曾闪过一丝犹豫，也不想主动去受这份罪。作为一名曾在青海高原服役多年的老兵，对于天寒地冻、爬冰卧雪的滋味一点儿也不陌生。作为一个年近半百、为了拍摄野生动物多年在外颠簸奔劳、追月逐星的人，胃病和关节炎时刻折磨着我。

各种困难摆在面前，而我选择了继续拍摄。不为别的，就为胸中炽如火焰的责任感，就为内心深处急切的呼唤，还有性格中"不到长城非好汉"的执着和倔强，这些是促使我在摄影和生态环保路上坚定走下去的动力和源泉。

已经是临近过年了。又是一个星期五，又是一个急匆匆的中午，还是同一辆北京吉普车，我们一行又来到了青海湖东。

观察完地形，我们在一段长约 1 千米的沙丘地段，选择了几个蹲坑点。大家分头行动，挖坑培土，又找来一些树枝杂草进行伪装。经过 3 个多小时的忙活，大家将各自的埋伏点收拾

得像模像样。临近天黑时，我们返回了临时驿站——湖东种羊场。

第二天早上6点，北京吉普车载着我们到达了目的地，大家从车里出来，往"设伏点"走去。我们一行三人扛着一大堆器材在荒野沙丘上行走，犹如扛着枪械、弹药。啊，简直是一次军事行动！我颇为兴奋，离开军队七八年，这种感觉久违了。

走了近1千米，背负的两个摄影包、一个三脚架约15千克的器材，变得愈发沉重起来，汗水渗透了内衣，腿像灌了铅，我一边大口地喘着粗气，一边非常吃力地走着。走了两千米左右，终于到达了目的地。此时，东边的天空已开始泛白。大家按照前日的布置，找到各自隐蔽点分头埋伏，等待着日出东方的时刻。

天，渐渐地亮了，在我们前方约1千米的开阔地上（几年后我才知道，这里是普氏原羚的一个求偶场），普氏原羚逐渐汇聚。1只、2只、3只……我默默地数着，一直数到了22只。

哇，这是我拍摄以来见过最大的一群普氏原羚了，看来"蹲坑"真的是收获不小。随着霞光越来越亮，太阳升了起来。橘红色的光线照在眼前的黄草、黄沙、黄羊身上，照在远处朦胧的青海湖面上，照在遥远的蓝天白云上，那种奇丽壮美的景象，使我忘记了劳累与寒冷。真想象不到，在这种天寒地冻、大地萧瑟的时刻，竟然不失如此绚丽的风光。

普氏原羚一边吃着草，一边向我们靠近，1个多小时后，已经靠近了我们好多。它们优美的身影越发清晰可见。一时间，我兴奋得忘乎所以，"呼"地站了起来，拿起相机一阵狂拍。

■ 海晏县甘子河乡的普氏原羚（中华对角羚）

■ 普氏原羚（中华对角羚）驻足远眺来往的车辆

五六百米处的普氏原羚发现了我。由于距离尚远，它们没有惊慌散去，但已经调转方向，一步步离我们远去。

看着镜头里的羚羊越来越小，我怅然地扛着相机，手足无措……

我们又在各自蹲坑的地方，等啊、等啊，隔着伪装的树枝，我看到普氏原羚又开始往我们埋伏的方向走来。

我的相机面对逐渐靠过来的普氏原羚，拍下了一个个的镜头画面。只是由于它们还在四五百米之外，拍下的影像还是太小。

羚羊啊，你们能不能近些、再近些，我心里暗自祈祷。普氏原羚继续向我们靠近，我的心开始剧烈地跳动，如果能在百米之内，拍下的照片就会非常精彩，就可以满足我们的需要。我的镜头像枪一样瞄准它们，反复地调焦，眼睛一眨不眨地看着取景器，随时准备按动快门。

突然，离我们还有一百余米的羚羊狂奔起来，从我和小邢之间一条沙梁的底下迅速逃匿。我还来不及反应，它们已经跑得无影无踪，又是一次无功而返。

拍到靓照

寒夜虽长，犹有尽时。又一日凌晨5点，我们再次钻进汽车，找到了一点温暖。不到6点，我们到达了目的地。在高海拔的青海湖畔，我们喘着粗气走走停停，在这刺骨严寒的冬夜，全身都出了汗。被浸湿的内衣紧贴在皮肤上，身体不停地颤抖。这段2千米的路，我们用了1个多小时才走完。到达设伏地点，大家分头隐蔽，又一次蹲坑拍摄开始了。

架好相机，我趴在地上感觉了一下，还好，既隐蔽，视野又开阔。吸取昨天的教训，我干脆抱着相机趴在坑里，等着天亮。这样既不太受罪，也不会惊扰远处的普氏原羚。西北风呼呼地刮着，使我无法坐下或躺着，因为一蹲下来，大风就在身边形成一个旋涡，把地上的沙子卷起，搞得沙浴全身，相机更受不了。

我闭着眼，缩着脖子、揣着手，任风吹在我的背部。此时，还是狼群出没的时段，我不敢有丝毫的大意，支棱着耳朵听着周围的动静。

天上的星星眨着眼睛迟迟不肯离去，这时感觉时间过得非常缓慢。我默默地一遍又一遍地从1数到100，打发漫长的时间，分散着寒冷的感觉。

终于盼到了黎明。远处，普氏原羚"咕咕、咕咕"的求偶叫声断断续续。我们在等待着太阳升起，等待羚羊离得更近一些。

太阳透过东方的薄云冉冉升起，红彤彤地来到了这个世界。虽然依旧是那么寒冷，但我的心底也开始升起了暖洋洋的感觉。是啊，越是寒冷的时候，越是能感受到太阳的温暖；越是在饥寒交迫之中，越能体会到生命的可贵。

远远地，普氏原羚群又在昨天出现的那片开阔地上集中起来，边吃草边向我们蹲坑的地方靠近。比起昨天，我变得小心翼翼，趴在地下，一动也不敢动，生怕发出一点动静，惊扰到它们的活动。

看来，今天我们的行动会大获丰收了，我激动地想。

然而，就在此时，一片乌云从西方快速飞到了我们的头顶，并迅速弥漫了整个天空。接着，天上飞舞起了细细的雪花。

几分钟之后，雪花开始变大、变浓，满山遍野地飘落，天地之间，一派苍茫混沌的景象。飘雪的天气，冷风更加肆虐呼啸。

此时，已经完全不能拍摄。昂贵的相机暴露在雪里，让我非常心疼，那可是我省吃俭用才赢得的"武器"啊！我匍匐着爬到沟里站起身来，拉开羽绒服，将相机放在怀里。此时，我的手已经冻得没有办法再拉上羽绒服的链子，只好蜷曲着身子，任凭风雪无情地吹打在身上。

一阵紧过一阵的风雪很快将我雕塑成一个雪人。

突然，细碎的脚步声传了过来。我敏感地意识到附近有普氏原羚的存在，摇晃了一下麻木的脑袋，我睁大眼睛向四周张望。

眼前十几米处，一只母羚羊赫然站在我的面前。风雪之中，连它都失去了应有的警惕，居然没有发现我的存在。我哆嗦着从怀里掏出相机，取景器里的普氏原羚已经满框。可是，自动对焦的尼康高科技相机在冰天雪地里完全丧失了功能，300毫米的长焦镜头不停地转动，就是无法锁定焦点。

20秒的时间，普氏原羚离我是那么的近，似乎一伸手，就可以把它抓住。但是，可恶的飞雪却使我的相机无法留下它的身影。直到普氏原羚发现我并扬长而去，手里的镜头还在不停地"吱吱"转动，没有成功完成一次合焦，自然也就没有拍下一张照片。

我拖着像灌了铅一样的双腿，挣扎着回到北京吉普车旁边，司机小张扶我钻进了车里。车里的暖气开到最大，暖洋洋的感觉让我感到仿佛进入天堂一般。看看自己的尼康相机的取景框上，呼出的哈气居然凝成了一团薄冰。

远处又出现了一只普氏原羚。此时天气已经见晴，风也小了许多。白茫茫的雪地上这只褐黄色的羚羊分外醒目。北京吉普车静静地停着，我像打了兴奋剂一般，抓起相机，一骨碌跳到地下，迅速卧倒在一个小山岗上。

羚羊在荒野上徘徊。这是一只孤独衰老、丧失求偶竞争力的、被遗弃的雄羚羊。它不停地叫着，犹如一声一声的哀鸣。也许是发情期的冲动使它忘记了面临的威胁，也许由于年迈体弱，对自己的生命不再珍惜。总之，它并没有对我们产生应有的警惕，走得离我们越来越近。

近了，近了，更近了……在这只普氏原羚发现我们，扭头离去的一刹那，我按下了快门。一张从未有过的清晰普氏原羚身影，被我的300毫米镜头定格在了富士400的胶片上。

奇怪的是，按下快门的瞬间，我并没有拍摄和收获的喜悦，反而感到如同扣响了扳机，射出了击向普氏原羚胸腔的子弹。那清脆的快门声，似乎比枪声更加响亮，那种感觉总是萦绕在我的脑海里，使我的心久久不能平静，思绪万千，寝食难安……经过许久的思考终于有了答案：普氏原羚在如此严酷的条件下生存，种群数量日渐稀少，它们是一个濒临灭绝的物种，有多少人能看到它们的足迹？有多少人会听到它们的哀鸣？又有多少人关心它们的未来？

■ 普氏原羚（中华对角羚）幼羚

六盘山寻豹

● 宋大昭

一

"就从这里上去吧。"我看着手机上的奥维地图，对张隆春和护林员老马说。小张是六盘山保护区的工作人员，今天他和我一组，我们计划沿着山路爬到山脊上去安装红外相机。一晴和保护区的苏玉兵一组，他们去山对面的沟里安装相机。除了我们这两个小组外，刚从河北转战宁夏的蓓蓓、巧巧、大牛和来自复旦大学的王放、顾伯建、刁奕欣、翁悦也各自和保护区的同志们组队在山里忙活。我们组成了一支阵容强大的野外工作队伍，目的只有一个：搞清楚六盘山的野生动物情况。

事实上我对于能否从这里上到山脊并不是十分确定，毕竟这是我第一次到这个地方来。现在我们沿着一条废弃的山间防火道走到了靠近山脊的侧坡位置。理论上林子里会有一些动物反复踩踏出来的小路，因为动物们总是会选择最合理的路线上下山，而这些兽道会为我们提供便利。这需要对山里很有经验的人才会知道，而老马并不确定哪里有这样的兽道。

不管怎样，从地图上看这里是上山脊最近的地方。张隆春扒开树枝和灌丛开始向上爬去，老马的身手显然比他更好，很快就一马当先地走到前面去了。我很快就确定了之前的疑问：之前完全没想到在宁夏这样的海拔高度上，林下居然还这么难走。这里的灌丛几乎比山西太行山还要密，而且还有竹子。密密的竹丛让我想起了当年在四川峨眉山、青城山、白水河爬山的痛苦经历，在这种湿冷的竹林里简直寸步难行。在来六盘山之前，我从未想过宁夏的山里还会有竹子，这不是属于南方的植物吗？

事实证明在这种灌丛中强行穿越是一种效率极低的行为，我们花了近1个小时才爬到地图上看只有200～300米远的目标山脊上便傻了眼。因为预想中山脊上

■ 华北豹在六盘山皑皑白雪的山路上行走（供图：宁夏六盘山国家级自然保护区／复旦大学／猫盟红外相机片）

平坦的兽道并不存在，即便过去存在，现在也已经被疯狂的沙棘占领了。他俩看看我，我摇了摇头，放弃了继续按计划披荆斩棘去主山脊寻找点位的念头，这种山脊不会有大型动物活动，只有豹猫和雉类，也许偶尔会有斑羚造访，在这里安装相机性价比太低了。

"下山吧，我们在路上再补一个点位。"我说。

雪从一进山的时候就开始下，当中停了几次，但雪下得大的时候也很大，就是那种鹅毛大雪。从山脊上下来以后雪就不停地下。一小时后，当我把插在地面用于测量距离的小彩旗全部拔起收好，然后坐在张隆春的边上时，他正和老马躲在一块大岩石下面把包里的馍馍和咸菜拿出来吃。雪花落在他们身上，并没有融化，几分钟后他们看上去就要变成雪人了，我猜我也是这样。我们在另一个监测网格里补装了一台红外相机，然后下山去和一晴、苏玉兵他们汇合。一晴始终保持着微笑，她告诉我们，他们在山下的公路上看到了一只黄喉貂。

两个月后，一只健壮的雄性华北豹从我们补装的这台相机前面走过。

二

从谷歌地图上看，六盘山犹如秦岭伸出的一支绿色犄角，插入到黄色的黄土高原中。这里是地理区划上华北区的西北边缘，在它的西面，祁连山、乌鞘岭、阿尼玛卿与其遥遥相望；向东望去，宽广的黄土塬一直延伸至另一片绿色而平缓的山地——陕西子午岭，再往东，越过黄河便是山西吕梁山脉。这些区域全部都是华北豹出没的山岭。

秦岭阻隔了南方的水汽北上，却留有私心一般给六盘山漏过来了一些。这使得身处干旱区的六盘山雨水充沛，年降水量达到 600～900 毫米，这也是给我们上山造成麻烦的竹子能够在此存在的重要原因。六盘山的北端到达区分干旱区与湿润区的 400 毫米降水分界线，固原县就坐落于此。固原以南，小麦、玉米、土豆造就了农耕文明区；以北则是历史上游牧民族驭马驰骋的干旱草原，与他们相伴的则是成群的鹅喉羚、野马和野驴。

特殊的地理位置造就了六盘山独特的生态特性。竹子只是六盘山神奇生物多样性的一个小片段，事实上六盘山的特殊性在植物和动物上都有诸多体现。拿动物来说，六盘山非常典型地呈现出南北物种分布交汇的特点：北方的狍子数量众多，但是同时也存在毛冠鹿、小麂、中华鬣羚、林麝等 4 种南方常见的有蹄类。我们的红外数据里没有出现北方常见的狗獾，只有南方常见的猪獾；雉类物种里面，南方常见的红腹锦鸡出现的次数和雉鸡不分伯仲。

有意思的是，无论是兽类还是鸟类在六盘山分布特征都呈现出很强的南方味道，但是北方的动物在数量上则更加占据优势，狍子、蒙古兔的拍摄数量都很高。就好像六盘山的植物，虽然有竹子和樟科树种，但是华北区系的植物却更加占据主流。

南北物种互相渗透的情况我们在别处也能看到，比如北京、四川甘孜，但都不会像六盘山这样"拧巴"。

三

在刚开始关注华北豹时，六盘山就是个在文献中不断被提起的地方。在红外相机尚不普及的年代，访谈信息表明六盘山确有金钱豹种群的分布。如今，六盘山保护区内早已拍摄到豹，并确认其繁殖种群的存在。

从地理上看，六盘山似乎已经接近华北豹分布区的西缘。虽然我们今天已经知道华北豹出现在更加靠西的兰州附近，但六盘山的华北豹明确已知拥有繁殖种群。

我们好奇的是，六盘山的豹种群数量如何？六盘山并非一个大的山脉，看上去远不如南边的秦岭能够承载更多的金钱豹个体，但以往的调查表明六盘山的豹被拍摄率较高，且其地理位置处于一个非常关键的节点：自东向西，我们知道华北豹分布于太行山、吕梁山、子午岭，然后便是六盘山。在华北豹的保护格局中，六盘山的地缘位置非常重要。这里的豹子未来是否有可能和子午岭的豹种群通过当中的黄土塬连通形成基因交流，这里的豹种群是大秦岭种群的分布边缘还是华北豹西部版图上一个重要的源种群？

它们生活得好不好？它们的种群处于上升恢复期还是稳定发展期？它们的生存需要人类的帮助吗？

六盘山保护区的王双贵副局长找到了我们，还有复旦大学的王放老师。他建议我们一起在六盘山搞调查，把六盘山的动物情况摸清楚？这种事情当然是一拍即合。说干就干，2019 年元旦我们就组队开始在六盘山开展野外工作，随即阿拉善 SEE 的塞上江南项目中心也加入进来，为科研和保护工作提供资金支持。

到了六盘山以后，大家分析了一下已知的资料信息，归纳总结出几个问题：

■在六盘山，华北豹会在距离人居很近的地方活动（供图：宁夏六盘山国家级自然保护区／复旦大学／猫盟红外图片）

六盘山华北豹种群的分布、发展趋势现在不明朗；野猪导致的人兽冲突较为突出；几种生态位接近的有蹄类物种之间的相互关系；六盘山南北纵向跨度大，还存在不少调查空白区和未知的物种分布；六盘山生境人为干预度较高，对动物的影响缺乏评估。

王放老师的团队对于这些问题比较熟悉，他们已经在秦岭做了多年工作，用很多方法去研究一些有趣的问题，比如大熊猫的活动需要怎样的自然条件、村里的狗在山里能跑多远等。在读博士顾伯建回到家乡来做这些他真正喜欢的和自然打交道的事情。刁亦欣是个非常年轻的小伙子，他对于数据和GIS非常在行，他很快就为我们制订了野外工作的地图网格，因六盘山调查面积太大，我们无法做到把相机均匀地铺满地图，而是采用地图网格轮番覆盖的方法来进行调查。他们的团队里还有一个姑娘：翁悦。她没有跟我们整天在山上跑，而是在做一些采样和提取工作。

真正让我们感到欣慰的是王局的保护区工作团队。这些从不同科室、保护站抽调来的小伙子们干劲十足、体力充沛。猫盟、复旦大学和保护区的小伙子们混编成几个不同的小组，然后便在山里结下了深厚的革命友谊。没办法，六盘山就是一座充满革命战斗气息的山。1935年10月，翻越六盘山的毛泽东激情写下"不到长城非好汉，屈指行程二万"的名句。一晴和蓓蓓给每个组的六盘山小伙子起外号，比如健步如飞王喜宏、运筹帷幄郭主任、身残志坚顾博士（顾伯建）……在他们的协助下，我们的野外工作进行得非常顺利。

事实上我发现这里的小伙子们不光体力好，他们对于野外作业也非常娴熟，对于动物的痕迹和习性也都有所了解，我们很快就能做到配合默契——这对于保护区日后的长期保护工作而言非常重要，因为他们才是以后保护工作的主要力量。

四

红外数据给我们带来了很多惊喜：华北豹的出现并不意外，但它们出现在距离人类非常近的地方就带给我们惊喜。保护区小伙子马博承安装的一台相机就在他们一个管护站上方，山下就是村子，豹子距离村子只有200～300米远。在山西，我们知道豹会来到村边很近的地方，也知道它们就在我们基地上面几百米处游荡，而这是第一次，我们通过红外相机看到豹就在村子边上。

但豹主要出现于六盘山西侧的主峰山脉，东侧平行岭拍到的次数非常少。两山最近处，山间峡谷宽度不过数百米，但其中路网发达。这是否意味着六盘山的豹尚有大片栖息地可供其扩散、其种群存在较大的增长空间，但需要人类帮助呢？

林麝的拍摄次数很多，这让我们非常意外。整个华北地区的麝早已非常濒危至罕见，原因无他，麝香太贵。而六盘山林麝的拍摄次数超过了毛冠鹿、鬣羚、斑羚等有蹄类，仅仅位于野猪和狍子之后。

狍子和野猪占据了绝对主角的地位。好消息是豹不缺吃的；坏消息是，看来野猪肇事的风险较高。

豹猫很多、黄喉貂很多、赤狐很少，这是很奇怪的现象。

事实上红外相机的数据似乎在验证一些我们野外工作时的猜测：六盘山经过

多年的森林养护，森林植被呈现出一种茂盛、但并不原始的特点。林下灌丛过于密集，并不利于很多大型动物活动，我们在一些宽敞道路和沟谷里拍到动物的概率高于在灌草丛密布地区的拍摄率，特别是大中型动物。

历史上六盘山的森林曾遭到多次砍伐，今天我们看到的多半是人工林和自然恢复的结果。那么，究竟怎样的森林环境才是动物们最需要的呢？这或许是六盘山将会为我们揭晓的。

五

突然而至的疫情打乱了一切。5 月底，我和鹳总、巧巧开车从青海来到六盘山，之前的野外工作我们已经缺席。但有机会我就想来这里看看，保护区食堂大师傅的扯面总是让我想起来就流口水。

我们和郭主任挤在他拍鸟的帐篷里，耐心地等着一波波小鸟浪出现在我们面前的水坑里。郭主任一定是我见过的保护区工作人员里最爱观鸟的人之一，他告诉我们保证能拍到什么鸟，而我们确实也都拍到了。

山里很凉爽，空气清新、鸟儿鸣唱。山谷外面，两只雕鸮蹲在高高的崖壁上，冷眼看着我们，到了晚上，灰林鸮将蹲在山间公路边等着捕食过路的小动物。这真是一段美好的时光。

不久以后，我们又将组成不同的野外小分队，沿着华北豹走过的小径奔波在六盘山里，去寻找那些激动人心的问题答案。希望那时候还能有时间再来蹲着拍拍鸟。

CL　　N17A　　M　　05/01/2019 20:07:01　○ -07℃　　E 0.0 N 0.0　　0m

▓ 六盘山是林麝分布的最北限（供图：宁夏六盘山国家级自然保护区／复旦大学／猫盟）

▓ 豹猫喜欢在平坦的防火道上活动（供图：宁夏六盘山国家级自然保护区／复旦大学／猫盟）

山脊上站着一只雪豹

● 宋大昭

"你们说要是有只雪豹，它应该在哪？"

我一边用望远镜看着对面山坡上的岩羊群，一边问惠营和宇晶。

一

青海天峻县。

我们来到这里拜访生态摄影师鲍永清老师。大家已经很熟悉他的那张获奖作品：藏狐与旱獭。这张照片获得了由英国BBC《野生动物》杂志与英国自然历史博物馆联合举办的年度野生生物摄影师大赛的最高奖项年度摄影师奖。

鲍老师的故事大牛早已跟我们说过很多次。早在他成名之前，就是大牛在青海开展工作的咨询顾问。他对青海祁连山的动物很熟悉，大牛要找某种动物的时候就会去问他："鲍哥，知道哪里有猞猁吗？鲍哥，知道哪里有豺吗？"

我们知道鲍老师是个立足于本土的摄影师，这意味着他对自己家乡的一草一木都很熟悉。如果抛开摄影师的身份，他倒是很像一个野生动物调查员。大牛跟我们说过他的本事：拍到雪豹什么的都不算啥，他能跟母雪豹混熟了，甚至拍到母豹给小豹喂奶。

至于别的动物，兔狲、猞猁什么的，那更不在话下。

我对于怎么拍动物的"数毛大片"兴趣不大，但对于怎么找动物、了解动物的习性却很有兴趣，因此拜访鲍老师显然很有诱惑力。

不过我们抵达天峻的时候他不在，去西宁了，说要很晚才回来。于是我们决定自己先到处转转。

二

惠营说来的路上看到有个路口能往山里开，不如去那边看看。我打电话问大牛，这边有啥地方可以转转，大牛说："就那边山里就行。"这里属于天峻山，不在国家公园内，但是动物也不少，雪豹、棕熊都有，还有过豺的目击记录。

我们驱车进山，很快便进入一片石山，这是典型的雪豹生境。这片石山的高度很低，比我在石渠、囊谦所经历的众多的山谷更加平缓。稀奇的是，这地方距离县城很近，下面有很好的水泥路，这情形让人不由怀疑：这地方究竟有雪豹吗？

这个疑问很快就不再成为问题。我们沿着路继续往山里开，很快水泥路就变成了砂石路，而大量的岩羊也开始出现在我们面前。既然岩羊都在，想必雪豹也不会很远。

在高原上我经常在思考一个问题：承载力更低的高原和承载力更高的森林，究竟哪里的动物种类更多？

如果从可见率来说，我们在高原的山上常能见到上百只大群的岩羊，有些地方会看到成群的马鹿和白唇鹿，感觉是动物非常多的样子。

但这可能是假象。我们往往开车几十到上百千米才能看到一次类似的景象。

理论上森林里食物更多，动物也应该更多才对。但是我们很难观察到森林里的动物，今天依旧缺乏一些好的办法来测定森林里有蹄类的绝对数量。仅从山西的华北豹和高原上某个区域的雪豹密度来看，它们似乎数量差不多。但是考虑到雪豹居住的区域还有猞猁、狼等相近生态位的物种与雪豹共同分享猎物，因此看上去未经打扰的高原上动物的数量更多一些。这可能意味着华北豹的森林远未达到它应该具备的生物量，带豹回家，任重道远。

我们在一个有上百只岩羊群的地

方停车驻足了一会儿，数了数它们的数量——它们确实达到了 100 只以上。然而它们非常淡定地吃草，此刻天色尚早，我们丝毫看不出它们周遭有任何威胁的迹象。于是我们继续前行。

我们沿着砂石路一直开到沟谷尽头，这里看上去非常空旷寂静。海拔高度为 3900 米左右，草地上的牛粪表明这里并非一直都这么安静，显然牧民们把这里当作夏季牧场，而此刻家畜还在山底下吃草。

休息观望片刻后我们调头返回，打算再去岩羊群那里看看。时间过了近 1 个小时，或许那边的情况会有所不同。

此刻天色开始变暗，山峦笼罩上一层淡蓝色的阴影，光线变得柔和起来，望远镜里的岩石变得不那么刺眼，但动物们也不像下午时那样轮廓清晰了。那群岩羊依然在安详地吃草，但它们中的一部分已经趴下，看上去就准备在这里休息了。

"你们说要是有只雪豹，它应该在哪？"

我一边用望远镜看着对面山坡上的岩羊群，一边问惠营和宇晶。

"我猜肯定会在羊的上方，俯冲下来捕猎是能量使用的最佳方案。"我自言自语，并把望远镜的视野向上移去，扫视一小时以前空无一物、却岩石林立的山脊。

三

我看到一只雪豹纹丝不动地蹲坐在山脊上。

一刹那，我以为自己看花了眼。我把目光从望远镜上移开，目视着对面的山脊。距离太远，目标估计在 500 米开外，天色渐暗，我几乎看不见那个小黑点。于是我再次把眼睛贴上望远镜，去看那个岩石一般的突起。

我看到它低头舔了舔抬起的前脚，尾巴也摇晃了一下。

毫无疑问，这是一只雪豹。

"我看到雪豹了。"我告诉他俩。他们立刻激动起来，纷纷去准备设备和拿起望远镜。

我的直觉果然没有欺骗我，雪豹在正确的时间出现在正确的地点。

就这一点来说，高原上真是好，起码你能看见动物。而在森林里，一切推测只能靠红外相机来证实。

我举起相机拍摄了几张。虽然太远，拍得效果不好，但是记录一下也蛮好。毕竟这比上一次我在囊谦的白扎林场看到雪豹条件已经好了许多。那次天色更暗，而且还在下雪，我即便在望远镜里也几乎看不清那个正在吃牛的雪豹。

不过天色很快就暗到用望远镜都无法观察了。我看到那只雪豹向左走去，消失在岩石下方。我知道它要开始自己的捕猎了，但我根本看不清它在哪里。一只潜伏接近猎物的雪豹会非常善于利用岩石来隐蔽自己，连距离几十米远的岩羊都无法发现它，我当然也做不到了。

很快我就放弃了，转而用热成像仪来观察对面山坡的情况。大约十来分钟后，我发现岩羊群忽然开始移动起来。即便是原来趴着的岩羊也站了起来，齐刷刷地向左移动，我猜测雪豹一定在它们右侧。但热成像仪里只能看到一堆白色的光点，并不能识别出雪豹。

最后天几乎全黑了，我们放弃了观

■ 大岩石的边缘是雪豹喜欢留下气味标记的地方（供图：甘肃盐池湾国家级自然保护区）

■ 岩羊的体色与岩石接近，隐蔽性很好

里。我学着一只雪豹的样子，俯视着身下的3群岩羊：一群有30多只，一群有7只，还有一群有40多只。如果我要进行捕猎，我会选择那群30多只的，因为它们身边有不少岩石，方便隐蔽接近。而另外两群的位置过于开阔，很难在靠近时不被它们发现。

我又看了看对面的山脊。昨天傍晚，那只雪豹就在和我差不多高的地方，俯视着下面的岩羊。

五

中午我们和鲍老师一起吃饭，他给我们讲述雪豹的故事。

"那个沟啊，有三只雪豹。"他很熟悉那里的情况。"两只母的，相隔一千米都不到，前年有一只生了三只小崽，去年另一只生了两只。"他说。

"还有一只特别丑的公雪豹，打架打得满脸是伤，我看到了都不爱拍它。"他的语气很让人嫉妒。"那只雪豹有意思，别的雪豹都藏在阴影里，只有它，会躺在外面晒太阳。"

"我不知道你们统计过没有，我觉得小雪豹的成活率并不高。"他接着说，"好几次看到小雪豹，隔几天就会少一只，不知道怎么回事。那些窝的地方也没有天敌能上去，狼也上不去。"他说的时候有些伤感。"我最喜欢拍雪豹，第一次看到一个母豹带着三只小豹，激动得快门都按不下去。"他说。

"那只公雪豹我去年还能看到，但是今年一直没见到。"他不无惋惜地说，似乎这个老朋友虽然有点丑，但他还是记挂着它。

"可能已经死了。"他说。

察，打道回府。

晚上，惠营在回放他对着山坡盲拍的视频时发现，确实拍到了雪豹走下山脊、悄悄接近岩羊的镜头。虽然很远，但依然可以看到雪豹在岩石间潜行，最后从右侧接近了岩羊，一直到距离岩羊群只有30米的地方。

遗憾的是当时我们就已经放弃观察了，雪豹那时候正趴在岩羊群的边上，它一定是在等天色完全变暗，然后开始它的突袭。高感光度成像显示雪豹当时已经不再刻意掩饰自己，它小跑着接近羊群，它知道这群羊看不清自己，猎物唾手可得了。

四

第二天一早，我们又来到雪豹捕猎的地方。此刻岩羊群已经散开，在那里我们只看到了十来只的零散小群。可以想象，昨夜雪豹的袭击驱散了羊群。我们四处观察，并没有发现雪豹进食的痕迹，直到中午也没有高山兀鹫光临。我们并不能确定昨晚是否存在一次完美的猎杀。

我爬到了山顶。这里的海拔高度约4200~4300米，同样也有一片裸岩，非常理想的雪豹捕猎场。

我坐在岩石的边缘，把自己隐藏在岩石的阴影里。这里也是雪豹喜欢的地方，如果有一个红外相机我就会装在这

探访黑长尾雉

● 杨有庆

2020年3月31日凌晨4：30与拍鸟伙伴游连柯共驾一车由台北出发直奔阿里山，9：40到达阿里山景区入口，停好车，换乘中巴抵达预定的住宿宾馆。放下行李，背上相机包，拎着脚架就往电瓶车站冲，上了车来到最有名的日出观测点祝山站，再步行约500米到达目的地小笠原山茶田35号。

茶田35号是一间木质两层建筑，二楼是茶馆兼小卖部，除了供游客休息喝茶外，中午也供应简餐，另外也贩卖一些纪念品以及有名的阿里山高山茶。茶馆外面有宽敞的平台，木桌木椅，可坐可躺，是摄影者绝佳的拍摄点。

在平台上架好相机，等待黑长尾雉出现，也许是游客太多，天气太晴朗，胆小的黑长尾雉只有雄鸟出现过一次，不到10分钟，拍了几张就隐入树丛不见了，其他的则拍到了五色鸟，冠羽画眉，还拍到难得见到的剑凤蝶。

第二天一大早，5点钟在雾蒙蒙中来到沼平车站，赶搭第一班小火车，抵达祝山站，由于浓雾未开，看不到日出，我们只好赶往茶田35号，在半路上就遇到一只黑长尾雉雄鸟，在雾中也不怕人，当

■ 雄性黑长尾雉

■ 雌性黑长尾雉

我们把装备放到茶田 35 号后，回头来找，它已跑到小笠原观景台旁边草地觅食，跑来跑去，我们就扛着相机跟着拍，除了觅食，没有其他特别的动作可拍。10 点多，另一只雄鸟出现了，也是走来走去的到处觅食，没有发生地盘争夺战。到了近午时分，太阳露出脸来，两只鸟也分别隐入了树丛中。

回到茶田 35 号点了两份简餐，边吃边聊，觉得在这种坡度变换大的场地拍摄地栖鸟类，不能用脚架及大炮型的相机，否则会累死。所以决定下午改用机动性高的手持相机来拍摄。

约莫 2 点，山下有些雾气飘上来，一只雌黑长尾雉出现在旁边的草坪中低头觅食，没过多久两只雄黑长尾雉也出现了，心想好戏要上场了，拿起相机走下平台，开始拍摄精彩难得一见的打斗好戏。从两只雄鸟互相对峙，打了第一架后，开始向坡下移动，第二次开打，一只被打趴在地上，跳起来再打，输的一方开始向坡下退却，赢的仍追着打，第三回到第四回，一直打到谷底，输的才逃走。

这场好戏足足拍了两个小时，回到茶田 35 号最后一班回程班车已开走，幸好茶馆的老板有车，载我们回到宾馆结账还送我们到停车场取了车。回到台北已是深夜了。

■ 情敌相见 分外眼红

■ 口水之争 唇枪舌剑

■ 胜者为王 俘获雌鸡

■ 短兵相接 大打出手

■ 势均力敌 毫不示弱

■ 伏地认输 甘拜下风

探访黑长尾雉　　**249**

故园守望

● 赵 俊

这里是位于长白山东麓的森林山。20年前，北京天文台、南京紫金山天文台联合发布新闻确认这座森林山，是中国大陆最先看到"新世纪第一缕阳光"的地点。20年过去了，今天的人们依然相信，最早迎来阳光的地方，一定会为万物生灵带来祝福，第一缕阳光唤醒了这片林海，唤醒了深藏岁月的远古鸿蒙，今天人们在松花江边发现了2万年前的虎骨化石，在鸭绿江边的古墓中发现了猎虎的壁画，在《后汉书》中，读到了原住民"祠虎以为神"的记载。

斗转星移，沧海桑田，能够留下的是岁月对未来的赠予，也是昨天对今天的信任。在这片林海之中，山川依旧，众生翘首，故园与东北虎两相守望，期待故园安好，守望虎神归来。

距离第一缕曙光观测点35千米的密林中，有一个东北虎豹国家公园设置的红外相机监测点，这个监测点是科研人员特

别关注的。因为早在2013年，它最早拍摄到一只雌虎的画面，当时就将它编号为T1，科研人员每6个月要来监测点，查看一次红外相机的拍摄情况，这次查看红外相机，一只雌虎出现在相机里，令科研人员兴奋起来。成年雌虎T1，于2013至2017年，持续5年活动于珲春马滴答区域。2014年分别拍摄到T1与雄性幼崽T11、雌性幼崽T12一同活动的照片，2017年春季，拍摄到T1带领幼崽T36、T37的视频，与第一次繁殖相比，第二次繁殖区域更靠近内陆腹地，记录次数明显上升。T1于2018年起在监测区内消失，其分布区被雌虎T13占据，T1与T13之关系，无数据证明，有多种推测，因为监测发现，雌虎T13似乎很熟悉这里，轻车熟路地占据了T1活动区域的北部，而T1则南移了，将北部的领地拱手让给了T13，这种"让"有个充满温情的生物学描述——领地馈赠。这是东北虎母女之间惯常的一种本能行为。据此可否推测，T13很可能是T1的另一只后代。成年之后，母女分享了领地。2017年5月T1又繁殖了一窝。3个月后，监测相机拍到了T13带幼崽的图像。在马滴答这片山林，

Bestguarder 16:05:15   04/11/19 27·95inHg 11C   000·000000S 000·000000E 0000

■ 东北虎T1（雌虎）

Ltl Acorn · O · 058°F · 014.8°C · 10/05/2018 06:20:11

■ 东北虎T3（雌虎）

两代雌虎都以传宗接代的方式，认同了这个家园。

雌虎可以将领地馈赠女儿，却一定要驱逐即将性成熟的雄性幼崽。T11就是这样被T1赶走的，从珲春的马滴答，走到了四道沟，横在两地之间的是省道S201公路。S201沿途有大量农田和村屯，是虎、豹从边境扩散至内陆的必经之地，也是第一道障碍，T11能够穿越此障碍，表明这里存有扩散通道，有可通行的条件。东北虎豹国家公园在监测中发现，保护区内的虎豹种群在不断扩大后，面临着扩展栖息地及向内陆迁移的压力，为此要重点疏通东北虎豹迁移扩散廊道，解决边境铁丝网、城镇、乡村、农田等造成的栖息地隔断和碎片化问题，实现东北虎豹栖息地之间的连片贯通。在铁路公路隧道上方加强森林植被修复，确保通道有效可用，对园区内已建和拟建的公路铁路等工程设施，充分考虑动物通行需要，通过修建高架桥、地下公路和过路天桥等方式，为东北虎豹等动物留出通道。

中国东北虎豹国家公园成立后，面对的是历史留下的环境负债，近百年来，自然的平衡法则让位于人类的靠山吃山，人们向森林要木材，向河谷要农田，向林地要牧场，向山地要矿产，人们想要的太多了，随心所欲，予取予求，茫茫林海，气喘呼呀。人虎相争，争地争林，争空间争家园，争得山林村屯惴惴不安。虎豹国家公园区域内有自然保护地12个，而全域面积中有自然村屯126个，人口

62851。"看得见虎豹，管得住人"已成为国家公园的保护理念和目标。与此同时，地方政府也相应提出了"牛下山虎上山"的要求。由此引发的经济发展与生态保护，保护优先与脱贫致富的硬任务，成为国家公园体制试点中的攻坚课题。伴随着野生动物保护力度的加强福，区域内林场村屯的生产生活受到限制，为此国家公园积极推动改变传统资源利用方式，向优秀巡护员捐赠蜂箱，组织各种形式的"替代经济"培训活动。通过提供设备和技术支持，增加了当地社区参与野生动物保护方面的利益和收入。

为制止非法偷猎盗伐开荒等破坏自然资源的行为，确保野生动植物保护法律法规得到严格执行，国家公园坚持推动清山清套，打击乱捕滥猎专项行动，为了加强主动防护体系建设，确保人虎两安全，国家公园建立常态化巡护制度，试点区巡护总里程13.8万千米。在各项保护行动中累计出动18万余人次，拆除围栏5.6万余米，清理收缴猎具3万余件。东北虎豹国家公园管理局东宁局朝阳沟林场，组建了一支由12名林场女职工组成的专业巡护队，她们的祖辈父辈都是伐木人，而她们这一代，则成了守望这片林海的保护神。作为中国第一支女子专职巡护队，她们严格执行巡护规程，严厉打击违法行为，翻山越岭涉水蹚河餐风饮露无畏艰险，成为保护森林生态，为野生动植物巡逻站岗，闪耀在林海山野中的一道美丽的风景。

成年雌虎T3持续活动于马滴答、杨泡一带。2014年和2016年两次拍摄到，T3带领幼崽的影像。最令人惊喜的是2018年，拍摄到T3带领第三窝，四只幼

■ 东北豹 L11

■ 斑羚（青羊）

■ 豹猫

■ 野猪

崽活动的视频。三次繁殖记录的时间频次表明 T3 频繁妊娠，三次繁殖之间几乎没有间隔而且一窝比一窝数量多。2020 年 7 月 8 日，科研人员再次来到马滴答 T3 监测位点，通过科研人员的比对，红外相机里发现的雌虎就是 T3。而且科研人员发现 T3 似乎又怀上了幼崽。

抓铁有痕，踏石留印，国家公园试点工作取得了显著的效果。近三年来东北虎已由个体游走，到种群扩散；由稳定安居，到家族繁行；由偏居一隅，到拓土内迁。试点区域内生态系统的质量得到全面提升，诸多珍稀的野生动物种群有了明显的恢复性增长。位于东北虎豹国家公园黑龙江东宁森林片区，监测相机安装的位置，既有经验又很专业，保护人员格外重视这个地点。他们与科研人员沟通希望能通过这个点更多地了解不同野生动物的行为方式，和觅食、觅偶习性，他们把这里称为东北虎豹的"后花园"。并用他们倾心的保护，让这里成为天籁自然，树影婆娑，静谧安宁，只属于野生动物自己的乐园。

东北虎豹国家公园积极推进天地空一体化监测体系建设，已完成基站建设 28 个，占设计任务的 52%，建成了覆盖 5000 平方千米的试验性工程，建成后，可实现近万平方千米的监测覆盖，实现监测视频与影像的随拍随传，实时传送，全区域、立体化、全时段、全方位跟踪野生东北虎豹的生存状况。

东北虎豹扩散的足迹已印在了大地上，国家公园保护工作展开的画卷终将彪炳史册，通过长期建设形成东北虎豹稳定的野生种群，顶级肉食动物完整食物链自然生态系统健康发展，野生动物跨区域合作成为典范，总体实现虎豹公园内，温带森林生态系统，及山水林田湖草沙生命共同体得到严格保护，如此宏伟目标终将接力实现。

后 记

POSTSCRIPT

2020 年秋，中国野生动物保护协会科学考察委员会的换届工作会议在离北京最近的海滨城市——秦皇岛召开。受新冠肺炎疫情影响后的这一年，久别的委员们聚在一起，回顾第一届科考委走过的历程，展望下一届科考委所要开展的事宜，大家各抒己见，畅所欲言。

会上有委员提出，科考委成立后的几年中，大家置身于全国各地，在各自的领域范围内，对野生动物及其栖息环境的观察与保护、拍摄与科普等方面一直在行动，特别是那些具有专业技能的委员们，奋战在野生动物研究与保护的前沿，认真钻研，翔实记录，成果丰厚。如果把这些工作记录在案，结集出版，并通过对这些科考事例的推广，对野生动物保护和科普宣传定能起到推动作用。

经过热烈讨论，最终在科考委主任委员及秘书长会议上达成了共识，并决定以出一部《科考纪事》的方式，来纪录广大委员们的工作，并立即进行出版策划与稿件征集。

2020 年 10 月，征稿通知发出后，大多数委员积极响应，在不到一个月的时间里，共收到委员来稿近 70 篇，图片 400 多幅。然而，在前期编辑整理时我们也发现，稿件水平参差不齐，图片质量高低不一，若想将这些稿子和图片编辑成书，还真不是一件容易的事。

经过几个月对稿件的梳理，2021 年 3 月，终于进入到下一步讨论定稿时，又受到领导工作变动、新冠肺炎疫情和云南大象突发事件的影响，出版的事又一次被搁置。直到 2021 年的 9 月份，一切都有了转机，此书的出版工作才又被重新启动。

在编辑出版此书的过程中，对编者而言，是一个学习过程，也是一个认识过程。本届科考委成员，部分是从事野生动物保护的业内人士，但多数是野生动物摄影师或野保志愿者，大家不乏热情和执着，但在科考实践中，注重并强调图片的拍摄，却忽略了"纪事"。对讲好野生动物故事没有充分准备，事后的追记与复盘难免空泛和缺少现场感，这是本书编辑的难点。好在经过不断的沟通与打磨，补充和完善，思路上也经历了由模糊到明晰的过程，最终完成了从图片"说明"向科考"纪事"的方向性转移，基本上做到了图文并茂。

书稿经过层层筛选和专家把关，最后定稿为 60 篇，所用图片 320 余幅，所涉物种 141 个。其中，国内哺乳类动物 24 种，鸟类 79 种，鱼、昆虫类 4 种，境外哺乳类动物 20 种，鸟类 14 种。从冰雪北国的大兴安岭到热带雨林的海南岛和宝岛台湾；从西北的孤烟大漠到四季如春的广州花都；从南极的极昼到北极的极夜，本书均有涉及，范围之广，内容之多，实属难得。

为了让此书更具科考性和示范性，编者又特邀了在野生动物科学普及与研究领域有突出成就的丁玉华、葛玉修、宋大昭、赵俊四位老师，为本书撰稿，增加其厚度与分量，在此特别致谢！

本书在组稿过程中，得到了广大委员的积极响应，在稿件选择、编辑及修改过程中给予了真诚理解和配合，在此深表谢意！

此书出版由中国野生动物保护协会全力支持，其间，协会做了大量的协调工作并付出了许多努力，为委员展示科考成果搭建了平台，出版之际，特别致谢！

本书从组稿到出版经历了许多意想不到的困难，编者虽然牺牲自己大量的休息时间，全心全意，义务奉献，尽心尽力为每一位作者编稿选图，但仍然不能满足每位作者的要求，达不到所有作者的满意，这里也借此深表歉意。由于编者能力欠缺、水平有限，书中很可能还有不尽如人意的地方，也恳请大家批评谅解。

出版此书的初衷是为广大科考委员留下一些足迹的同时，也能为日后科考委的工作带来一些启迪和帮助。当然，也更希望见到此书的读者，能感同身受科学考察的艰苦与快乐，真正理解人类生活的最高境界——与自然共悲喜，共荣辱，共存亡。

编者

2022 年 4 月